Biologie: Grundlagen und Zellbiologie
Lerntext, Aufgaben mit Lösungen,
Glossar und Zusammenfassungen

Markus Bütikofer, Zensi Hopf,
Guido Rutz, Silke Stach und Andrea Grigoleit

2., überarbeitete Auflage 2015

Biologie: Grundlagen und Zellbiologie
Lerntext, Aufgaben mit Lösungen, Glossar und Zusammenfassungen
Markus Bütikofer, Zensi Hopf, Guido Rutz, Silke Stach und Andrea Grigoleit

Grafisches Konzept und Realisation, Korrektorat: Mediengestaltung, Compendio Bildungsmedien AG, Zürich
Illustrationen: Oliver Lüde, Rolf Kränzlin, Helen Sonderegger, Markus Bütikofer
Druck: Edubook AG, Merenschwand
Coverbild: © 2015, Thinkstock

Redaktion und didaktische Bearbeitung: Andrea Grigoleit

Artikelnummer: 13073
ISBN: 978-3-7155-7107-2
Auflage: 2., überarbeitete Auflage 2015
Ausgabe: U1065
Sprache: DE
Code: XBI 001

Alle Rechte, insbesondere die Übersetzung in fremde Sprachen, vorbehalten. Der Inhalt des vorliegenden Buchs ist nach dem Urheberrechtsgesetz eine geistige Schöpfung und damit geschützt.

Die Nutzung des Inhalts für den Unterricht ist nach Gesetz an strenge Regeln gebunden. Aus veröffentlichten Lehrmitteln dürfen bloss Ausschnitte, nicht aber ganze Kapitel oder gar das ganze Buch fotokopiert, digital gespeichert in internen Netzwerken der Schule für den Unterricht in der Klasse als Information und Dokumentation verwendet werden. Die Weitergabe von Ausschnitten an Dritte ausserhalb dieses Kreises ist untersagt, verletzt Rechte der Urheber und Urheberinnen sowie des Verlags und wird geahndet.

Die ganze oder teilweise Weitergabe des Werks ausserhalb des Unterrichts in fotokopierter, digital gespeicherter oder anderer Form ohne schriftliche Einwilligung von Compendio Bildungsmedien AG ist untersagt.

Copyright © 2003, Compendio Bildungsmedien AG, Zürich

Dieses Buch ist klimaneutral in der Schweiz gedruckt worden. Die Druckerei Edubook AG hat sich einer Klimaprüfung unterzogen, die primär die Vermeidung und Reduzierung des CO_2-Ausstosses verfolgt. Verbleibende Emissionen kompensiert das Unternehmen durch den Erwerb von CO_2-Zertifikaten eines Schweizer Klimaschutzprojekts.

Mehr zum Umweltbekenntnis von Compendio Bildungsmedien finden Sie unter: www.compendio.ch/Umwelt

Inhaltsverzeichnis

	Vorwort zur zweiten Auflage	7

TEIL A Einführung in die Biologie   9

	Einstieg	10
1	**Biologie: Die Lehre vom Lebenden**	**11**
1.1	Biologie als Naturwissenschaft	11
1.1.1	Ziel und Methodik naturwissenschaftlicher Forschung	11
1.1.2	Von der Beobachtung zur Theorie	12
1.2	Kennzeichen der Lebewesen	14
1.2.1	Was ist Leben?	14
1.2.2	Reagieren	14
1.2.3	Wachstum und Entwicklung	16
1.2.4	Fortpflanzung	17
1.2.5	Stoffwechsel	18
1.2.6	Aufbau aus Zellen	20
1.2.7	Abgrenzung Belebtes – Unbelebtes	21
1.3	Die Strukturen des Lebendigen	24
1.4	Teilgebiete der Biologie	26

TEIL B Grundlagen aus der Chemie   29

	Einstieg	30
2	**Stoffe und Teilchen**	**31**
2.1	Reinstoffe und Gemische	31
2.2	Teilchenmodell und die drei Aggregatzustände	32
2.2.1	Fest	33
2.2.2	Flüssig	33
2.2.3	Gasförmig	33
2.3	Die Teilchen, aus denen Stoffe bestehen	34
2.3.1	Atome	34
2.3.2	Moleküle	36
2.3.3	Ionen	37
2.4	Elemente und Verbindungen	38
2.4.1	Elemente sind Grundstoffe	38
2.4.2	Verbindungen	39
2.4.3	Ionenverbindungen oder Salze	39
2.4.4	Molekülverbindungen	40
2.5	Organische und anorganische Stoffe	41
3	**Chemische Reaktionen**	**43**
3.1	Umwandlung von Stoffen und ihre Reaktionsgleichung	43
3.1.1	Vorgänge bei chemischen Reaktionen	43
3.1.2	Reaktionsgleichung	44
3.2	Energieumsatz bei chemischen Reaktionen	45
3.2.1	Exotherme und endotherme Vorgänge	45
3.2.2	Aktivierungsenergie und Katalyse	47
4	**Luft, Wasser und die Stoffe des Lebens**	**48**
4.1	Luft	48
4.1.1	Eigenschaften	48
4.1.2	Zusammensetzung	49
4.2	Wasser und wässrige Lösungen	51
4.2.1	Vorkommen und Eigenschaften des Wassers	51
4.2.2	Wässrige Lösungen	52
4.3	Die Stoffe des Lebens (Übersicht)	54
4.4	Makromoleküle	55

4.5	Kohlenhydrate	56
4.5.1	Übersicht	56
4.5.2	Glucose – ein Monosaccharid	57
4.5.3	Rohrzucker – ein Disaccharid	57
4.5.4	Stärke und Cellulose sind Polysaccharide	57
4.6	Lipide	59
4.7	Proteine (Eiweisse)	60
4.8	Nucleinsäuren	63

TEIL C   Zellbiologie   65

Einstieg   66

5   Grundlagen und Methoden der Zellbiologie   67

5.1	Entdeckung der Zelle und die Zelltheorie	67
5.2	Mikroskope geben Einblick	70
5.2.1	Lichtmikroskop (LM)	70
5.2.2	Elektronenmikroskope (EM)	72

6   Ein erster Blick in die Zelle   75

6.1	Die Pflanzenzelle im Lichtmikroskop	75
6.2	Die Tierzelle im Vergleich zur Pflanzenzelle	78

7   Das elektronenmikroskopische Bild der Zelle   80

7.1	Übersicht	80
7.2	Biomembran	84
7.2.1	Bau	84
7.2.2	Aufgaben	87
7.3	Zellmembran	89
7.4	Membransystem des Cytoplasmas	91
7.4.1	Endoplasmatisches Reticulum (ER)	92
7.4.2	Golgi-Apparat	93
7.4.3	Vesikel und Vakuolen	93
7.5	Zellkern	96
7.5.1	Bau	96
7.5.2	Aufgaben	96
7.6	Ribosomen	99
7.7	Plastiden	100
7.7.1	Bau, Aufgaben und Bildung der Plastiden	100
7.7.2	Chloroplasten für die Fotosynthese	100
7.8	Mitochondrien und die Zellatmung	102
7.8.1	Mitochondrien	102
7.8.2	Zellatmung	103
7.8.3	Wozu ATP?	104
7.8.4	Warum nicht nur ATP?	105
7.9	Cytoskelett und Bewegungen (in) der Zelle	105
7.9.1	Bauelemente des Cytoskeletts	105
7.9.2	Cytoskelett als Stütze	106
7.9.3	Bewegung durch Motorproteine	106
7.9.4	Verschiebung von Organellen und Vesikeln	107
7.9.5	Bewegung mit Geisseln und Wimpern	107
7.9.6	Muskelbewegung	109
7.9.7	Plasmafluss und Plasmaströmung	109
7.10	Zellwand	110
7.10.1	Bau und Bildung	110
7.10.2	Einlagerungen in die Zellwand	112
7.10.3	Aufgaben der Zellwand	113

8   Zelltypen   115

8.1	Eucyte von Tieren und Pflanzen	115
8.2	Procyte der Bakterien	115

TEIL D   Zellstoffwechsel — 119

Einstieg — 120

9   Stoffwechsel der Zelle im Überblick — 122
9.1   Stoffwechsel eines autotrophen Einzellers — 122
9.2   Stoffwechsel eines heterotrophen Einzellers — 124

10   Stoffaustausch der Zelle — 126
10.1   Überblick über den Stoffaustausch der Zelle — 126
10.2   Endocytose und Exocytose — 127
10.3   Diffusion — 128
10.4   Osmose — 131
10.4.1   Grundlagen — 131
10.4.2   Osmose bei Zellen ohne Zellwand — 133
10.4.3   Osmose bei Zellen mit Zellwand — 133
10.5   Stofftransport durch die Membran — 137
10.5.1   Übersicht — 137
10.5.2   Passiv: einfache Diffusion und erleichterte Diffusion — 137
10.5.3   Carrier — 138

11   Regulation des Zellstoffwechsels — 140
11.1   Regulation des Stoffaustauschs — 140
11.2   Enzyme als Katalysatoren — 141
11.3   Regulation der Enzyme — 143
11.3.1   Regulation der Enzymaktivität — 143
11.3.2   Regulation der Enzymkonzentration — 143
11.3.3   Regulierende Wirkung des Produkts — 144
11.4   Stoffwechselketten und Fliessgleichgewicht — 146

12   Assimilationsvorgänge — 148
12.1   Übersicht — 148
12.1.1   Assimilation der Autotrophen — 148
12.1.2   Assimilation der Heterotrophen — 149
12.1.3   Aufbau körpereigener Stoffe — 149
12.2   Fotosynthese — 151
12.2.1   Summengleichung — 151
12.2.2   Bedeutung der Fotosynthese — 152
12.2.3   Ablauf der Fotosynthese — 152
12.3   Chemosynthese — 156

13   Dissimilationsvorgänge — 157
13.1   Übersicht — 157
13.2   Zellatmung — 158
13.3   Gärungen — 160
13.3.1   Milchsäuregärung — 160
13.3.2   Alkoholische Gärung — 161

TEIL E   Vermehrung und Entwicklung der Zelle — 163

Einstieg — 164

14   Zellwachstum und Zellvermehrung — 165
14.1   Bedeutung der Zellteilung — 165
14.2   Zellzyklus — 167
14.2.1   Interphase — 167
14.2.2   Zellteilung — 168
14.3   Mitose — 169
14.3.1   Prophase — 169
14.3.2   Metaphase — 170
14.3.3   Anaphase — 170
14.3.4   Telophase — 170
14.4   Teilung des Cytoplasmas — 172
14.5   Chromosomenzahl — 173
14.6   Haploide und diploide Zellen — 174
14.6.1   Karyogramm — 174
14.6.2   Haploide und diploide Zellen — 175
14.7   Befruchtung und Meiose — 177

15	**Zelldifferenzierung und Spezialisierung**	**178**
15.1	Einzeller	178
15.2	Kolonien und Vielzeller	179
15.3	Zelldifferenzierung und Spezialisierung	182
15.3.1	Vor- und Nachteile der Differenzierung	183
15.3.2	Klone	183
15.4	Gewebe und Organe	185

TEIL F Anhang 189

	Gesamtzusammenfassung	190
	Lösungen zu den Aufgaben	214
	Glossar	230
	Stichwortverzeichnis	248

Vorwort zur zweiten Auflage

Das Wort Biologie ist abgeleitet vom griechischen Wort *bios* für Leben und bedeutet: «Wissenschaft vom Leben». Das Wissen über Pflanzen und Tiere hat viel zur Entwicklung des Menschen und zu seiner Ausbreitung über die Erde beigetragen.

Die Frage, wie Lebewesen «funktionieren», interessiert in der einen oder anderen Form eigentlich jeden Menschen. Die Antworten waren aber bis ins 18. Jahrhundert meist eine bunte Mischung von Tatsachen und Spekulationen. Die naturwissenschaftlichen Erkenntnisse und Theorien, auf die sich die moderne Biologie stützt, wurden zum grössten Teil erst in den letzten zweihundert Jahren formuliert und in den letzten Jahrzehnten ist der Umfang unseres naturwissenschaftlichen Wissens über die Lebewesen und das Leben enorm gewachsen.

Dabei hat sich der Schwerpunkt der biologischen Forschung von der ganzheitlichen Betrachtung der Lebewesen zu immer exakteren Untersuchungen immer kleinerer Teile verschoben. Heute arbeiten viel mehr Biologinnen und Biologen im Labor als im Feld und sie befassen sich häufiger mit Molekülen und biochemischen Vorgänge als mit ganzen Lebewesen. Das ist gewiss nicht weniger faszinierend, aber oft weniger anschaulich als die «alte» Biologie von Fuchs und Hase.

Inhalt und Aufbau

Das Lehrmittel «Biologie: Grundlagen und Zellbiologie» bildet die Basis aller Compendio-Bücher zur Biologie und wird für deren Bearbeitung vorausgesetzt. Es öffnet die Türen zu den verschiedenen Gebieten der modernen Biologie und schneidet viele Themen an, die in weiteren Büchern genauer besprochen werden.

Es werden fünf Schwerpunkte gesetzt:

- Im Teil A befassen wir uns zunächst mit der Entwicklung naturwissenschaftlicher Theorien aus Beobachtungen und Experimenten. Ein weiterer Schwerpunkt dieses Teils sind die Kennzeichen der Lebewesen, d. h. die Merkmale und Fähigkeiten, die Belebtes von Unbelebtem unterscheiden. Wir beschäftigen uns mit den Strukturen des Lebendigen, mit dem Aufbau aller Lebewesen aus Zellen, aus Organen bis hin mit dem Zusammenschluss zu ganzen Populationen. Zum Abschluss des Teils zeigen wir die verschiedenen Teilgebiete der Biologie auf.
- Im Teil B werden die Grundlagen der Chemie vermittelt, die für das Verständnis biologischer Vorgänge nötig sind. Thema sind hier chemische Stoffarten, die Aggregatzustände, das Teilchenmodell der Atome, Elemente und Verbindungen, Stoffumwandlungen und Reaktionen sowie organische und anorganische Stoffe.
- Im Teil C erfolgt der Einstieg in die Mikrowelt der Zelle. Zunächst werden die Grundlagen und Methoden der Zellbiologie besprochen. Die Leistungen der wichtigsten Mikroskoptypen werden dargelegt. Die Unterschiede zwischen Pflanzen- und Tierzellen sowie zwischen Ein- und Vielzellern kommen hier ausführlich zur Sprache.
- Im Teil D stehen die Vorgänge des Zellstoffwechsels im Mittelpunkt. Nach einer Übersicht über seine verschiedene Funktionen wird der Stoffaustausch zwischen der Zelle und ihrer Umgebung erläutert und anschaulich dargestellt. Da die Zelle ihre Zusammensetzung unabhängig von ihrer Umgebung konstant halten oder gezielt verändern kann, ist hier die Regulation des Zellstoffwechsels ein weiterer wichtiger Aspekt. Darüber hinaus werden sowohl die Assimilations- als auch die Dissimilationsvorgänge in der Zelle besprochen, im Besonderen die Fotosynthese und die Zellatmung.
- Im Teil E kommen zunächst das Zellwachstum und die Zellvermehrung zur Sprache. In diesem Zusammenhang wird der Zellzyklus mit seinen verschiedenen Teilungsphasen detailliert dargestellt. Auch auf die Bildung von Keimzellen in der Meiose wird hier eingegangen. Im letzten Kapitel werden noch die Zelldifferenzierung und die Spezialisierung von Zellen besprochen.

Auf der Internetseite www.compendio.ch/biologie finden Sie weitere Angaben zu den Inhalten dieses Lehrbuchs. An gleicher Stelle werden auch Korrekturen und Aktualisierungen zum Buch veröffentlicht.

Zur aktuellen Auflage

Das Lehrmittel erscheint in einem neuen, zeitgemässen und leserfreundlichen Layout. Der bewährte Inhalt wurde, wo nötig, überarbeitet.

- Insbesondere im Kapitel 2.2 wurden die Aussagen zum Teilchenmodell und zu den Aggregatzuständen weiter differenziert. In Kapitel 2.3 wurden einige Definitionen neu und prägnanter formuliert. Im Kapitel 2.4 wurden die Angaben zu den heute bekannten Elementen und Verbindungen aktualisiert.
- Im Kapitel 4 wurden die Aussagen zum Treibhauseffekt aktualisiert und die Bedeutung des Ozons und der Ozonschicht hervorgehoben.
- Im Kapitel 7.2 wurde ein Abschnitt zur Weiterentwicklung des Flüssig-Mosaik-Modells der Membran eingefügt.

In eigener Sache

Haben Sie Fragen oder Anregungen zu diesem Lehrmittel? Sind Ihnen Tipp- oder Druckfehler aufgefallen? Über unsere E-Mail-Adresse postfach@compendio.ch können Sie uns diese gerne mitteilen.

Zusammensetzung des Autorenteams

Dieses Lehrmittel wurde von Markus Bütikofer unter Mitarbeit von Zensi Hopf, Guido Rutz und Oliver Lüde verfasst und bearbeitet. Für die vorliegende zweite Auflage wurde es von Silke Stach und der Redaktorin Andrea Grigoleit weiterentwickelt.

Zürich, im Juni 2015

Markus Bütikofer, Autor,
Silke Stach, Autorin,
Andrea Grigoleit, Redaktorin

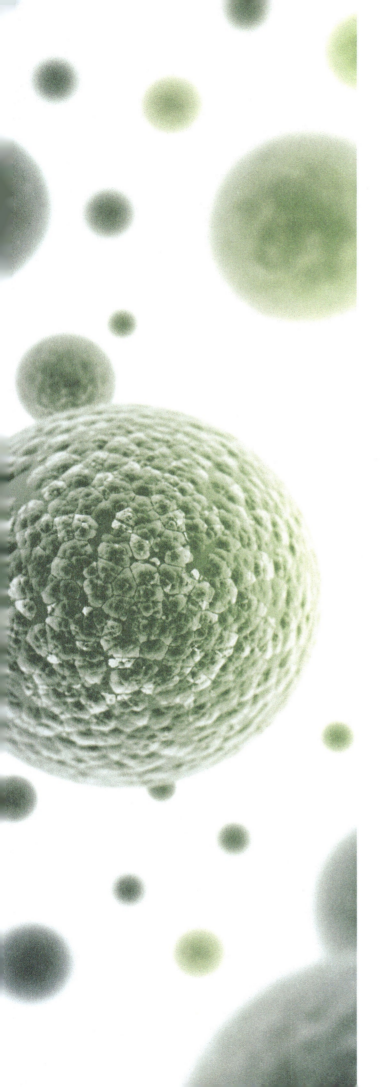

TEIL A
Einführung in die Biologie

Einstieg

Von der Beobachtung zur Theorie

Biologinnen und Biologen untersuchen den Bau und die Leistungen der Lebewesen und versuchen zu ergründen, wie sie funktionieren, wie sie sich entwickeln und wie sie zusammenleben. Die Biologie ist eine Naturwissenschaft wie die Chemie und die Physik und wir befassen uns im ersten Kapitel dieses Buchs mit der Frage, was naturwissenschaftliche Forschung bezweckt und wie sie grundsätzlich «funktioniert».

Naturwissenschaftlerinnen und Naturwissenschaftler beschaffen Wissen über die Natur. Ihre Arbeit beginnt meist mit einer Beobachtung, die sie dann durch Messen und Experimentieren genauer untersuchen. Die so ermittelten Tatsachen bilden die Grundlage zur Entwicklung einer Theorie, die diese Tatsachen in Zusammenhang bringt und erklärt. Theorien sind die Grundlage unserer Vorstellungen über die Welt. Sie prägen unser Weltbild, sind aber auch von diesem abhängig.

Kennzeichen der Lebewesen

Biologie heisst «Wissenschaft vom Leben». Aber was bedeutet das? Woran erkennen wir Lebewesen? Welche Merkmale und Fähigkeiten unterscheiden lebende von den unbelebten Dingen? Ein Mensch ist ja von einem Stein leicht zu unterscheiden, aber Kennzeichen zu finden, die für alle Lebewesen vom einfachsten Bakterium über Pflanzen und Tiere bis zum Menschen gelten, ist schon viel schwieriger. Objekte wie die Viren zeigen, dass es keine scharfe Grenze gibt zwischen Lebewesen und toten Dingen, denn Viren weisen einige, aber nicht alle für Lebewesen typischen Kennzeichen auf. Deshalb werden sie heute nicht mehr zu den Lebewesen gezählt.

Strukturen des Lebendigen

Zu den Besonderheiten der Lebewesen zählt die Tatsache, dass sie aus Zellen bestehen. Diese Zellen sind mikroskopisch klein und bestehen aus noch kleineren Strukturen, die man Zellorganellen nennt. Die kleinsten Lebewesen bestehen aus nur einer Zelle. Bei grösseren Lebewesen sind Zellen zu Geweben und Organen zusammengeschlossen. Jede Struktur vom Organell bis zum Lebewesen besteht also einerseits aus einfacheren Strukturen und ist andererseits Teil einer komplexeren Organisation: Zellen bestehen aus Organellen und bilden Gewebe, Gewebe bestehen aus Zellen und bilden Organe etc. Jede lebende Struktur kann mehr als ihre Teile und die Frage, wie die Teile zusammenarbeiten, ist noch längst nicht beantwortet.

Teilgebiete der Biologie

Der umfangreiche Themen- und Fragenkatalog der Biologie kann nach verschiedenen Kriterien aufgeteilt werden. Neben der klassischen Dreiteilung in Botanik (Pflanzenkunde), Zoologie (Tierkunde) und Humanbiologie (Menschenkunde) unterscheidet man heute Gebiete, die sich mit bestimmten Strukturen oder Vorgängen befassen wie die Anatomie, die den inneren Bau von Lebewesen untersucht, oder die Ökologie, welche die Beziehungen zwischen den Lebewesen und ihrer Umwelt ergründet.

1 Biologie: Die Lehre vom Lebenden

Lernziele   Nach der Bearbeitung dieses Kapitels können Sie …

- den Weg der naturwissenschaftlichen Forschung von der Beobachtung bis zur Theorie beschreiben und die Begriffe Theorie, Hypothese und Gesetz unterscheiden.
- die Kennzeichen eines Lebewesens aufzählen und erläutern.
- die Bedeutung des Stoffwechsels darlegen.
- aufzeigen, wodurch sich autotrophe und heterotrophe Lebewesen unterscheiden.
- die zwei Aufgaben der Fortpflanzung nennen.
- Beispiele für das Reaktionsvermögen von Pflanzen und Tieren nennen.
- aufzeigen, wodurch sich das Wachstum und die Entwicklung von Lebewesen auszeichnen.
- die Strukturen eines Lebewesens hierarchisch geordnet nennen und definieren.
- darlegen, warum die Unterscheidung von lebend und tot schwierig sein kann.
- die wichtigsten Teilgebiete der Biologie nennen und beschreiben, womit sie sich befassen.

Schlüsselbegriffe   Biologie, Biotop, Experiment, Hypothese, Lebewesen, Population, Reaktionsvermögen, Theorie

Biologinnen und Biologen untersuchen, beschreiben und vergleichen Lebewesen und versuchen, ihren Bau, ihr Funktionieren und ihr Zusammenleben zu verstehen. Das ist ein weites Feld und die Verhaltensforscherin, die sich mit dem Leben der Waldameisen befasst, wird ganz andere Fragen stellen und andere Methoden brauchen als der Molekularbiologe, der winzige Teilchen im Inneren der Lebewesen untersucht. Trotzdem gibt es im Vorgehen aller Biologinnen und Biologen Gemeinsamkeiten, die so etwas wie das Standardverfahren der modernen naturwissenschaftlichen Forschung darstellen.

1.1 Biologie als Naturwissenschaft

Biologie

Das Wort Biologie stammt aus dem Griechischen und bedeutet: «Wissenschaft vom Leben».

1.1.1 Ziel und Methodik naturwissenschaftlicher Forschung

Beobachtungen

Naturwissenschaftliche Forschung beginnt mit der Beobachtung und Beschreibung natürlicher Phänomene. Beides soll genau, objektiv und wertfrei sein.

Experimente

Aus Beobachtungen ergeben sich oft Fragen, die nur durch genaue und mehrfache Untersuchung und Messung zu beantworten sind. Wenn dies in der Natur nicht oder nicht mit ausreichender Genauigkeit möglich ist, helfen Experimente unter genau festgelegten Bedingungen weiter. Die Ameisenforscherin kann im Labor ein künstliches Ameisennest bauen, in dem sie z. B. die Frage, wie sich Waldameisen miteinander unterhalten, besser untersuchen kann als in der Natur. Der Molekularbiologe wird einzelne Teile oder Stoffe aus den Lebewesen herauslösen, um sie genauer zu untersuchen.

Ein Experiment muss so angelegt sein, dass es eine bestimmte Frage eindeutig beantwortet. Es ist also immer das Ergebnis einer Vorüberlegung. Oft bestätigt oder widerlegt ein Experiment eine Annahme. Um die Wirkung eines Faktors zu untersuchen, müssen alle anderen konstant gehalten werden.

Das ist in Versuchen mit Lebewesen meist gar nicht einfach. Wenn wir z. B. wissen wollen, wie sich die Temperatur auf den Puls eines Regenwurms auswirkt, müssen wir viele Messungen machen, weil der Puls von inneren Faktoren, die sich nicht konstant halten lassen, beeinflusst wird. Zudem müssen wir Messungen an verschiedenen Individuen ausführen, um altersbedingte oder individuelle Unterschiede festzustellen.

Tatsachen

Naturwissenschaftliche Experimente und Beobachtungen müssen – unabhängig vom jeweiligen Beobachter – unter den definierten Bedingungen immer zum gleichen Resultat führen. Nur reproduzierbare Resultate sind objektive Tatsachen.

Gesetze

Im Idealfall stimmen die experimentellen Resultate so überein, dass sich eine allgemein gültige Tatsache oder ein Gesetz ableiten lässt.

Hypothesen

Mit der Erfassung von Tatsachen ist das Ziel naturwissenschaftlicher Forschung noch nicht erreicht. Tatsachen sind die Basis unseres Wissens, erklären aber, für sich betrachtet, noch nichts. Die Fragen nach den Zusammenhängen und Ursachen werden durch Beobachten oder Experimentieren nicht beantwortet. Nach dem Messen und Zählen ist jetzt Folgern, Kombinieren und etwas Phantasieren gefragt. Man «erfindet» eine Hypothese[1], welche die vorliegenden Tatsachen in Zusammenhang bringt und erklärt. Eine Hypothese ist eine Annahme, die getestet wird, indem man aus ihr Voraussagen ableitet, die sich experimentell überprüfen lassen. Stimmen die Resultate der Experimente mit den hypothetischen Voraussagen überein, ist die Hypothese bestätigt und kann in den Rang einer Theorie erhoben werden. Andernfalls muss sie angepasst oder verworfen werden.

Theorien

Unter einer Theorie versteht man in den Naturwissenschaften eine umfassende Vorstellung über ein Phänomen, die mit den bekannten Tatsachen in Einklang steht und eine widerspruchsfreie und logische Erklärung liefert. Viele Theorien ermöglichen Voraussagen und liefern Grundlagen für die praktische Nutzung. Theorien sind im Unterschied zu Naturgesetzen nicht unabänderlich, sie müssen dem jeweiligen Stand des Wissens entsprechen.

[Abb. 1-1] Wie Naturwissenschaft Wissen schafft

1.1.2 Von der Beobachtung zur Theorie

Wir betrachten die Methodik naturwissenschaftlicher Forschung an einem Beispiel.

Beobachtung

Frau Meyer bewahrt das Obst immer in einer Früchteschale auf, bis es die richtige Reife hat. Dabei macht sie die Beobachtung, dass die Bananen schneller reifen, wenn in der Schale auch Äpfel liegen. Das wundert sie und sie geht der Sache durch gezielte Experimente nach. Dabei stellt sie folgende Tatsachen fest:

Tatsachen

- Die Äpfel beschleunigen die Reifung der Bananen.
- Die Wirkung ist unabhängig davon, ob sich die Früchte berühren.
- Die Wirkung nimmt mit der Entfernung zwischen Äpfeln und Bananen ab.

Hypothese

Aufgrund dieser Tatsachen bildet Frau Meyer die folgende Hypothese: Die Äpfel geben einen gasförmigen Stoff ab, der die Reifung der Bananen beschleunigt.

[1] Gr. *hypothesis* «Unterstellung».

Voraussagen

Aus dieser Hypothese leitet Frau Meyer zwei experimentell überprüfbare Voraussagen ab:

- In gasdichte Plastikbeutel verpackt sollten die Äpfel keine Wirkung auf die Reifung der Bananen haben (weil der gasförmige Stoff nicht zu den Bananen gelangt).
- Werden Äpfel und Bananen zusammen in einen Plastikbeutel verpackt, sollten die Bananen noch schneller reifen (weil sich der gasförmige Stoff im Beutel anreichert).

Überprüfung

Beide Voraussagen werden durch Experimente bestätigt.

Hypothese präzisieren

Um ihre Hypothese zu präzisieren, untersucht Frau Meyer die gasförmigen Ausscheidungen von Äpfeln und prüft jeden auf seine bananenreifmachende Wirkung. Sie stellt fest, dass Äpfel das Gas Ethen (Ethylen) abgeben und dass dieses Gas die Reifung der Bananen beschleunigt. Damit kann sie ihre Aussage präzisieren: Die Äpfel geben das Gas Ethen ab, das die Reifung der Bananen fördert. Das ist natürlich erst ein kleiner Schritt auf dem Weg zu einer Theorie über die Reifung von Früchten. Weitere Forschungen müssten sich u. a. mit folgenden Fragen befassen:

- Ist das Phänomen auch bei anderen Früchten zu beobachten?
- Wie kann das Ethen den Reifungsprozess beeinflussen?
- Welchen Sinn hat das in der Natur?

Entdecken und Erdenken

Forschung wird oft mit Entdecken assoziiert. Das Auffinden neuer Tatsachen bildet aber erst die Basis für den wissenschaftlichen Fortschritt, der darin besteht, möglichst viele Tatsachen in Zusammenhang zu bringen und zu verstehen. Grosse Naturwissenschaftler wie Newton, Einstein und Darwin sind nicht durch die Entdeckung neuer Tatsachen berühmt geworden, sondern durch die Entwicklung von Theorien mit grosser Erklärungskraft.

Zusammenfassung

Biologie ist die Wissenschaft vom Leben und von den Lebewesen (gr. *bios* «Leben»). Biologinnen und Biologen untersuchen, beschreiben und vergleichen die Lebewesen und versuchen ihren Bau, ihr Funktionieren und ihr Zusammenleben zu ergründen und zu verstehen.

Naturwissenschaftliche Arbeit beginnt mit der Ermittlung von Fakten durch Beobachten in der Natur oder durch Experimente, die eine bestimmte Frage eindeutig beantworten. Die Resultate müssen überprüfbar und reproduzierbar sein. Aus den experimentellen Resultaten können sich allgemein gültige Tatsachen oder Gesetzmässigkeiten ergeben.

Auf das Messen und Beobachten folgen die Fragen nach den Ursachen und den Zusammenhängen zwischen den ermittelten Fakten. Zu ihrer Beantwortung «erfindet» man eine Hypothese, die eine widerspruchsfreie und logische Erklärung liefert und aus der sich experimentell überprüfbare Voraussagen ableiten lassen. Treffen diese Voraussagen zu, ist die Hypothese bestätigt und kann zu einer Theorie werden. Andernfalls muss sie ersetzt oder angepasst werden.

Aufgabe 1

Wie gewinnt man eine Hypothese? Wie prüft man sie?

Aufgabe 2

Warum streuen die Messwerte von Experimenten in der Biologie oft stärker als in der Physik?

1.2 Kennzeichen der Lebewesen

1.2.1 Was ist Leben?

Lebenszeichen

So auffallend die Unterschiede zwischen einem Steinblock und einem Steinbock oder zwischen einem Computer und einem Menschen auch sein mögen, so schwierig ist es doch, «Leben» zu definieren. Wir müssen uns damit zufrieden geben, die Kennzeichen der Lebewesen zu erfassen, indem wir die Merkmale und Fähigkeiten suchen, welche die Lebewesen von Unbelebtem unterscheiden. Auch das ist nicht immer ganz einfach, wie die folgenden Abschnitte zeigen werden. Wir beginnen unsere Betrachtung mit zwei wohlbekannten Lebewesen (vgl. Abb. 1-2). Das Gänseblümchen vertritt die Pflanzen, der Laubfrosch die Tiere.

[Abb. 1-2] Woran erkennt man Lebewesen?

Das Gänseblümchen und der Laubfrosch sind zweifellos Lebewesen. Aber woran ist das zu erkennen?
Bild links: © Markus Bütikofer; Bild rechts: © Markus Essler

1.2.2 Reagieren

Bewegung

Der Frosch beantwortet die Frage, was ihn von einem Plastikfrosch unterscheide, meist schon, bevor wir sie stellen können. Er versucht sich vor aufdringlichen Beobachtern mit einem schnellen Sprung in Sicherheit zu bringen. Nun ist allerdings Bewegung allein noch keine Besonderheit von Lebewesen, sonst müssten wir auch Autos, Mixer und Gabelstapler zu den Lebewesen zählen. Entscheidend am Sprung des Froschs ist, dass er eine Reaktion auf Reize aus der Umwelt darstellt.

Reaktionsvermögen

Mit etwas Geduld können Sie vielleicht auch beobachten, wie der Frosch nach einer Fliege schnappt oder auf das Gequake eines anderen Froschs antwortet. Er reagiert also auf ganz verschiedene Reize. Man sagt: «Lebewesen sind reizbar» oder: «Lebewesen haben ein Reaktionsvermögen».

Innere Faktoren

Nun lässt sich aber einwenden, dass auch die Bewegung des Mixers eine Reaktion (auf das Einschalten) darstellt. Im Gegensatz zum Mixer (der hoffentlich beim Einschalten immer in Schwung kommt) wird aber der Frosch einen bestimmten Reiz aus der Umwelt nicht immer gleich beantworten. Seine Reaktionen werden von inneren Faktoren mitbestimmt. Ob ein Frosch eine Fliege fängt oder der Fröschin ein Ständchen quakt, ist nicht nur von den Reizen der Fröschin und der Fliege abhängig, sondern auch vom Hunger und vom Hormonspiegel des Froschs.

[Abb. 1-3]   Tiere reagieren auf Reize

Die auffälligsten Reaktionen von Tieren sind Bewegungen.
Bild: © Stephen Dalton / NHPA / Fotoagentur Sutter, Lupsingen

Reaktionen

Neben Bewegungen zählen auch Lautäusserungen, Farbänderungen und «Duften» zu den Reaktionen eines Lebewesens. Zudem laufen im Körper von Lebewesen viele Reaktionen ab, die von aussen nicht direkt wahrnehmbar sind. So erhöht sich Ihr Puls, wenn Sie sich erschrecken, und der Duft eines Leckerbissens lässt «das Wasser im Mund zusammenlaufen», weil er die Speichelbildung anregt.

Auch Pflanzen reagieren

Und wie ist das mit dem Reaktionsvermögen der Pflanzen? Das Gänseblümchen wird weder fliehen noch Fliegen fangen oder quaken. Aber es reagiert auch auf Reize. Es schliesst z. B. am Abend oder bei schlechtem Wetter seine Blüten und öffnet sie am Morgen wieder. Viele Pflanzen richten ihre Blüten im Verlauf eines Tages laufend auf die Sonne aus (vgl. Abb. 1-4) und manche drehen auch ihre Blätter zum Licht hin. In der Regel bewegen Pflanzen aber nur einzelne Teile. Sie bewegen sich, aber sie bewegen sich nicht fort, und meist sind die Bewegungen so langsam, dass wir sie nicht direkt beobachten können.

[Abb. 1-4]   Auch Pflanzen reagieren auf Reize

Das Bild zeigt, wie eine Pflanze (Scharbockskraut) ihre Blüte im Verlauf eines Tages immer auf die Sonne ausrichtet (Mehrfachbelichtung).
Bild: © Kim Taylor

1.2.3 Wachstum und Entwicklung

Die Lebenden

Lebewesen wachsen und ändern mindestens in der Jugend auch ihre Gestalt. Im Unterschied zu toten Dingen, die sich ja im Laufe der Zeit auch verändern und sogar wachsen können, entwickeln sich Lebewesen aber aktiv und planmässig. Was das bedeutet, lässt sich wieder gut am Gänseblümchen und am Frosch betrachten:

Vom Samen zur Pflanze

Gänseblümchen entwickeln sich – wie alle Blütenpflanzen – aus einem Samen. Ein Pflanzensame dient, wie wir gleich sehen werden, zur Verbreitung. Er enthält einen winzigen Keimling oder Embryo. Dieser sprengt bei der Keimung die Hülle des Samens und bildet erste Blättchen und Würzelchen. Dann wächst die kleine Pflanze und entwickelt dabei die für ein Gänseblümchen typische Gestalt.

Der Keimling muss also das Programm für diese Entwicklung und den Plan für den Bau der Pflanze enthalten. Wir bezeichnen diese Information, die der Nachkomme von seinen Eltern erbt, als Erbgut oder Erbinformation. Das Erbgut bestimmt weitgehend, wie sich das Gänseblümchen entwickelt, und sorgt dafür, dass es schliesslich wie ein Gänseblümchen aussieht und nicht wie ein Löwenzahn. Neben dem Erbgut spielen für die Entwicklung auch äussere Faktoren eine Rolle. Bei den Pflanzen ist die Gestalt stark von Umwelteinflüssen wie Bodenbeschaffenheit und Witterung abhängig. Auf einer mageren Alpwiese bleibt das Gänseblümchen kleiner als auf einer fetten Wiese im Tal.

[Abb. 1-5]   Lebewesen entwickeln sich aktiv und planmässig

Keimlinge von Bohnensamen. Bild: © 2015, Thinkstock

Vom Ei zum Tier

Auch Tiere wachsen und entwickeln sich. Ihr Leben beginnt meist mit der Befruchtung eines weiblichen Eis durch ein männliches Spermium. Beim Frosch entsteht aus dem befruchteten Ei auf geheimnisvolle Weise ein Embryo und schliesslich eine Kaulquappe. Diese ist einem Fisch ähnlicher als einem Frosch und «verwandelt» sich erst nach der «Geburt» in einen Frosch (vgl. Abb. 1-6).

Reifen und altern

Nach der Jugendzeit, in welcher der Frosch vor allem kräftig wächst, entwickeln sich die Geschlechtsorgane und der Frosch kommt in die Blüte seines Lebens. Diese wird aber auch bei ihm nicht ewig dauern. Er wird altern und schliesslich sterben.

[Abb. 1-6]   Bilder aus der Entwicklung eines Froschs

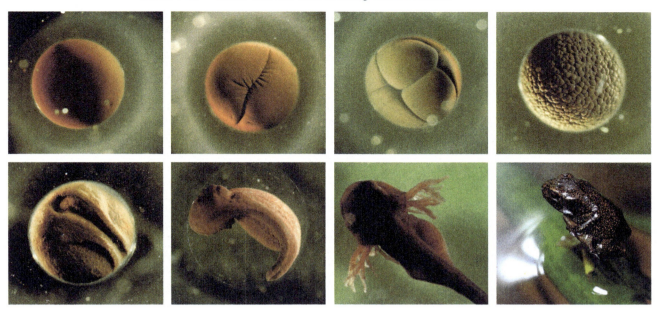

Aus einem befruchteten Ei entsteht der Embryo, der sich zu einer Kaulquappe entwickelt, die sich später in den Frosch umwandelt. Bild: © Tierbildarchiv Angermayer / H. Pfletschinger

Aktive Erneuerung

Die Entwicklung eines Lebewesens dauert bis zu seinem Tod. Manche Organismen werden dabei immer grösser, bei anderen wachsen nur noch gewisse Teile, aber bei allen werden laufend Teile erneuert. So muss das Gänseblümchen jedes Jahr neue Blätter bilden und der Frosch erneuert z. B. seine Haut laufend.

Tote Dinge verändern sich passiv u. planlos

Tote Dinge wie ein Gummifrosch oder eine Plastikblume verändern sich nur passiv, d. h., sie werden durch äussere Einwirkungen verändert. So kann ihre Farbe am Licht verblassen oder das Material kann spröde werden. Zu einer Entwicklung im Sinne einer aktiven, planmässigen Veränderung sind unbelebte Objekte aber nicht fähig. Das gilt auch für das Wachstum. Tote Dinge wie ein Kristall, ein Tropfstein oder ein Vulkan können zwar grösser werden, sie wachsen aber nicht aktiv und planmässig wie Lebewesen. Für ihr Wachstum ist auch kein spezieller Plan erforderlich. Die Teilchen, aus denen ein Kristall entsteht, lagern sich infolge der zwischen ihnen wirkenden Kräfte automatisch in einer bestimmten Weise zusammen.

Lebewesen wachsen planmässig

Demgegenüber wird das Wachstum und die Entwicklung eines Lebewesens durch sein Erbgut gesteuert. Die Erbinformation bestimmt, wann welche Teile entstehen und wie sie sich anordnen. Der Frosch hat eine andere Gestalt als eine Giraffe, weil er nach einem anderen Plan aufgebaut wurde.

1.2.4   Fortpflanzung

Nachkommen

Viele Nächte schlagen sich Froschmännchen quakend um die Ohren und lassen dabei nichts unversucht, um Weibchen zu erobern und viele Nachkommen zu haben. So mühsam und aufwendig es auch sein mag: Die Fortpflanzung ist ein zentrales Ziel der Lebewesen.

Vermehrung

Unter günstigen Bedingungen übertrifft in der Froschbevölkerung eines Teichs die Zahl der Nachkommen die Zahl der Frösche, die sterben, gefressen werden oder auswandern: Die Frösche vermehren sich, die Froschbevölkerung wächst. Sind die Bedingungen dagegen ungünstig, übertrifft die Sterblichkeit die Geburtenziffer: Die Froschbevölkerung nimmt ab. So sorgen Fortpflanzung und Sterblichkeit für die Anpassung der Bevölkerungsdichte an die Gegebenheiten der Umwelt.

Varianten bilden

Neben der Vermehrung kann die Fortpflanzung noch einen anderen Sinn haben. Nachkommen von zwei Eltern mit etwas verschiedenen Eigenschaften werden in der Regel von beiden Eltern etwas erben. Man sagt: Merkmale von zwei Eltern werden neu kombiniert. So kann der Nachkomme eines kurzbeinigen, dickhäutigen Froschs und einer langbeinigen, dünnhäutigen Fröschin z. B. langbeinig wie die Mutter und dickhäutig wie der Vater sein. Vielleicht sind seine Überlebenschancen besser als die der anderen Kombinationen, weil er schneller ist als die kurzbeinigen und bei Trockenheit länger überlebt als die dünnhäutigen. Wenn er länger lebt als andere, kann er mehr Nachkommen haben und der Anteil der langbeinigen Dickhäuter wird zunehmen. Die Fortpflanzung kann also neben der Vermehrung auch der Bildung neuer Varianten dienen, die jetzt oder in Zukunft bessere Überlebenschancen und damit mehr Nachkommen haben.

Pflanzen habens schwer

Für Pflanzen ist die Fortpflanzung eine schwierige Sache, weil sie an ihren Standort gebunden sind. Sie können sich nicht paaren und die Nachkommen können sich auch nicht selbstständig einen geeigneten Platz zum Leben suchen. An die Stelle der Paarung tritt bei vielen Pflanzen der Besuch von Bienen oder anderen Insekten, die mit allerlei Tricks angelockt werden. Die Biene überträgt bei ihrer Reise von Blüte zu Blüte Blütenstaub von einer Pflanze auf eine andere der gleichen Art. Diese bildet dann Samen, die den Nachkommen als Keimling enthalten. Die Samen können in Früchte verpackt sein und werden durch Tiere oder vom Wind verbreitet. Sie sollen ja nicht am gleichen Platz stehen wie die Mutterpflanze, denn hier würden sie kaum genügend Licht und Nahrung finden.

[Abb. 1-7]   Samen von Pflanzen enthalten die Nachkommen

Viele Pflanzen (im Bild ein Löwenzahn) bilden zur Verbreitung Samen. Bild: © 2015, Thinkstock

1.2.5   Stoffwechsel

Organische und anorganische Stoffe

Abgesehen vom mengenmässig dominierenden Bestandteil Wasser, bestehen Lebewesen zur Hauptsache aus organischen Stoffen wie Proteinen, Kohlenhydraten, Fetten und Nucleinsäuren. Man nennt diese Stoffe organisch, weil sie in der Natur in den Organen von Lebewesen aus den anorganischen Stoffen der unbelebten Natur hergestellt werden (vgl. Kap. 4, S. 48). Vor allem die Proteine und die Nucleinsäuren kann man als «Stoffe des Lebens» bezeichnen. Ihr Vorhandensein in einem natürlichen Objekt ist ein Hinweis auf dessen biologische Herkunft. Beachten Sie aber, dass die künstliche Bildung organischer Stoffe aus anorganischen im Labor durchaus möglich ist und dass in der Urzeit der Erde nach heutigen Erkenntnissen viele organische Stoffe ohne Hilfe von Organismen aus anorganischen entstanden sind.

Stoffwechsel	Lebewesen bauen ihren Körper selbst auf. Sie nehmen Stoffe aus der Umgebung auf und stellen daraus ihre körpereigenen Stoffe her. Sie bauen auch laufend Stoffe ab und scheiden Abfallstoffe aus. Lebewesen tauschen mit ihrer Umgebung Stoffe aus und wandeln Stoffe um: Sie haben einen Stoffwechsel.
Ziele	Durch ihren Stoffwechsel beschaffen die Lebewesen die Stoffe, die sie für das Wachstum, für die laufende Erneuerung und für die Fortpflanzung brauchen. Der Stoffwechsel liefert den Lebewesen auch die Energie, die sie für ihre Aktivitäten brauchen. Sie beschaffen diese Energie, indem sie entweder Lichtenergie oder energiereiche Nahrung aufnehmen. Wir betrachten dies wiederum an unseren zwei Beispielen.

Stoffwechsel eines Tiers

Stoffaufnahme	Beim Frosch sind die Vorgänge der Stoffaufnahme gut zu beobachten: Er frisst und er atmet. Wenn der Frosch eine Fliege erwischt und verschlungen hat, verdaut er sie in seinem Darm und nimmt die Nährstoffe ins Blut auf. Die Nährstoffe sind vorwiegend organische Stoffe. Sie werden vom Blutkreislauf zu den verschiedenen Organen z. B. zu den Muskeln gebracht. Gleichzeitig nimmt der Frosch in seiner Lunge Sauerstoff ins Blut auf und verteilt auch diesen im Körper.
Baustoffwechsel	Im Körper wird ein Teil der angelieferten Nährstoffe zur Herstellung körpereigener Stoffe gebraucht. Man nennt diesen Teil des Stoffwechsels Baustoffwechsel. Der Frosch muss viele Teile seines Körpers laufend erneuern und mindestens in seiner Jugend braucht er auch Material, um grösser zu werden. Wenn er an einem fliegenreichen Tag mehr Nährstoffe aufnimmt, als zur Deckung des momentanen Bedarfs nötig sind, legt er Fettpolster als Vorräte für schlechtere Zeiten an.
Betriebsstoffwechsel	Ein Teil der aufgenommenen Nährstoffe wird mithilfe von Sauerstoff abgebaut. Dieser Abbau dient der Freisetzung der Energie, die in den Nährstoffen gespeichert ist. Der Frosch braucht laufend Energie für all seine Aktivitäten. Man nennt diesen Teil des Stoffwechsels Betriebsstoffwechsel.
Stoffabgabe	Beim Stoffabbau fallen Abgase und Reststoffe an. Sie werden vom Blut abtransportiert und über die Lunge, die Haut und die Nieren ausgeschieden.
Heterotroph	Weil der Frosch – wie alle Tiere – die organischen Nährstoffe, die er braucht, nicht aus anorganischen Stoffen aufbauen kann, muss er organische Stoffe mit der Nahrung aufnehmen. Das heisst, er muss Lebewesen bzw. Teile, Reste oder Ausscheidungen von ihnen fressen und verdauen. Man bezeichnet solche Lebewesen als heterotroph[1], d. h. von anderen ernährt.

Stoffwechsel einer Pflanze

Autotroph	Dass auch das Gänseblümchen Stoffe aufnimmt und abgibt, ist mit blossem Auge nicht zu beobachten. Wir sehen es weder fressen noch atmen und doch findet auch bei ihm ein Stoffaustausch statt. Es begnügt sich aber – wie fast alle Pflanzen – mit den Stoffen, die es entweder durch die Wurzeln aus dem Boden oder durch die Blätter aus der Luft aufnehmen kann. Es handelt sich dabei um anorganische Stoffe wie Wasser und Kohlenstoffdioxid. Wir Menschen würden bei dieser Kost ebenso wie alle Tiere verhungern. Nur Pflanzen können alle ihre organischen Stoffe aus anorganischen Stoffen aufbauen, die im Boden und in der Luft vorkommen. Man bezeichnet sie darum als autotroph[2], das bedeutet selbsternährend.

---

[1] Gr. *hetero* «anders», gr. *trophe* «Nahrung».
[2] Gr. *autos* «selbst», gr. *trophe* «Nahrung».

Fotosynthese

==Der Vorgang, der die autotrophe Ernährungsweise ermöglicht, ist die Fotosynthese. Bei der Fotosynthese werden Kohlenstoffdioxid und Wasser mithilfe von Lichtenergie zu Glucose (Traubenzucker) und Sauerstoff umgewandelt== (vgl. Kap. 12.2, S. 151).

Die Fotosynthese findet vor allem in den Laubblättern der Pflanzen statt. Über die grosse Oberfläche der Blätter nehmen die Pflanzen das Sonnenlicht auf. Das Gas Kohlenstoffdioxid gelangt aus der Luft durch spezielle Poren in die Blätter.

Das Wasser wird mit den Wurzeln aus dem Boden aufgenommen und durch den Stängel oder Stamm zu den Blättern befördert.

[Abb. 1-8]   Stoffwechsel von Pflanzen und Tieren

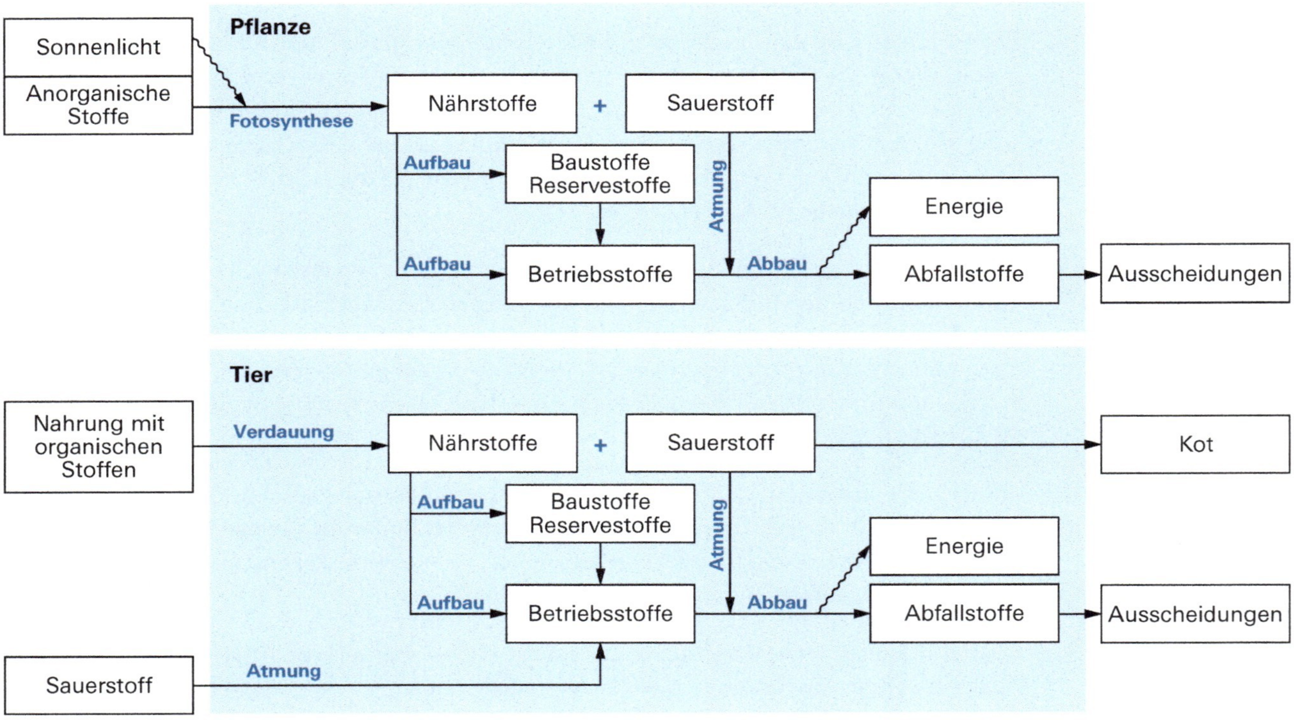

Pflanzen können die organischen Stoffe, die sie brauchen, aus anorganischen aufbauen. Tiere müssen organische Stoffe aufnehmen.

1.2.6   Aufbau aus Zellen

Im Bau scheinen sich das Gänseblümchen und der Frosch ja nicht gerade ähnlich zu sein und doch stimmen sie und alle anderen Lebewesen in einem Punkt überein: Sie bestehen aus Zellen.

Da die meisten Zellen kleiner als 1/10 mm sind, können wir sie nur mithilfe eines Mikroskops (vgl. Kap. 5.2, S. 70) erkennen. Abbildung 1-9 zeigt die Zellen in einem Pflanzenblatt.

[Abb. 1-9] Zellen in einem Pflanzenblatt

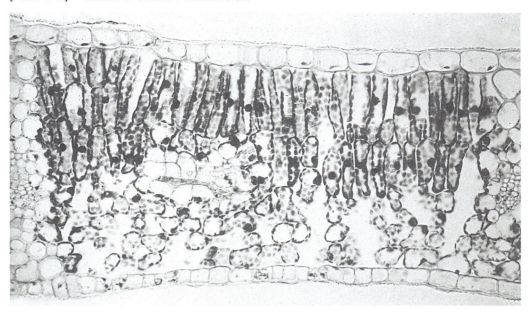

Zellen in einem Querschnitt durch ein Pflanzenblatt bei 300-facher Vergrösserung.

Zellen

Die Zellen, aus denen das Blatt aufgebaut ist, unterscheiden sich zwar in Grösse und Form, zeigen aber doch gewisse Übereinstimmungen. Sie sind alle durch eine Zellwand abgegrenzt und enthalten eine Grundsubstanz, die man Plasma nennt. Im Plasma liegen verschiedene Körperchen mit bestimmten Aufgaben. Sie spielen innerhalb der Zelle eine ähnliche Rolle wie die Organe in unserem Körper und heissen darum Organellen[1]. Das grösste von den in Abbildung 1-9 als schwarze Körnchen sichtbaren Organellen ist der Zellkern. Er enthält und bewahrt die Erbinformation für den Bau und den Betrieb der Zelle und steuert die Aktivitäten der Zelle. Die etwas kleineren Körnchen sind die Chloroplasten, in denen die Fotosynthese abläuft.

Einzeller und Vielzeller

Auch die anderen Teile des Gänseblümchens von der Wurzel bis zur Blüte sind aus Zellen aufgebaut. Dasselbe gilt für den Frosch und alle anderen Organismen. Ganz einfache und kleine Lebewesen sind Einzeller. Sie bestehen nur aus einer einzigen Zelle, während der Körper von Vielzellern aus vielen Zellen aufgebaut ist. Auch leblose Objekte können zellenartig aufgebaut sein wie z. B. Bienenwaben oder Schaumstoffe. Solche Zellen besitzen aber kein Erbgut mit Bauplan und Betriebsanleitung. Sie entwickeln sich nicht, sie reagieren nicht, sie pflanzen sich nicht fort und sie setzen keine Stoffe um. Zudem fehlt eine innere Gliederung, wie sie für die Zellen der Lebewesen typisch ist.

1.2.7 Abgrenzung Belebtes – Unbelebtes

Belebtes – Unbelebtes

Zusammenfassend unterscheiden sich Lebewesen von Unbelebtem durch folgende Kennzeichen:

- Sie bestehen aus Zellen, die das Erbgut mit dem Bauplan und der Betriebsanleitung enthalten und selbstständig lebensfähig sein können.
- Sie haben ein Reaktionsvermögen, d. h., sie können auf ihre Umwelt reagieren.
- Sie pflanzen sich fort, d. h., sie können Nachkommen erzeugen.
- Sie haben einen Stoffwechsel, d. h., sie tauschen mit der Umwelt Stoffe aus, bauen die körpereigenen Stoffe auf und beschaffen sich die für ihre Aktivitäten nötige Energie.
- Sie wachsen und entwickeln sich gezielt und planmässig.

Abgrenzung

Beachten Sie, dass auch unbelebte Systeme einzelne dieser Leistungen erbringen. So wächst auch ein Kristall, ein Feuer wandelt Stoffe um und ein Roboter reagiert auf gewisse

[1] Gr. *organon* «Werkzeug».

Signale. Lebewesen unterscheiden sich von Unbelebtem dadurch, dass sie alle genannten Kennzeichen aufweisen. Zu ihnen gehören Pflanzen, Tiere, Pilze und Bakterien. Es gibt aber auch Wesen wie die Viren, die einige Kennzeichen der Lebewesen besitzen. Weil ihnen aber grundlegende Eigenschaften eines lebenden Organismus fehlen, werden sie nicht zu den Lebewesen gezählt. Sie haben keinen eigenen Stoffwechsel und können sich nicht selbstständig fortpflanzen, dazu brauchen sie eine Wirtszelle, die diese Aufgaben für sie übernimmt. Hier wird deutlich, dass es keine scharfe Grenze zwischen lebenden Wesen und unbelebten Dingen gibt.

Tod

Weil wir Leben nicht präzise definieren können, bleibt auch die Antwort auf die Frage: «Wann endet das Leben?» offen. Sie stellt sich heute vor allem im Zusammenhang mit der modernen Medizin, die es ermöglicht, Menschen, bei denen einzelne Organe nicht mehr funktionieren, am Leben zu erhalten. Welches Organ ist massgebend? Die Antwort der Ärzte ist naturwissenschaftlich einleuchtend, aber letztlich doch willkürlich: Wenn im Hirn, das die Arbeit der Organe steuert und koordiniert, keine Aktivität mehr nachgewiesen werden kann, gilt der Mensch als tot. Damit ist aber die Frage nach Leben und Tod nicht wirklich beantwortet.

Zusammenfassung

Lebewesen reagieren auf Reize: Sie haben ein Reaktionsvermögen. Der Ablauf der Reaktionen wird meist auch von inneren Faktoren beeinflusst. Zu den Reaktionen zählen beobachtbare Verhaltensweisen wie Bewegungen, Lautäusserungen und Farbänderungen sowie verborgene Reaktionen im Inneren der Lebewesen.

Lebewesen entwickeln sich aus einfacheren Strukturen wie Samen oder befruchteten Eizellen. Sie wachsen aktiv und planmässig. Ihr Wachstum und ihre Entwicklung sind durch das Erbgut gelenkt, werden aber von der Umwelt beeinflusst.

Lebewesen pflanzen sich fort, d. h., sie bilden Nachkommen. Die Fortpflanzung dient der Vermehrung und der Bildung neuer Varianten. Fortpflanzung und Sterblichkeit ermöglichen die Anpassung der Art und der Individuenzahl an die Gegebenheiten der Umwelt.

Der Stoffwechsel umfasst den Stoffaustausch mit der Umwelt und die chemischen Umsetzungen in den Lebewesen. Der Stoffwechsel schafft die Voraussetzungen für die anderen Lebensäusserungen (Wachstum, Reaktionsvermögen und Fortpflanzung). Der Baustoffwechsel produziert Stoffe zum Aufbau und zur Erneuerung des Körpers. Der Betriebsstoffwechsel setzt die für das Leben nötige Energie frei.

Nach ihrer Ernährungsweise unterscheidet man autotrophe und heterotrophe Lebewesen:

- Autotrophe Lebewesen brauchen nur anorganische Stoffe, denn sie können ihre organischen Stoffe aus anorganischen herstellen. Die meisten beziehen die dazu nötige Energie bei der Fotosynthese von der Sonne. Die anorganischen Stoffe finden sie im Boden, in der Luft und im Wasser. Pflanzen sind in der Regel autotroph.
- Heterotrophe Lebewesen müssen Nahrung mit organischen Stoffen aufnehmen und verdauen. Sie beziehen ihre Energie aus der Nahrung. Tiere sind heterotroph.

Lebewesen bestehen aus mindestens einer Zelle. Die Zelle ist die kleinste Einheit, die selbstständig lebensfähig sein kann. Ihr Bau und ihre Leistungen werden durch das Erbgut gesteuert. Lebewesen unterscheiden sich also von Unbelebtem durch folgende Kennzeichen:

- Sie bestehen aus Zellen, die das Erbgut mit dem Bauplan und der Betriebsanleitung enthalten und selbstständig lebensfähig sein können.
- Sie haben ein Reaktionsvermögen, d. h., sie können auf ihre Umwelt reagieren.
- Sie pflanzen sich fort, d. h., sie können Nachkommen erzeugen.
- Sie haben einen Stoffwechsel, d. h., sie tauschen mit der Umwelt Stoffe aus, bauen die körpereigenen Stoffe auf und beschaffen sich die für ihre Aktivitäten nötige Energie.
- Sie wachsen und entwickeln sich gezielt und planmässig.

Aufgabe 3	Wie testen Sie, ob ein Käfer, der reglos auf dem Rücken liegt, noch lebt?
Aufgabe 4	Wodurch unterscheidet sich das Wachstum eines Lebewesens vom Wachstum toter Dinge wie z. B. einem Flussdelta?
Aufgabe 5	Die Blätter eines Löwenzahns im Tal haben die gleiche Form wie die Blätter eines Löwenzahns in den Bergen, sind aber viel grösser. Was schliessen Sie daraus?
Aufgabe 6	Welche der folgenden Leistungen erbringen alle Lebewesen? A] Sich fortbewegen B] Wachsen C] Eier legen D] Stoffe aufnehmen E] Reagieren
Aufgabe 7	A] Wozu brauchen Lebewesen einen Stoffwechsel? B] Was unterscheidet den Stoffwechsel eines Tiers und einer Pflanze grundsätzlich?
Aufgabe 8	Ein Archäologe findet bei einer Ausgrabung in einem alten Topf Reste, von denen er vermutet, es seien Pflanzenteile. Wie kann er seine Vermutung überprüfen?

1.3 Die Strukturen des Lebendigen

Atome – Moleküle – Organellen – Zelle

Die Zelle ist das kleinste Bauelement, das selbstständig lebensfähig sein kann. Das bedeutet aber keineswegs, dass sie die kleinste Struktur der Lebewesen ist, denn sie besteht aus verschiedenen Organellen, die bestimmte Aufgaben erfüllen. Die Organellen, von denen wir den Zellkern und die Chloroplasten schon erwähnt haben, sind so klein, dass man die kleinsten erst bei zehntausendfacher Vergrösserung sehen kann.

Noch viel kleiner und auch bei millionenfacher Vergrösserung meist nicht sichtbar sind dann die Teilchen, aus denen die Organellen – wie alle Dinge – bestehen. Von den verschiedenen Teilchentypen (vgl. Kap. 2, S. 31) stehen in der Zelle die Moleküle im Vordergrund. Moleküle sind aus mehreren Atomen zusammengesetzt. Die meisten «normalen» Moleküle bestehen meist aus weniger als 100 Atomen, in Riesenmolekülen können es mehrere Millionen sein. Von den Molekülen in den Zellen sind viele sehr kompliziert gebaut.

Zellen – Gewebe – Organe – Organismen

Zellen können, wie die Einzeller zeigen, selbstständige Lebewesen sein. Oft arbeiten aber in einem Lebewesen viele Zellen zusammen. So sind im Körper eines Menschen 10 000 000 000 000 (10^{13}) Zellen beschäftigt (das sind 1 000-mal mehr als Menschen auf der Erde leben). Die Zusammenarbeit dieser riesigen Zahl von Zellen muss gut organisiert und koordiniert sein. In der Regel sind gleichartige Zellen zu Geweben zusammengefasst. Gewebe bilden die Organe, aus denen der Körper der meisten Organismen aufgebaut ist. Der Organismus ist die Einheit, an der alle Kennzeichen des Lebendigen offensichtlich erkennbar sind. Seine Leistungen beruhen auf den Leistungen der Organe, gehen aber über diese hinaus. Erst das geregelte Zusammenwirken der Organe macht seine Leistungen möglich.

Biotope

Jedes Lebewesen lebt mit anderen zusammen und ist auf andere angewiesen. Die Zusammenarbeit zwischen den Lebewesen ist vielleicht nicht so offensichtlich wie die Zusammenarbeit der Organe, aber auch sie ist Voraussetzung für das Leben. Pflanzen und Tiere eines Lebensraums, z.B. eines Teichs, eines Moors oder einer Alpwiese, bilden eine Lebensgemeinschaft. Man nennt solche Lebensräume Biotope[1]. Natürlich sind die Grenzen eines Biotops meist nicht dicht. Lebewesen aus benachbarten Biotopen kommen zu Besuch und Einheimische wandern aus.

Populationen

Besonders eng sind die Beziehungen zwischen den gleichartigen Lebewesen eines Biotops. Sie sind für die Fortpflanzung aufeinander angewiesen und können z.B. bei der Nahrungssuche oder bei der Aufzucht der Nachkommen zusammenarbeiten. Sie kommen sich aber auch am stärksten in die Quere, denn sie haben dieselben Ansprüche. Artgleiche Tiere fressen dasselbe und artgleiche Pflanzen bevorzugen dieselben Standorte. Man bezeichnet die Gemeinschaft der artgleichen Lebewesen eines Biotops als Population[2].

Biozönosen

Zwischen Lebewesen verschiedener Arten gibt es freundliche und weniger freundliche Beziehungen. Manche nützen beiden, bei anderen ist der Nutzen einseitig. Natürlich ist die Frage des Nutzens auch eine Definitionsfrage. Der Frosch, der vom Storch gefressen wird, wird das gar nicht nützlich finden, aber die Population der Frösche zieht als Ganzes Nutzen aus dem Wirken ihrer Feinde, das Bevölkerungsexplosionen und damit Hungersnöte verhindert. Besonders auffällig sind die Beziehungen zwischen artfremden Lebewesen, wenn diese mindestens zeitweise zusammenwohnen wie die Bakterien in unserem Darm oder die Zecke auf ihrem Wirt. Man bezeichnet die Gemeinschaft aller Lebewesen eines Biotops als Biozönose[3]. Die Biozönose umfasst alle Populationen eines Biotops. Biotop und Biozönose bilden ein Ökosystem.

---

[1] Gr. *topos* «Ort».
[2] Lat. *populus* «Volk».
[3] Gr. *koinos* «gemeinsam».

[Abb. 1-10] Die Strukturen des Lebendigen

Lebensgemeinschaften

Eine Lebensgemeinschaft oder Biozönose besteht aus allen Lebewesen eines Ökosystems, z. B. die Lebewesen eines Teichs.
Die artgleichen Lebewesen einer Lebensgemeinschaft bilden eine Fortpflanzungsgemeinschaft oder Population, z. B. die Wasserfrösche oder die Seerosen in einem Teich.

Organismen

Ein Organismus ist weitgehend selbstständig lebensfähig. Einzeller bestehen aus einer einzigen Zelle, Vielzeller wie die Seerose besitzen meist verschiedene Organe wie Blätter, Stängel und Wurzel.

Organe

Ein Organ ist ein Teil eines Organismus mit bestimmten Funktionen. Es besteht aus verschiedenen Geweben, die sinnvoll zusammenarbeiten, z. B. das Blatt der Seerose.

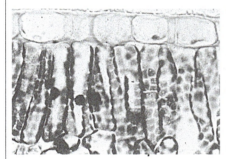

Gewebe

Ein Gewebe ist ein Verband von gleichartigen Zellen, die sinnvoll zusammenarbeiten, z. B. das Palisadengewebe in der oberen Hälfte des Blatts.

Zellen

Die Zelle ist die einfachste Struktur, die selbstständig lebensfähig sein kann. Sie ist in der Regel kleiner als 1/10 mm und besteht aus Plasma und Organellen, z. B. eine Zelle aus dem Palisadengewebe des Blatts.

Zellorganellen

Organellen sind Zellbestandteile mit bestimmten Aufgaben. Sie erbringen ihre Leistung als Arbeiter in der Zelle und sind nicht selbstständig lebensfähig, z. B. die Chloroplasten für die Fotosynthese.

Das Bild zeigt einen Chloroplasten bei 5 000-facher Vergrösserung.

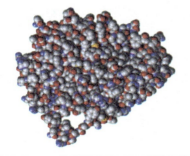

Teilchen

Zellen und Organellen bestehen aus winzigen Teilchen. Meist sind es Moleküle, die aus den noch kleineren Atomen aufgebaut sind.

Das Bild zeigt ein Modell des grünen Farbstoffs in den Chloroplasten. Die Kugeln repräsentieren die verschiedenen Atome.

Obere drei Bilder: © Markus Bütikofer

Zusammenfassung Lebewesen bestehen aus Zellen, die einerseits aus noch kleineren Zellorganellen aufgebaut sind und andererseits Gewebe und Organe bilden. Jede Struktur setzt sich aus einfacheren zusammen, kann und leistet aber mehr als diese: Das Ganze ist mehr als die Summe seiner Teile.

- Eine Biozönose ist die Lebensgemeinschaft aller Lebewesen eines Lebensraums. Sie besteht aus vielen Populationen.
- Populationen sind Fortpflanzungsgemeinschaften. Sie bestehen aus den artgleichen Lebewesen eines Lebensraums.
- Der Körper vielzelliger Organismen besteht in der Regel aus mehr oder weniger abgegrenzten Organen, die zusammenarbeiten.
- Organe bestehen aus verschiedenen Geweben, die zusammenarbeiten.
- Gewebe sind Verbände von gleichartigen Zellen.
- Zellen sind die kleinsten selbstständig lebensfähigen Strukturen. Sie enthalten verschiedene Organellen.
- Zelle und Zellorganellen sind aus Teilchen wie Molekülen und Atomen aufgebaut.

Aufgabe 9 A] Wie heisst ein Verband von gleichartigen Zellen?

B] Wie nennt man die Gemeinschaft der artgleichen Lebewesen eines Biotops?

Aufgabe 10 Definieren Sie die Begriffe A] Organ, B] Zelle und C] Biozönose.

1.4 Teilgebiete der Biologie

Teilgebiete

So vielfältig wie die Strukturen des Lebens sind die möglichen Fragestellungen der Biologie und die Untersuchungsmethoden, die in der Forschung eingesetzt werden. Zur Untersuchung der Lebensgemeinschaft eines Teichs werden andere Verfahren benutzt als zur Erforschung der Zellfunktionen. Darum unterteilt man die Biologie in Teilgebiete, die sich auf bestimmte Themen konzentrieren. Neben der klassischen Gliederung in Botanik (Pflanzenkunde), Zoologie (Tierkunde) und Humanbiologie (Menschenkunde) unterscheidet man u. a. die folgenden Teilgebiete:

- Die Anatomie[1] befasst sich mit dem inneren Bau der Lebewesen und ihrer Organe.
- Die Physiologie[2] ergründet die Lebensvorgänge und hat entsprechende Spezialgebiete: Stoffwechselphysiologie, Entwicklungsphysiologie, Neurophysiologie, Fortpflanzungsphysiologie, Pflanzenphysiologie etc.
- Die Histologie[3] untersucht den Bau und die Funktionsweise von Zellverbänden.
- Die Cytologie[4] erforscht den Bau und die Funktionsweise der Zellen.
- Die Molekularbiologie erforscht den Bau und die Reaktionen der Moleküle in den Lebewesen. Sie überschneidet sich mit der Biochemie, die als Teilgebiet der Chemie die chemischen Reaktionen in den Organismen untersucht.
- Die Genetik[5] oder Vererbungslehre befasst sich mit der Frage, wie das Erbgut in der Zelle gespeichert wird und wie es die Entwicklung und den Betrieb der Zelle und des ganzen Lebewesens steuert. Sie untersucht die Weitergabe und die Neukombination des Erbguts bei der Fortpflanzung.

[1] Gr. *anatemnein* «zerschneiden».
[2] Gr. *physis* «Natur».
[3] Gr. *histion* «Gewebe».
[4] Lat. *cytus* «Zelle».
[5] Gr. *genesis* «Erzeugung».

- Die Evolutionsbiologie[1] untersucht, wie sich die Lebewesen im Verlauf der Erdgeschichte entwickelt haben.
- Die Ökologie[2] erforscht die Beziehungen zwischen den Lebewesen und ihrer Umwelt und den Haushalt der Natur. Auch die Eingriffe des Menschen und die Folgen menschlicher Aktivitäten sind zentrale Themen der Ökologie.
- Die Verhaltensbiologie ergründet das Verhalten der Lebewesen.
- Die Systematik befasst sich mit der Benennung der Lebewesen und mit ihrer Einordnung in Gruppen. Teilgebiete der Biologie, die sich vorwiegend mit den Besonderheiten einzelner Arten oder Gruppen befassen, werden als «systematisch» bezeichnet, so unterscheidet man z. B. die systematische und die allgemeine Botanik.

Zusammenfassung   Die Teilgebiete der Biologie befassen sich mit unterschiedlichen Themen und arbeiten mit verschiedenen Untersuchungsmethoden. Neben der klassischen Einteilung in Botanik, Zoologie und Humanbiologie unterscheidet man u. a. Anatomie, Physiologie, Histologie, Cytologie, Molekularbiologie, Genetik, Evolutionsbiologie, Ökologie, Verhaltensbiologie und Systematik.

Aufgabe 11   Welche Teilgebiete der Biologie befassen sich mit den folgenden Untersuchungsgegenständen?

A] Mit den Folgen menschlicher Eingriffe in den Naturhaushalt.

B] Mit der Einteilung von Pflanzen in bestimmte Gruppen.

C] Mit Beschreibung von Zellverbänden.

D] Mit dem inneren Bau von Lebewesen.

[1] Lat. *evolutio* «Entwicklung».
[2] Gr. *oikos* «Wohnung».

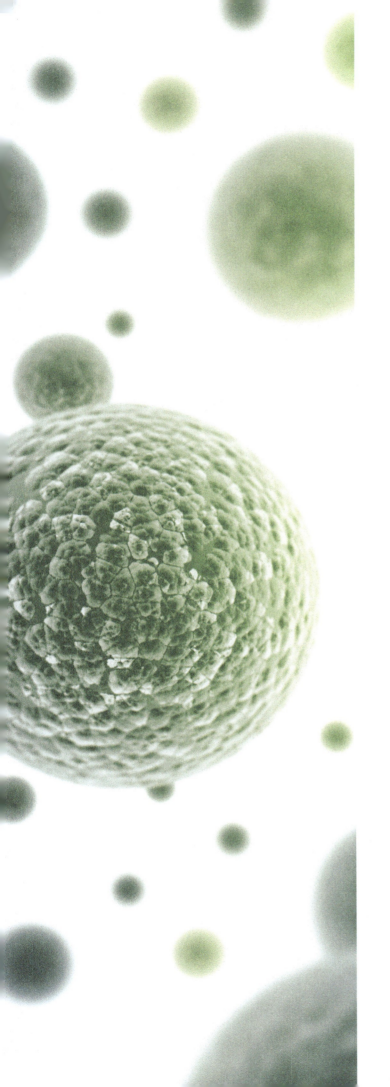

TEIL B
Grundlagen aus der Chemie

Einstieg

Der Stoffwechsel ist die Voraussetzung für alle Aktivitäten der Lebewesen. Die Lebensvorgänge beruhen letztlich auf Reaktionen von Teilchen, die zur Umwandlung von Stoffen führen. Man nennt diese Vorgänge – unabhängig davon, ob sie in Lebewesen oder in der unbelebten Natur stattfinden – chemische Reaktionen.

Da biologische Vorgänge auf chemischen Reaktionen beruhen, sind einige Grundkenntnisse aus der Chemie für das Verständnis der Biologie unerlässlich. Darum haben wir die nötigen Grundlagen hier zusammengetragen. Wenn Sie sich noch nie mit Chemie befasst haben, wird Ihnen dieser Teil einiges abverlangen. Falls Sie bereits über chemische Kenntnisse verfügen, können Sie die Kapitel zur Auffrischung und Ergänzung Ihres Wissens benutzen. Das bereits Gelernte wird Ihnen die Arbeit erleichtern.

Die folgende Tabelle gibt Ihnen, ausgehend von einigen Schlüsselfragen, eine Übersicht über den Inhalt dieses Teils.

Grundlagen aus der Chemie

Schlüsselfrage	Kapiteltitel	Kapitelnummer
Welche Stoffarten werden unterschieden?	Reinstoffe und Gemische	2.1, S. 31
	Elemente und Verbindungen	2.4, S. 38
	Moleküle	2.3.2, S. 36
	Ionen	2.3.3, S. 37
	Organische und anorganische Stoffe	2.5, S. 41
Was unterscheidet feste, flüssige und gasförmige Stoffe?	Die drei Aggregatzustände	2.2, S. 32
Woraus sind Stoffe aufgebaut?	Das Teilchenmodell	2.2, S. 32
	Atome – Ionen – Moleküle	2.3, S. 34
Was geschieht bei chemischen Reaktionen?	Chemische Reaktionen	3, S. 43
	Umwandlung von Stoffen	3.1, S. 43
Wie wird eine chemische Reaktion beschrieben?	Reaktionsgleichung	3.1.2, S. 44
Welche Bedeutung haben Luft und Wasser für die Lebewesen?	Luft	4.1, S. 48
	Wasser	4.2, S. 51
Was geschieht beim Lösen eines Stoffs?	Wässrige Lösungen	4.2.2, S. 52
Aus welchen Stoffen bestehen Lebewesen?	Kohlenhydrate	4.5, S. 56
Welche Aufgaben haben diese Stoffe und wie sind ihre Teilchen gebaut?	Lipide	4.6, S. 59
	Proteine	4.7, S. 60
	Nucleinsäuren	4.8, S. 63

2 Stoffe und Teilchen

Lernziele Nach der Bearbeitung dieses Kapitels können Sie ...

- die drei Aggregatzustände beschreiben und mithilfe des Teilchenmodells erläutern.
- Atome, Ionen und Moleküle definieren und an der Formel erkennen.
- Gemische, Elemente und Verbindungen gegeneinander abgrenzen. Stoffe aufgrund einer kurzen Charakterisierung in eine der drei Gruppen einteilen.
- darlegen, was die Formel eines Salzes bzw. einer Molekülverbindung aussagt.
- die Kriterien zur Unterscheidung von organischen und anorganischen Verbindungen nennen.

Schlüsselbegriffe Aggregatzustände, Atome, Elemente, Formel, Gemische, Ionen, Moleküle, Reinstoff, Salze, Teilchenmodell, Verbindungen

Wir beginnen unseren Ausflug in die Chemie bei den Stoffen, aus denen sowohl die Lebewesen als auch die unbelebten Dinge bestehen.

2.1 Reinstoffe und Gemische

Reinstoffe Weil der Begriff «Stoff» auch für Stoffgemische wie Milch oder Luft verwendet wird, nennt man Einzelstoffe wie Gold, Eisen, Sauerstoff, Wasser etc. Reinstoffe.

Eigenschaften von Reinstoffen Ein Reinstoff besitzt typische Eigenschaften, an denen er zu erkennen ist. Wichtige Kenngrössen sind: Schmelztemperatur (Smt), Siedetemperatur (Sdt), Dichte (Masse von 1 cm^3 oder 1 Liter [l]), Härte, Farbe, Geruch und Wasserlöslichkeit. Bei Stoffeigenschaften, die sich mit der Temperatur und / oder mit dem Druck ändern, müssen die Messbedingungen angegeben werden.

Gemische Reinstoffe liegen in der Natur meist nicht einzeln, sondern in Gemischen vor. So ist das «Wasser» von Seen und Flüssen, auch wenn es klar erscheint, ein Gemisch, weil viele Stoffe im Wasser gelöst sind, und selbst Trinkwasser ist, wie die Kalkrückstände in der Kaffeemaschine verraten, keineswegs rein. Auch in der Technik werden meist Gemische verwendet. Die umgangssprachlichen Stoffbezeichnungen sind also oft ungenau. So versteht man unter «Eisen» meist Eisenlegierungen, reines Eisen wäre als Werkmetall viel zu weich.

Eigenschaften von Gemischen Gemische lassen sich durch physikalische Methoden in die Reinstoffe trennen. So kann man ein Gemisch von Sand und Wasser durch Filtration in seine Komponenten auftrennen. Die Reinstoffe verändern sich weder beim Mischen noch beim Trennen. Die Eigenschaften eines Gemischs variieren mit dem Mischungsverhältnis der Komponenten. So ist die Siedetemperatur einer Salzlösung umso höher, je höher ihr Salzgehalt ist.

Heterogene und Homogene Heterogene (d. h. uneinheitliche) Gemische wie Granit oder Rauch sind leicht als Gemische zu erkennen, weil man sieht, dass sie aus mehreren Komponenten bestehen. Homogene Gemische wie Lösungen scheinen einheitlich.

Lösungen Lösungen sind homogene Gemische, bei denen zumindest ein Stoff in einem Lösungsmittel wie Wasser gelöst ist. Sie unterscheiden sich in ihren Eigenschaften vom Lösungsmittel. So hat eine Kochsalzlösung eine höhere Siedetemperatur und einen anderen Geschmack als Wasser. Die meisten Lebensvorgänge spielen sich in wässrigen Lösungen ab (vgl. Kap. 4.2, S. 51).

Zusammenfassung	Ein Reinstoff hat unter definierten Messbedingungen (Temperatur, Druck) bestimmte Eigenschaften (Smt, Sdt, Dichte, Härte, Farbe etc.). Reinstoffe liegen in der Natur meist in Gemischen vor. Gemische bestehen aus mehreren Reinstoffen. Ihre Zusammensetzung und ihre Eigenschaften sind variabel. Gemischte Reinstoffe lassen sich durch Trennmethoden wie Filtrieren trennen, ohne dass sich ihre typischen Stoffeigenschaften verändern. Lösungen sind homogene Gemische von Stoffen in einem Lösungsmittel wie Wasser.
Aufgabe 12	Welche zwei Angaben fehlen in der Aussage: «Eine Kochsalzlösung siedet bei 103 °C»?
Aufgabe 13	Ordnen Sie die unten aufgeführten Stoffe in A] Reinstoffe B] Homogene Gemische C] Heterogene Gemische Zuckerwasser, Granit, Aluminium, Seifenwasser, Kalk, Quecksilber, Alkohol, Sauerstoff, Benzin, Luft, Rauch.

2.2 Teilchenmodell und die drei Aggregatzustände

Teilchenmodell

Die Vorstellungen über die Eigenschaften von Stoffen stützen sich auf eine fundamentale Theorie zum Aufbau der Materie. Man nennt sie Teilchenmodell. Sie besagt:

- Stoffe bestehen aus winzig kleinen Teilchen, die sich ständig bewegen.
- Zwischen den Teilchen wirken Anziehungs- und Abstossungskräfte, die von der Art der Teilchen und von ihren Abständen abhängig sind.
- Die Eigenschaften aller Teilchen eines Stoffs sind gleich.
- Eigenschaften wie Grösse, Masse und Form der Teilchen bestimmen die Eigenschaften eines Stoffs.

Winzige Teilchen

Die Teilchen, aus denen die Stoffe bestehen, können Atome, Moleküle oder Ionen sein. Sie sind so klein, dass alle heute lebenden Menschen über 1 Million Jahre zählen müssten, um die Teilchen in einem einzigen Wassertropfen zu zählen. Wir werden uns mit ihnen im Kapitel 2.3, S. 34 befassen.

In Bewegung

Die Teilchen eines Stoffs bewegen sich ständig und die Heftigkeit ihrer Bewegung steigt mit der Temperatur. Oder umgekehrt betrachtet: Je stärker sich die Teilchen eines Stoffs bewegen, umso höher ist seine Temperatur. Teilchen, die sich schneller bewegen, sind energiereicher.

Drei Zustände

Eis, Wasser und Wasserdampf unterscheiden sich in ihren Eigenschaften sehr deutlich, obwohl es sich um ein und denselben Stoff handelt. Grundsätzlich kann jeder Stoff je nach Temperatur und Druck fest, flüssig oder gasförmig sein. Man nennt diese drei Zustände Aggregatzustände. Der Wechsel von einem Zustand in den anderen wird (bei konstantem Druck) durch Erwärmen oder Abkühlen verursacht. Das ist eine bekannte Tatsache, aber wodurch unterscheiden sich die drei Zustände genau und was geschieht beim Ändern des Zustands?

2.2.1 Fest

Teilchen dicht gepackt

In festen Stoffen sind die Teilchen sehr nahe beieinander und die Kräfte zwischen ihnen sind stark. Jedes Teilchen wird von den Nachbarn auf seinen Platz gedrückt oder gezogen und kann sich nur leicht bewegen. Es schwingt um eine feste Position und rotiert um sich selbst. Die Teilchen sind meist regelmässig angeordnet und lassen sich auch durch Kräfte von aussen kaum gegeneinander verschieben: Feststoffe sind hart und schwer verformbar. Weil die Teilchen sehr dicht beieinander liegen, haben feste Stoffe eine grosse Dichte und lassen sich kaum zusammenpressen. Feste Stoffe haben im Allgemeinen eine fixe Form und ein fixes Volumen.

Schmelzen

Wenn ein fester Stoff erwärmt wird, bewegen sich die Teilchen immer stärker. Ab einer bestimmten Temperatur reichen die Kräfte, die zwischen den Teilchen wirken, nicht mehr aus, um sie auf ihrem Platz zu halten. Sie können sich nun frei bewegen, der Stoff schmilzt und wird flüssig.

2.2.2 Flüssig

Teilchen schwimmen

In Flüssigkeiten bewegen sich die Teilchen wesentlich stärker als in Feststoffen. Sie verschieben sich gegeneinander, können sich aber nicht weit voneinander entfernen. Weil die starre Ordnung der Teilchen überwunden ist, haben flüssige Stoffe keine stabile Form. Ihr Volumen ist aber nahezu konstant, da sich die Abstände zwischen den Teilchen kaum ändern. Die Anziehungskräfte zwischen den Teilchen sind immer noch stark. Giesst man eine Flüssigkeit aus einem kleinen Glas in einen grossen Krug, passt sie sich diesem in der Form an. Sie füllt ihn aber nicht, d. h., sie breitet sich nicht im ganzen Krug aus. Flüssigkeiten lassen sich weder dehnen noch auf ein kleineres Volumen zusammendrücken. Sie haben eine variable Form, aber ein fixes Volumen.

Verdampfen

Erwärmt man eine Flüssigkeit, bewegen sich die Teilchen immer schneller. Schliesslich können sie durch die Anziehungskräfte nicht mehr zusammengehalten werden. Sie verlassen die Flüssigkeit. Die Flüssigkeit wird gasförmig: Sie siedet und verdampft.

Verdunsten

Die Teilchen einer Flüssigkeit bewegen sich nicht alle gleich schnell. Einzelne Teilchen sind so schnell, dass sie die Flüssigkeit schon vor Erreichen der Siedetemperatur verlassen: Die Flüssigkeit verdunstet langsam. Wasser, das in einem offenen Gefäss stehen gelassen wird, «verschwindet» so schon bei Raumtemperatur. Weil beim Verdunsten die schnellen, energiereichen Teilchen entkommen und die energieärmeren zurückbleiben, kühlt sich die verbleibende Flüssigkeit ab. Die Verdunstungskälte wird von Mensch, Tier und Pflanze zur Kühlung genutzt.

2.2.3 Gasförmig

Teilchen fliegen

Gase haben wie Flüssigkeiten keine fixe Form. Im Gegensatz zu Flüssigkeiten können sich jedoch die Teilchen eines Gases praktisch unabhängig voneinander bewegen. Sie verteilen sich in einem geschlossenen Behälter gleichmässig und nehmen das gesamte Volumen ein, das ihnen zur Verfügung steht. Die Abstände zwischen den Teilchen sind gross.

[Abb. 2-1]   Die drei Aggregatzustände

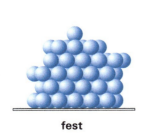
fest

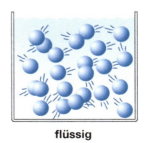
flüssig

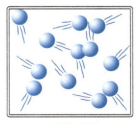
gasförmig

Zusammenfassung Stoffe bestehen aus kleinen Teilchen, die sich je nach Temperatur unterschiedlich schnell bewegen.

Ein Reinstoff ist je nach den herrschenden Bedingungen fest, flüssig oder gasförmig. Er ändert seinen Aggregatzustand beim Über- oder Unterschreiten bestimmter Temperatur- oder Druckwerte.

- In festen Stoffen sind die Teilchen dicht und meist regelmässig gepackt, kaum beweglich und durch starke Kräfte zusammengehalten. Feste Stoffe haben darum eine fixe Form und ein fixes Volumen.
- In Flüssigkeiten sind die Teilchen beweglich, haften aber immer noch stark aneinander. Flüssigkeiten haben eine variable Form, aber ein fixes Volumen.
- In Gasen bewegen sich die Teilchen praktisch frei. Gase haben eine variable Form und ändern ihr Volumen, wenn sich der Druck oder die Temperatur ändert.

Aufgabe 14 Warum ist das Vorwärtskommen im Wasser anstrengender als in der Luft?

Aufgabe 15 Pflanzen geben über ihre Blätter Wasserdampf ab. Welche Wirkung hat das für sie?

2.3 Die Teilchen, aus denen Stoffe bestehen

2.3.1 Atome

Atomhypothese

Die Hypothese, Materie bestehe aus kleinsten nicht weiter teilbaren Teilchen, ist schon über 2500 Jahre alt. Die Griechen nannten diese Teilchen Atome und hielten sie für absolut unteilbar. Mittlerweile ist aus der Atomhypothese der Griechen eine durch experimentelle Befunde gestützte Theorie geworden. Wir wissen heute aber auch, dass die Atome aus den noch kleineren Elementarteilchen bestehen. Es gibt über 100 verschiedene Atomsorten, die sich in der Zahl der Elementarteilchen und damit in der Grösse und in der Masse unterscheiden.

Unveränderlich?

Atome können sich zwar verändern, aber eine Spaltung oder eine Umwandlung in eine andere Atomsorte ist bei chemischen Reaktionen nicht möglich. Wir bezeichnen die Atome darum weiterhin als die kleinsten (chemisch) unteilbaren Teilchen.

Elementarteilchen

Von den Elementarteilchen sind für uns drei Sorten wichtig: Protonen, Neutronen und Elektronen. Sie unterscheiden sich in der Masse und in der elektrischen Ladung.

Elektrische Ladung

Über elektrische Ladungen müssen Sie für die Biologie das Folgende wissen:

- Es gibt zwei Arten elektrischer Ladung: positive (+) und negative (–).
- Teilchen mit unterschiedlicher Ladungsart ziehen sich gegenseitig an.
- Teilchen mit gleicher Ladungsart stossen sich ab.
- Teilchen können unterschiedlich hohe Ladungen tragen. Die Ladung eines Protons bzw. Elektrons ist die kleinstmögliche Ladung. Man nennt sie Elementarladung.

[Abb. 2-2] Kräfte zwischen geladenen Teilchen

Elektrisch geladene Teilchen ziehen sich an oder stossen sich ab.

Protonen	Die Protonen (p$^+$) sind einfach positiv geladen, d. h., sie tragen die Ladung +1.
Neutronen	Die Neutronen (n) tragen keine Ladung; sie sind elektrisch neutral[1]. Die Masse eines Neutrons ist etwas grösser als die eines Protons.
Elektronen	Die Elektronen (e$^-$) sind viel kleiner als die Protonen. Sie sind einfach negativ geladen, d. h., sie tragen die Ladung −1.
Atomsorten	Nach der Zahl der Protonen unterscheidet man etwa 100 verschiedene Atomsorten. So besitzen Kohlenstoff-Atome 6, Stickstoff-Atome 7 und Blei-Atome 82 Protonen. Die Zahl der Elektronen ist gleich gross wie die Zahl der Protonen. Atome sind darum als Ganzes ungeladen.
Isotope	Die Zahl der Neutronen ist meist etwas höher als die Zahl der Protonen und kann bei Atomen der gleichen Atomsorte verschieden sein. Sie spielt für das chemische Verhalten der Atome keine Rolle. Man nennt Atome mit gleicher Protonen- und verschiedener Neutronenzahl Isotope.

[Abb. 2-3]   Atomsorten

Wasserstoff-Atom | **Lithium-Atom** | **Kohlenstoff-Atom**

Die Zahl der Protonen ist für jede Atomsorte typisch. Die Neutronen des Lithium- und Kohlenstoff-Atoms sind nicht dargestellt. Das Wasserstoff-Atom enthält als einziges aller Elemente kein Neutron.

Elemente	Reinstoffe, die nur aus einer Atomsorte bestehen, heissen Elemente. So besteht das Element Kohlenstoff aus Atomen mit 6 Protonen und Gold aus Atomen mit 79 Protonen. Kohlenstoff-Atome besitzen also immer 6 Protonen, Gold-Atome 79.
Elementsymbole	Jedes Element hat einen Namen und ein Symbol, das aus einem Grossbuchstaben (C, N) oder aus einem Gross- und einem Kleinbuchstaben (Fe, Si) besteht. Die beiden Buchstaben werden einzeln gesprochen: ef-e, es-i. Die Elementsymbole sind aus dem (lateinischen) Namen abgeleitet worden und bilden die Basis der Formelsprache. Hier einige Beispiele: He (ha-e) für Helium, Al (a-l) für Aluminium, Au (a-u) für Gold (von Aureum).
Atomsymbole	Die Elementsymbole werden für die Stoffe und für ihre Atome verwendet. Fe steht also sowohl für den Stoff Eisen als auch für ein Eisen-Atom. Meist ist aus dem Zusammenhang ersichtlich, ob der Stoff oder ein Teilchen gemeint ist.
Was Atome können	Bei chemischen Vorgängen kann mit den Atomen zweierlei geschehen:

- Atome können durch Abgabe oder Aufnahme von Elektronen zu Ionen werden. Ionen sind elektrisch geladene Teilchen.
- Atome können sich zu Molekülen verbinden.

Die Protonenzahl der Atome bleibt unverändert, d. h., Atome können sich bei chemischen Vorgängen nicht in Atome eines anderen Elements umwandeln.

---

[1] Lat. *neutro* «zu keiner Seite».

2.3.2 Moleküle

Atome können sich bei chemischen Reaktionen zu Molekülen verbinden. Jede chemische Reaktion beruht auf den Kräften, die zwischen den Elementarteilchen wirken. Wie die Atome sind auch die Moleküle als Ganzes ungeladen.

[Abb. 2-4]   Moleküle

Atome können sich zu Molekülen verbinden.

Moleküle sind in der Regel so stabil, dass sie bei Änderungen des Aggregatzustands oder beim Mischen von Stoffen unverändert erhalten bleiben. So besteht Eis genau wie Wasser und Wasserdampf aus Wasser-Molekülen. Die Bindungen zwischen den Atomen in den Wasser-Molekülen sind so stabil, dass die Moleküle nur unter hohem Energieaufwand z. B. durch elektrischen Strom oder grosse Hitze in ihre Atome zerlegt werden können.

Definition   Moleküle sind ungeladene Teilchen aus mehreren Atomen, die sich zu einer Einheit verbunden haben.

Molekülformel   Die Formel[1] eines Moleküls setzt sich zusammen aus den Symbolen der verbundenen Atome, z. B. CO, HBr. Sind von einer Atomsorte in einem Molekül mehrere Atome gebunden, wird deren Zahl als tiefgestellter Index hinter das betreffende Elementsymbol geschrieben. So bedeutet die Formel H_2O, dass ein Wasser-Molekül aus zwei H-Atomen und einem O-Atom besteht. Die Formel sagt aber nicht, wie die Atome im Molekül angeordnet und verbunden sind.

Molekülmodelle   Die Anordnung der Atome und die Gestalt von Molekülen werden mit Molekülmodellen zeichnerisch oder mit Bauteilen aus speziellen Molkülbaukasten dargestellt. Beim häufig gebrauchten Kalottenmodell verwendet man für die verschiedenen Atomsorten Kalotten[2] mit unterschiedlicher Grösse und Farbe, die sich zu Molekülmodellen zusammenstecken lassen. Wir betrachten einige Beispiele:

[Abb. 2-5]   Beispiele zu Molekülmodellen

Im Wasser-Molekül H_2O ist ein Sauerstoff-Atom mit zwei Wasserstoff-Atomen verbunden.

Im Methan-Molekül CH_4 ist ein Kohlenstoff-Atom mit vier Wasserstoff-Atomen verbunden.

Im Kohlenstoffdioxid-Molekül CO_2 ist ein Kohlenstoff-Atom mit zwei Sauerstoff-Atomen verbunden.

---

[1] Eine chemische Formel ist eine Kurzschreibweise für Teilchen und für Stoffe.
[2] Kalotten sind angeschnittene Kugeln (frz. *calotte* «Käppchen»).

2.3.3 Ionen

Bildung

Atome sind elektrisch neutral, weil sie gleich viele Elektronen wie Protonen enthalten. Bei chemischen Vorgängen können Atome Elektronen abgeben oder aufnehmen. Dadurch entstehen geladene Teilchen, die man Ionen nennt. Hier einige Beispiele:

[Abb. 2-6]   Beispiele von Ionen

Wenn ein Wasserstoff-Atom sein einziges Elektron abgibt, entsteht ein Wasserstoff-Ion mit der Ladung 1+, also ein Proton.

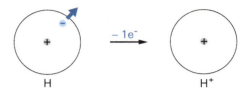

Wenn ein Beryllium-Atom zwei Elektronen abgibt, entsteht ein Beryllium-Ion mit der Ladung 2+.

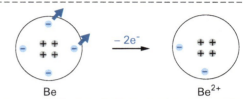

Wenn ein Sauerstoff-Atom zwei Elektronen aufnimmt, entsteht ein Ion mit der Ladung 2–.

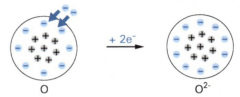

Symbol

Wie Sie in den Beispielen gesehen haben, schreibt man die Ionenladung im Symbol des Ions rechts oben neben das Elementsymbol. Bei Ionen mit der Ladung 1+ und 1– lässt man die Zahl 1 weg:

Al^{3+} (a-l-drei-plus-ion); S^{2-} (s-zwei-minus-ion); Na^+ (n-a-plus-ion); F^- (f-minus-ion).

Gegensätze ziehen sich an

Ionen mit positiver und solche mit negativer Ladung ziehen einander an. Ionen mit gleichem Ladungszeichen stossen sich ab.

Salze

Stoffe, die aus Ionen bestehen, heissen Ionenverbindungen. Man nennt sie auch Salze, weil sie in ihren Eigenschaften dem Salz, das Sie als Kochsalz kennen, ähnlich sind. Wir werden sie in Kapitel 2.4.3, S. 39 besprechen.

Zusammenfassung

Atome sind die kleinsten bei chemischen Vorgängen nicht weiter zerlegbaren Teilchen. Sie sind als Ganzes elektrisch neutral. Atome bestehen aus Elementarteilchen. Zu diesen zählen die positiv geladenen Protonen, die neutralen Neutronen und die negativ geladenen Elektronen.

Stoffe, deren Atome in der Protonenzahl übereinstimmen, heissen Elemente. Atome eines Elements, die sich in der Neutronenzahl unterscheiden, heissen Isotope. Jedes der über 100 verschiedenen Elemente hat einen Namen und ein Symbol aus einem Grossbuchstaben (C, N) oder aus einem Gross- und einem Kleinbuchstaben (Fe, Si).

Bei chemischen Vorgängen können sich Atome zu Molekülen verbinden oder durch Abgabe oder Aufnahme von Elektronen zu Ionen werden. Eine Zerlegung oder eine Umwandlung in eine andere Atomsorte ist nicht möglich.

Moleküle sind ungeladene Teilchen aus Atomen, die sich zu einer Einheit verbunden haben. Sie bleiben bei physikalischen Vorgängen wie Verdampfen oder Lösen erhalten. Die Molekülformel besteht aus den Symbolen der verbundenen Atome, gefolgt von tiefgestellten Zahlen für deren Anzahl in einem Molekül (falls diese von 1 abweicht), z. B. CO_2, H_2O, $C_6H_{12}O_6$.

Durch Aufnahme bzw. Abgabe von Elektronen entstehen aus den Atomen Ionen mit negativer bzw. positiver Ladung. Im Symbol des Ions steht die Ionenladung rechts oben z. B. F^-, O^{2-}, Be^{2+}, H^+. Ionen mit entgegengesetzter Ladung ziehen einander an, Ionen mit gleichem Ladungszeichen stossen sich ab. Ionen kommen in Ionenverbindungen, die man auch Salze nennt, vor.

Aufgabe 16

A] Was sind Atome? Woraus bestehen sie?

B] Wodurch unterscheiden sich die Atome verschiedener Elemente?

C] Was für ein Teilchen entsteht, wenn ein Atom ein Elektron abgibt?

Aufgabe 17

Ordnen Sie die folgenden Symbole nach der Teilchenart in drei Gruppen:

O^{2-}, O_2, Fe, N_2, C, HF, Hf, NH_3, K^+

Aufgabe 18

Schreiben Sie die Formel der Teilchen, die entstehen, wenn

A] ein Na-Atom ein Elektron abgibt.

B] ein S-Atom zwei Elektronen aufnimmt.

Aufgabe 19

A] Wie entsteht aus Atomen ein SO_2-Molekül?

B] Wie entsteht aus einem Calcium-Atom ein Ca^{2+}-Ion?

2.4 Elemente und Verbindungen

Synthese und Analyse

Nachdem Sie nun die drei Sorten von Elementarteilchen kennen, kehren wir noch einmal zu den Stoffarten zurück. Wie bereits erwähnt, werden zwei Arten von Reinstoffen unterschieden: Elemente und Verbindungen. Die Verbindungen entstehen durch chemische Reaktionen aus zwei oder mehr Elementen und lassen sich durch chemische Reaktionen in Elemente zerlegen. Die Bildung einer Verbindung nennt man Synthese, die Zerlegung Analyse. Man kennt heute mehr als 100 Elemente und über 90 Millionen Verbindungen.

2.4.1 Elemente sind Grundstoffe

Eigenschaften

Stoffe wie Gold, Aluminium oder Sauerstoff sind Reinstoffe, die sich auch durch chemische Reaktionen nicht in mehrere Stoffe auftrennen lassen. Man nennt sie Grundstoffe oder Elemente. Jedes Element hat charakteristische Eigenschaften und besteht aus Atomen, die in ihrer Protonenzahl übereinstimmen. Wie im Abschnitt über die Atome erwähnt, besitzt jedes Element einen Namen und ein Symbol aus einem oder zwei Buchstaben.

Vorkommen

Von den über Hundert heute bekannten Elementen kommen 22 in den Lebewesen vor. Wir finden sie aber mit wenigen Ausnahmen wie Stickstoff, Sauerstoff und Edelmetallen nicht als «freie» Elemente, sondern in Verbindungen gebunden. Tabelle 2-1 zeigt die Massenanteile der häufigsten Elemente in der Erdkruste (inkl. Luft und Wasser), in einem Menschen und in einer Melone. In den Lebewesen haben die wichtigsten vier – Kohlenstoff, Wasserstoff, Sauerstoff und Stickstoff – einen Anteil von ca. 99%.

[Tab. 2-1]   Anteile der häufigsten Elemente in % (gebunden und elementar zusammen)

Erdkruste		Mensch		Melone	
Sauerstoff	49	Sauerstoff	65	Sauerstoff	85
Silicium	26	Kohlenstoff	18	Wasserstoff	11
Aluminium	7	Wasserstoff	10	Kohlenstoff	3
Eisen	5	Stickstoff	3	Kalium	0.30
Calcium	4	Calcium	2	Stickstoff	0.20
Natrium	3	Phosphor	1	Phosphor	0.05
Kalium	2	Kalium	0.4	Calcium	0.02
Magnesium	2	Schwefel	0.3	Magnesium	0.01

Gewinnung   Elemente können durch die chemische Zersetzung (Analyse) von Verbindungen gewonnen werden.

Einteilung   Nach ihren Eigenschaften unterscheidet man zwei grosse Gruppen von Elementen: Metalle und Nichtmetalle. Metalle wie Eisen oder Silber leiten den Strom und Wärme gut, haben einen metallischen Glanz und relativ hohe Schmelz- und Siedetemperaturen.

2.4.2   Verbindungen

Definition   Verbindungen sind Reinstoffe, die durch chemische Reaktionen (Synthesen) aus zwei oder mehr Elementen entstehen. Sie lassen sich durch chemische Reaktionen (Analysen) auch wieder in die Elemente zerlegen. Im Unterschied zu Gemischen, in denen die Komponenten nebeneinander vorliegen und in einem beliebigen Verhältnis gemischt sein können, sind in einer Verbindung die Elemente als solche nicht mehr enthalten. Sie haben bei der Synthese in einem ganz bestimmten Mengenverhältnis zu einem neuen Stoff reagiert. Verbindungen haben darum genau definierte Eigenschaften.

Arten   Man kennt heute über 90 Millionen Verbindungen. Sie können nach verschiedenen Kriterien in Gruppen eingeteilt werden:

- Nach der Art der Teilchen, aus denen sie bestehen, unterscheiden wir Molekülverbindungen und Ionenverbindungen. Diese beiden Gruppen werden wir gleich kurz betrachten.
- Nach dem Vorkommen in der Natur unterscheidet man organische und anorganische Verbindungen. Damit befassen wir uns im Kapitel 2.5, S. 41.
- Organische Verbindungen ordnet man nach ihren Eigenschaften und nach dem Bau ihrer Moleküle in Stoffklassen wie Alkohole, Aminosäuren, Fette, Kohlenhydrate, Proteine etc. Auf die biologisch wichtigen Stoffklassen werden wir im Kapitel 4.3, S. 54 eingehen.
- Nach dem chemischen Verhalten fasst man Verbindungen zu Gruppen wie Säuren und Basen zusammen.

2.4.3   Ionenverbindungen oder Salze

Eigenschaften   Ionenverbindungen oder Salze sind Verbindungen, deren Teilchen Ionen (vgl. Kap. 2.3.3, S. 37) sind. Sie sind in ihren Eigenschaften dem bekanntesten Vertreter, dem Kochsalz, ähnlich. Salze sind bei Raumtemperatur fest und kristallin. Die meisten haben hohe Schmelz- und Siedetemperaturen und viele lösen sich im Wasser. Salzlösungen leiten elektrischen Strom und werden dabei zersetzt. Man nennt diesen Vorgang Elektrolyse und zählt die Salze zu den Elektrolyten.

Kristalle aus Ionen

Jedes Salz besteht aus positiv und aus negativ geladenen Ionen. So ist das bekannte Kochsalz mit der Formel NaCl aus Natrium-Ionen (Na$^+$) und Chlorid-Ionen (Cl$^-$) gebaut. Weil sich Ionen mit entgegengesetzter Ladung anziehen, während sich Ionen mit gleicher Ladung abstossen (vgl. Kap. 2.3.1, S. 34), sind die Ionen so geordnet, dass sich positive und negative Ionen abwechseln (vgl. Abb. 2-7). Die sichtbare Folge dieser regelmässigen Anordnung der Ionen sind die regelmässig geformten Salzkristalle.

[Abb. 2-7]   Kristalle von Steinsalz (NaCl) und Modell für die Anordnung der Ionen

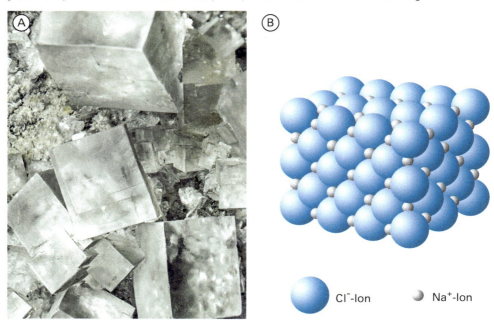

A] Kristalle von Steinsalz bei 400-facher Vergrösserung. Aus Steinsalz werden ca. 70% des weltweit produzierten Kochsalzes gewonnen. B] Modell für die Anordnung der Ionen im Salzkristall. Bild links: © 2015, Thinkstock

Salzformel

Weil in einem Kochsalzkristall die Zahl der Na$^+$- und der Cl$^-$-Ionen gleich gross ist, trägt der Kristall als Ganzes keine Ladung. Letzteres trifft für alle Salzkristalle zu. Das bedeutet, dass in einem Kristall aus Calcium Ca^{2+}- und Cl$^-$-Ionen die Zahl der Cl$^-$-Ionen doppelt so hoch ist wie die Zahl der Ca^{2+}-Ionen. Die Formel dieses Salzes ist darum CaCl$_2$. In der Formel des Salzes geben die Zahlen also das Zahlenverhältnis der Ionen an. Die Ladungen der Ionen werden nicht geschrieben. Hier noch einige weitere Beispiele:

Die Salzformel:	Na$_2$O	FeCl$_3$	CuO
Zahlenverhältnis der Ionen:	2 Na$^+$: 1 O^{2-}	1 Fe^{3+} : 3 Cl$^-$	1 Cu^{2+} : 1 O^{2-}

2.4.4 Molekülverbindungen

Definition

Molekülverbindungen sind Verbindungen, die aus Molekülen (vgl. Kap. 2.3.2, S. 36) bestehen.

Molekülformel

Molekülverbindungen haben die gleiche Formel wie ihre Moleküle. So steht die Formel H$_2$O sowohl für den Stoff Wasser als auch für ein Wasser-Molekül. Die Molekülformel zeigt, aus welchen Atomen ein Molekül aufgebaut ist. Die tiefgestellten Zahlen (Indices) hinter den Elementsymbolen geben an, wie viele Atome von der betreffenden Sorte in einem Molekül gebunden sind.

Eigenschaften

Molekülverbindungen mit kleinen Molekülen, wie H$_2$O, CO$_2$ und CH$_4$, sind bei Normalbedingungen[1] gasförmig oder flüssig. Molekülverbindungen mit grossen Molekülen wie Glucose können fest sein. Ihre Kristalle sind von denen eines Salzes äusserlich nicht zu

---

[1] Die Normalbedingungen (NB) sind: eine Temperatur von 0 °C und ein Druck von 101 325 Pa (Pascal), das entspricht 1.01325 bar oder 1 atm (Atmosphäre).

unterscheiden. Sie lösen sich aber – falls sie wasserlöslich sind – im Wasser in Moleküle und nicht wie die Salzkristalle in Ionen auf. Das zeigt sich daran, dass die Lösungen im Gegensatz zu Salzlösungen den elektrischen Strom nicht leiten.

Zusammenfassung

Bei den Reinstoffen unterscheidet man zwischen mehr als 100 Elementen und über 90 Millionen Verbindungen.

- Ein Element lässt sich durch chemische Reaktionen nicht zersetzen oder in ein anderes Element umwandeln. Seine Atome haben eine charakteristische und unveränderliche Protonenzahl. Sie können sich in der Neutronenzahl unterscheiden.
- Eine Verbindung ist durch eine chemische Reaktion (Synthese) aus zwei oder mehr Elementen entstanden und lässt sich auch wieder in diese zersetzen (Analyse).
    - Ionenverbindungen bestehen aus positiven und negativen Ionen. Diese sind in den Salzkristallen abwechslungsweise und regelmässig angeordnet. Salze sind bei Raumtemperatur kristalline Feststoffe mit hohen Smt und Sdt. Sie sind spröde und z. T. wasserlöslich.
    - Molekülverbindungen bestehen aus Molekülen, in denen mehrere Atome fest zu einem Teilchen verbunden sind. Sie haben meist weniger hohe Sdt und Smp als Salze. Manche lösen sich in Wasser, andere in organischen Lösungsmitteln.

Die Formel einer Verbindung besteht aus den Symbolen der gebundenen Elemente und tiefgestellten Zahlen, die das Zahlenverhältnis der Ionen im Salz bzw. die Zahl der Atome in einem Molekül angeben.

Aufgabe 20

A] Was sagt die Formel der Molekülverbindung NO_2 aus?

B] Wie lautet die Formel eines Salzes aus den Ionensorten Ba^{2+} und Br^-?

Aufgabe 21

Nehmen Sie Stellung zur Behauptung: «Elemente bestehen aus Atomen, Verbindungen aus Molekülen.»

Aufgabe 22

Warum kann ein Kristall nicht nur aus einer Sorte von Ionen bestehen?

2.5 Organische und anorganische Stoffe

Mit Lebenskraft?

Die Unterscheidung von organischen und anorganischen Stoffen wurde vor etwa 200 Jahren vom Chemiker Berzelius eingeführt. Er glaubte, wie die meisten seiner Zeitgenossen, dass sich die Stoffe in den Lebewesen grundsätzlich von den Stoffen der unbelebten Natur unterscheiden und nur unter Mitwirkung einer geheimen Lebenskraft in Lebewesen gebildet werden können.

Diese Hypothese wurde im 19. Jahrhundert widerlegt, als es gelang, organische Stoffe im Labor ausserhalb von Lebewesen herzustellen. Organische Stoffe wie Zucker oder Proteine sind also nicht «lebendiger» als anorganische wie Wasser oder Kochsalz. Da sie aber (unter den heute auf der Erde herrschenden Bedingungen) in der Natur nur in den Lebewesen gebildet werden, wurde die Unterscheidung zwischen organischen und anorganischen Stoffen beibehalten. Über 99% aller Verbindungen sind organisch.

Kohlenstoffverbindungen

Organische Verbindungen sind ausnahmslos Kohlenstoffverbindungen, ihre Moleküle enthalten immer Kohlenstoff-Atome. Die Umkehrung gilt weitgehend, aber nicht ganz: Fast alle Kohlenstoffverbindungen sind organisch. Zu den Ausnahmen zählen u. a. Kohlenstoffdioxid und Kohlenmonoxid sowie die Kohlensäure und die Carbonate. Diese Verbindungen werden den anorganischen Stoffen zugeteilt.

Nicht hitzestabil

Die meisten organischen Verbindungen sind — wie Sie vermutlich aus eigener Erfahrung beim Kochen wissen — nicht hitzestabil. Sie zersetzen sich bei starkem Erhitzen und verkohlen schliesslich, wobei sich die Anwesenheit von Kohlenstoff in der schwarzen Farbe bemerkbar macht. Viele organische Stoffe sind brennbar.

	Organische Stoffe	**Anorganische Stoffe**
Natürliche Bildung	In Lebewesen	Überall möglich
Synthese im Labor	Möglich	Möglich
Wie viele sind Kohlenstoffverbindungen?	Alle	Wenige: Kohlenstoffoxide, Kohlensäure, Carbonate
Verhalten in der Hitze?	Zersetzen sich meist	Schmelzen und sieden
Beispiele	Zucker, Stärke, Fette, Proteine	Wasser, Ammoniak, Kochsalz

Zusammenfassung

Organische Verbindungen sind ausnahmslos Kohlenstoffverbindungen. Die meisten zersetzen sich beim Erhitzen und verkohlen. Die Bildung organischer Verbindungen aus anorganischen geschieht in der Natur nur in Lebewesen.

Fast alle Kohlenstoffverbindungen sind organisch. Zu den Ausnahmen zählen Kohlenmonoxid und Kohlenstoffdioxid, Kohlensäure und Carbonate.

Aufgabe 23

Nehmen Sie zu den folgenden Aussagen Stellung:

A] Organische Verbindungen entstehen nur in Lebewesen.

B] Moleküle organischer Stoffe enthalten immer Kohlenstoff-Atome.

C] Alle Kohlenstoffverbindungen sind organische Stoffe.

3 Chemische Reaktionen

Lernziele Nach der Bearbeitung dieses Kapitels können Sie …

- in einem Satz formulieren, was bei chemischen Reaktionen geschieht.
- die Aussagen von Reaktionsgleichungen in Worte fassen.
- darlegen, warum bei chemischen Reaktionen Energie frei oder verbraucht wird.
- die Begriffe exotherm und endotherm definieren.
- die Bedeutung exothermer Vorgänge in den Lebewesen beschreiben.
- die Aktivierungsenergie definieren und ihre praktische Bedeutung erörtern.
- den Begriff Katalysator definieren.
- die Rolle der Enzyme in den Lebewesen darlegen.

Schlüsselbegriffe Aktivierungsenergie, Edukte, endotherm, Energiegehalt, Energieumsatz, exotherm, Katalysator, Produkte, Reaktionsgleichung

In diesem Kapitel befassen wir uns mit den chemischen Reaktionen, bei denen neue Stoffe entstehen.

3.1 Umwandlung von Stoffen und ihre Reaktionsgleichung

3.1.1 Vorgänge bei chemischen Reaktionen

Beispiel 1:
Bildung von Wasser

Bringt man die Gase Wasserstoff (H_2) und Sauerstoff (O_2) in einem Gefäss zusammen, mischen sie sich, ohne sich zu verändern. Die H_2- und die O_2-Moleküle durchmischen sich, ohne miteinander zu reagieren. Ein kleiner Funke genügt aber, um das friedliche Nebeneinander der beiden Gase bzw. ihrer Moleküle zu beenden. Sie reagieren in Sekundenbruchteilen zu einem neuen Stoff mit ganz anderen Eigenschaften. Wasserstoff und Sauerstoff reagieren zu Wasser. Die H_2- und die O_2-Moleküle werden gespalten und jedes O-Atom verbindet sich mit zwei Wasserstoff-Atomen zu einem Wasser-Molekül.

[Abb. 3-1] Reaktion von Wasserstoff und Sauerstoff zu Wasser

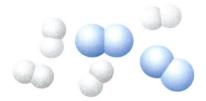

Reaktion

Edukte und Produkte

Vorgänge, bei denen sich Stoffe in andere umwandeln, nennt man chemische Reaktionen. Edukte (Ausgangsstoffe) reagieren zu Produkten.

Beispiel 2:
Bildung von Kochsalz

Dass bei chemischen Reaktionen neue Stoffe mit anderen Eigenschaften entstehen, zeigt sich auch bei der Synthese von Kochsalz (Natriumchlorid) aus Natrium und Chlor (vgl. Abb. 3-2) sehr deutlich. Zwei äusserst reaktive und giftige Edukte reagieren zum Kochsalz, das wir täglich konsumieren.

[Abb. 3-2]   Aus Natrium und Chlor entsteht die Verbindung Natriumchlorid

Natrium	Chlor	Kochsalz (Natriumchlorid)
• silbrig glänzendes Metall • giftig • sehr reaktiv, Smt 98 °C	• grünliches Gas • giftig, riecht stechend • sehr reaktiv, Smt −101 °C	• weisser, kristalliner Feststoff • ungiftig, schmeckt salzig • nicht reaktiv, Smt 800 °C

Bild links und Mitte: CC Wikicommons, W. Oelen; Bild rechts: © 2015, Thinkstock

3.1.2   Reaktionsgleichung

Edukte → Produkte

Jede chemische Reaktion lässt sich in einer Kurzform durch eine Reaktionsgleichung beschreiben. Dabei verwendet man für die beteiligten Stoffe die Formeln oder die Namen. Die Edukte stehen links, die Produkte rechts und dazwischen liegt der Reaktionspfeil, der bedeutet «reagieren zu»:

$$\text{Edukte} \longrightarrow \text{Produkte}$$

So lautet die Reaktionsgleichung für die Bildung von Kohlenstoffdioxid aus den Elementen:

$$C + O_2 \longrightarrow CO_2$$
Kohlenstoff und Sauerstoff reagieren zu Kohlenstoffdioxid

Und die Gleichung für die Bildung von Wasser:

$$2\,H_2 + O_2 \longrightarrow 2\,H_2O$$
Wasserstoff und Sauerstoff reagieren zu Wasser

Zahlen

Die Zahlen, die in der letzten Gleichung vor den Formeln bzw. Symbolen stehen, geben die Mengenverhältnisse bei der Reaktion an. Zwei Moleküle Wasserstoff (H_2) reagieren mit einem Molekül Sauerstoff (O_2) zu zwei Molekülen Wasser (H_2O).

Das Formulieren von Reaktionsgleichungen ist Thema des Chemieunterrichts. Hier geht es lediglich darum, dass Sie verstehen, was eine gegebene Gleichung aussagt.

Zusammenfassung

Bei chemischen Reaktionen werden Stoffe in andere umgewandelt.

In der Reaktionsgleichung stehen die Formeln der Edukte (Ausgangsstoffe) links und die der Produkte rechts vom Reaktionspfeil:

$$\underset{\text{Edukte}}{2\,H_2 + O_2} \underset{\text{reagieren zum}}{\longrightarrow} \underset{\text{Produkt}}{2\,H_2O}$$

Der Reaktionspfeil steht für die Umwandlung und wird gelesen als «reagieren zu». Die Zahlen vor den Formeln geben das Mengenverhältnis an.

Biologie: Grundlagen und Zellbiologie

Aufgabe 24 Formulieren Sie in einem Satz, was die folgende Gleichung aussagt:

$$C + 2\,S \longrightarrow CS_2 \qquad \text{(C: Kohlenstoff, S: Schwefel, } CS_2\text{: Kohlenstoffdisulfid)}$$

Aufgabe 25 Warum schreibt man Reaktionsgleichungen nicht wie mathematische Gleichungen mit einem Gleichheitszeichen, sondern mit einem Pfeil?

3.2 Energieumsatz bei chemischen Reaktionen

3.2.1 Exotherme und endotherme Vorgänge

Beispiel

Ein Gemisch der Gase Wasserstoff und Sauerstoff reagiert explosionsartig, sobald es gezündet wird. Der Knall, die Stichflamme und die Erwärmung verraten, dass bei der Reaktion Energie an die Umgebung abgegeben wird.

$$2\,H_2 + O_2 \xrightarrow{\text{Energie}} 2\,H_2O$$

Auch andere Stoffe reagieren unter Abgabe von Energie. Denken Sie nur an die vielen Verbrennungsvorgänge, die uns die Wohnung wärmen oder das Auto bewegen. Aber woher kommt eigentlich die Energie, die da frei wird?

[Abb. 3-3] Energieumsatz

Die Reaktion von Phosphor und Brom verläuft sehr rasch und setzt viel Energie frei. Darum steigt die Temperatur sehr hoch.
Bild: © Ken Karp

Energiegehalt

Jeder Stoff oder besser jede Stoffportion hat einen bestimmten Energiegehalt, d. h., in einer bestimmten Menge des Stoffs ist eine bestimmte Menge Energie enthalten. Die Energie wird in der Einheit Joule (J, sprich dschul) bzw. Kilojoule (kJ) angegeben. 1 kJ entspricht etwa der Energie, die benötigt wird, um einen 100 kg schweren Körper einen Meter hoch zu heben oder ein Glas Wasser (2.4 dl) um 1 °C zu erwärmen. Da und dort wird auch noch die veraltete Kalorie (1 cal = 4.1868 J) verwendet.

Bei Lebensmitteln finden Sie Angaben über den Energiegehalt auf der Verpackung. Der angeschriebene Energiewert gibt an, wie viel Energie bei der Verwertung von 100 g des betreffenden Lebensmittels freigesetzt werden kann. Tabelle 3-1 zeigt einige Beispiele.

[Tab. 3-1] Energiewerte einiger Nahrungsmittel in kJ/100 g

Äpfel	210	Croissant	1 402	Schinken	1 444	Milch	277
Bananen	378	Schwarzbrot	1 070	Kalbsfilet	439	Eier	678
Kopfsalat	42	Schokolade	2 365	Nudeln	546	Butter	3 240
Bohnen	134	Zucker	1 651	Reis	508	Emmentaler	1 745
Kartoffeln	360	Schlagrahm	1 226	Chips	2 378	Pflanzenfett	3 700

Energieumsatz

Die Energie, die bei einer Reaktion frei oder verbraucht wird, entspricht immer der Differenz im Energiegehalt von Produkten und Edukten:

Umgesetzte Energie = Energie der Produkte – Energie der Edukte

Betrachten wir dazu noch einmal die Synthese von Wasser aus den Elementen. Bei der Bildung von 1 g Wasser werden 15.9 kJ Energie frei. Das heisst, 1 g Wasser ist um 15.9 kJ energieärmer als 1 g des Wasserstoff-Sauerstoff-Gemischs, aus dem es entstanden ist, und es wären 15.9 kJ Energie nötig, um 1 g Wasser in seine Elemente zu zersetzen.

Bei chemischen Reaktionen wird also immer Energie frei oder verbraucht, weil sich die Produkte und die Edukte in ihrem Energiegehalt unterscheiden.

Exotherm

Sind die Produkte energieärmer als die Edukte, wird Energie frei und kann z. B. als Wärme an die Umgebung abgegeben werden. Man nennt eine solche Reaktion exotherm[1], weil die Stoffe Energie nach aussen abgeben.

Endotherm

Sind die Produkte energiereicher als die Edukte, muss bei der Reaktion Energie zugeführt werden. Man nennt die Reaktion endotherm[2], weil die Stoffe Energie in sich aufnehmen.

[Abb. 3-4] Exotherme und endotherme Reaktion

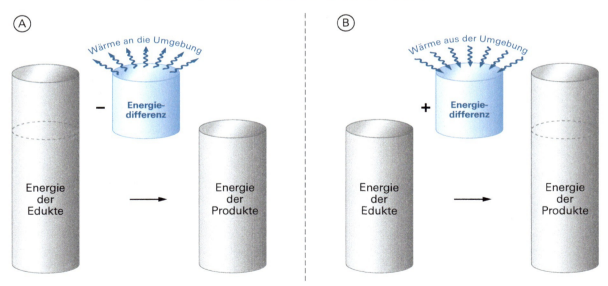

A] Exotherme Reaktionen liefern Energie. B] Endotherme Reaktionen verbrauchen Energie.

Lebewesen nutzen die Energie, die beim exothermen Abbau von energiereichen Stoffen in ihrem Stoffwechsel frei wird, für energieverbrauchende Aktivitäten wie Bewegungen und endotherme Prozesse.

---

[1] Gr. *éxo* «aussen».
[2] Gr. *endon* «innen».

3.2.2 Aktivierungsenergie und Katalyse

Aktivierungsenergie

Ein Gemisch von Wasserstoff und Sauerstoff reagiert erst, wenn es gezündet wird, obwohl die Reaktion, wenn sie einmal begonnen hat, viel Energie freisetzt. Die Zündung ist nötig, um die Ausgangsstoffe zu aktivieren. Die zugeführte Energie wird darum als Aktivierungsenergie bezeichnet. Sowohl der Wasserstoff (H_2) als auch der Sauerstoff (O_2) bestehen aus zweiatomigen Molekülen, die zu Beginn der Reaktion in Atome getrennt werden müssen. Dazu muss Energie zugeführt werden. Entsprechendes gilt für fast alle Verbrennungsvorgänge. Ob in der Heizung oder im Motor: Die Verbrennung beginnt (bei NB) nicht spontan, die Brennstoffe müssen entzündet werden.

Katalysatoren

Bei vielen Reaktionen lässt sich die Aktivierungsenergie durch Katalysatoren herabsetzen. Ein Katalysator ist ein Stoff, der eine chemische Reaktion beschleunigt und ihren Ablauf bei einer tieferen Temperatur ermöglicht. Und das Geniale daran ist, dass der Katalysator selbst nicht verbraucht wird.

Enzyme

Auch die Stoffe in den Organismen reagieren erst nach entsprechender Aktivierung. Weil eine Aktivierung durch Erwärmen in den Lebewesen kaum möglich ist, sind für die Reaktionen des Stoffwechsels Katalysatoren erforderlich. Man nennt diese Katalysatoren, welche die chemischen Reaktionen in den Lebewesen ermöglichen, Enzyme. Sie wirken sehr spezifisch. Ein Enzym katalysiert in der Regel nur eine einzige Reaktion. Da in einem Lebewesen einige Tausend verschiedene Reaktionen ablaufen, muss es einige Tausend verschiedene Enzyme herstellen.

Zusammenfassung

Bei chemischen Reaktionen wird Energie umgesetzt, weil sich Produkte und Edukte im Energiegehalt unterscheiden. Exotherme Reaktionen liefern Energie: Die Produkte sind energieärmer als die Edukte. Endotherme Reaktionen verbrauchen Energie: Die Produkte sind energiereicher als die Edukte.

Viele Reaktionen finden bei Raumtemperatur nicht spontan statt, weil die Edukte durch die Zufuhr von Energie aktiviert werden müssen.

Katalysatoren vermindern die aufzuwendende Aktivierungsenergie, ohne verbraucht zu werden. Die biochemischen Reaktionen in den Lebewesen finden nur in Anwesenheit der spezifischen Enzyme als Katalysatoren statt.

Aufgabe 26

Warum ist die Tatsache, dass Verbrennungsvorgänge meist erst nach Zufuhr von Aktivierungsenergie einsetzen, für unseren Planeten und für alle Lebewesen sehr wichtig?

Aufgabe 27

Welche von den folgenden Aussagen sind falsch? Korrigieren Sie diese.

A] Bei chemischen Reaktionen wird immer Energie frei.

B] Bei exothermen Reaktionen sind die Produkte energiereicher als die Edukte.

C] Nur bei endothermen Reaktionen muss Aktivierungsenergie zugeführt werden.

D] Katalysatoren vermindern die bei einer Reaktion verbrauchte Energie.

4 Luft, Wasser und die Stoffe des Lebens

Lernziele Nach der Bearbeitung dieses Kapitels können Sie ...

- die Bedeutung der Atmosphäre für die Lebewesen darlegen.
- Eigenschaften und Bedeutung der zwei Hauptkomponenten der Luft nennen.
- beschreiben, was beim Lösen eines Salzes geschieht.
- Eigenschaften nennen, in denen sich eine Salzlösung von Wasser unterscheidet.
- die drei Gruppen der Kohlenhydrate und ihre wichtigsten Vertreter angeben.
- beschreiben, wie Lebewesen Glucose beschaffen und wozu sie diese brauchen.
- vier Aufgaben der Proteine nennen.
- den grundsätzlichen Bau eines Protein-Moleküls schildern.
- den grundsätzlichen Bau eines Nucleinsäure-Moleküls darlegen.
- die Bedeutung der DNA und der RNA für die Zelle beschreiben.
- die Bausteine und die Bedeutung der Lipide nennen.

Schlüsselbegriffe Atmosphäre, Kohlenhydrate, Lipide, Löslichkeit, Luft, Makromoleküle, Nucleinsäuren, Proteine, Treibhauseffekt, Wasser

In diesem Kapitel befassen wir uns mit Stoffen, die in der Natur besonders wichtig sind. Wir beginnen mit Luft und Wasser und betrachten dann die vier Klassen von organischen Stoffen, die in den Lebewesen im Zentrum stehen.

4.1 Luft

Die Atmosphäre

Die Erde ist umgeben von einer Gashülle, die man Atmosphäre nennt. Die Atmosphäre ist eine unabdingbare Voraussetzung für das Leben auf der Erde.

- Sie schützt die Lebewesen vor der gefährlichen Strahlung aus dem Weltraum.
- Sie beeinflusst den Wärmehaushalt und damit die Temperatur auf der Erde, indem ihre Gase Wärmestrahlung absorbieren.
- Sie versorgt die Lebewesen mit Sauerstoff (Atmung).

4.1.1 Eigenschaften

Luft und Luftdruck

Unter Luft verstehen wir das Gasgemisch in der untersten ca. 10 km dicken Schicht der Atmosphäre. Der Luftdruck und die Dichte der Luft sind auf Meereshöhe am höchsten, weil das Gewicht der darüberliegenden Luftmassen hier am grössten ist. Mit zunehmender Höhe sinkt der Luftdruck, die Luft wird immer dünner, d. h., die Zahl der Teilchen pro Volumen wird kleiner. Dass dies auch für den Sauerstoff gilt, wird für uns schon auf Höhen über 3000 m deutlich spürbar: Wir atmen für die gleiche Leistung häufiger als auf Meereshöhe.

Luft im Wasser und im Boden

Weil auch die Lebewesen im Wasser und im Boden atmen, ist es wichtig, dass auch hier Luft vorhanden ist. In den Boden gelangt Luft durch Poren und feine Kanäle umso besser, je lockerer seine Struktur ist. Im Wasser lösen sich die Gase der Luft einzeln, indem sich ihre Moleküle zwischen den Wasser-Molekülen verteilen. Die Löslichkeit der Gase im Wasser nimmt mit steigender Temperatur ab und mit steigendem Druck zu. Wasserbewohner nehmen die Sauerstoff-Moleküle durch die Haut oder mithilfe spezieller Atemorgane (Kiemen) auf.

4.1.2 Zusammensetzung

Luft ist ein Gasgemisch mit einem Sauerstoffanteil von etwa 21 Vol.-%. In 1 m³ trockener Luft sind etwa 781 l Stickstoff, 209 l Sauerstoff, 9 l Edelgase und 3 dl Kohlenstoffdioxid enthalten.

[Abb. 4-1] Zusammensetzung von trockener Luft in Volumenprozenten

Stickstoff 78.1 | Sauerstoff 20.9 — Edelgase 0.935 — Kohlenstoffdioxid 0.04

Stickstoff

Stickstoff (N_2) ist ein geruchloses, farbloses, nicht brennbares und sehr reaktionsträges Gas. Er reagiert nur bei hohen Temperaturen und wirkt in der Luft als Füllmaterial. Obwohl alle Lebewesen stickstoffhaltige Verbindungen wie die Proteine besitzen, können nur ganz wenige den Luftstickstoff (N_2) nutzen, um diese Stoffe herzustellen.

Sauerstoff

Der Sauerstoff (Oxygenium) ist ebenfalls ein farbloses und geruchloses Gas und liegt in der Luft grösstenteils in Form von Sauerstoffmolekülen (O_2) vor. Er ist reaktionsfreudiger als der Stickstoff, reagiert aber erst nach erheblicher Aktivierung (die Sauerstoff-Moleküle müssen in Sauerstoff-Atome gespalten werden). Das ist praktisch sehr wichtig, weil sonst viele organische Stoffe schon bei Raumtemperatur mit Sauerstoff reagieren würden.

Verbindungen des Sauerstoffs mit einem anderen Element nennt man Oxide (von Oxygenium) und eine Reaktion mit Sauerstoff ist eine Oxidation[1]. Viele Oxidationen verlaufen so stark exotherm, dass eine Flamme entsteht, man spricht dann von Verbrennung. Die Verbrennungsvorgänge in Heizungen und Motoren verbrauchen gewaltige Mengen von Sauerstoff.

Auch die meisten Lebewesen sind auf Sauerstoff angewiesen und nehmen ihn bei der Atmung auf. Er dient ihnen zur Oxidation der (energiereichen, organischen) Betriebsstoffe (z. B. Glucose), durch die sie die Energie für ihre Aktivitäten bereitstellen. Für den Sauerstoff-Nachschub in der Luft sorgen die grünen Pflanzen, die bei der Fotosynthese Sauerstoff produzieren.

Ein weitaus geringerer Teil des Luftsauerstoffs liegt in Form von Ozon (O_3) vor. Das Ozonmolekül ist relativ instabil: Es gibt sehr leicht ein Sauerstoffatom ab, das dann mit anderen Stoffen reagiert. Es hat also eine starke oxidative Wirkung. In Erdnähe entsteht es u. a. aus Stickoxiden unter Einwirkung von UV-Strahlen. Ozon wird auch industriell hergestellt und z. B. bei der Reinigung von Wasser eingesetzt. Beim Einatmen reizt es die Atemwege und ist gesundheitsschädlich.

Die Ozonschicht in der Stratosphäre schützt vor schädlicher UV-Strahlung. Das Ozonloch ist die im Süd-Frühjahr auftretende extreme Abnahme der Ozonkonzentration in der Stratosphäre über der Antarktis. Sie wird vor allem durch Chlor-Atome aus den FCKW (Fluorkohlenwasserstoffe) verursacht. Seit 1987 werden die FCKW in den meisten Industrieländern als Kühlmittel durch die weniger schädlichen teilhalogenierten Fluorchlorkohlenwasserstoffe (HFCKW) ersetzt und auch diese sollen in Zukunft nicht mehr eingesetzt werden. Früher gelangten auch grosse Mengen als Treibgase aus Sprühdosen in die Luft.

---

[1] Der Begriff Oxidation wird heute etwas umfassender verwendet als früher, d. h., nicht alle Oxidationen sind Reaktionen mit Sauerstoff. Wichtig ist aber im Moment nur: Jede Reaktion mit Sauerstoff ist eine Oxidation.

Weil der Aufstieg der Ozonkiller in die Stratosphäre einige Jahre dauert, wird sich die Ozonschicht nur langsam erholen. Der Abbau der Ozonschicht in der Stratosphäre verursacht auf der Erde eine Zunahme der kurzwelligen UV-Strahlung, die Zellen schädigt und Mutationen auslöst.

Edelgase

Edelgase wie Argon, Neon und Helium sind noch reaktionsträger als Stickstoff und werden von Lebewesen nicht genutzt.

Kohlenstoffdioxid

Obwohl sein Anteil in der Luft nur 0.04% beträgt, spielt das Kohlenstoffdioxid für die Lebewesen eine ganz zentrale Rolle. Es entsteht bei der Oxidation organischer Stoffe in den Zellen und bei Verbrennungsvorgängen und wird von den Pflanzen zum Aufbau von organischem Material verwendet. Wenn die Pflanzen in einem bestimmten Zeitraum gleich viel Kohlenstoffdioxid aufnehmen würden, wie bei der Oxidation organischer Stoffe entsteht, bliebe die Konzentration in der Luft konstant (vgl. Abb. 4-2) und es bestünde ein natürliches Gleichgewicht.

[Abb. 4-2]   Kreislauf des Kohlenstoffs

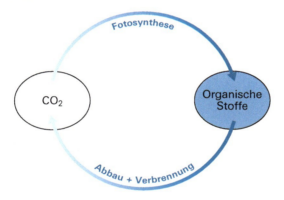

Kohlenstoffdioxid entsteht bei der Oxidation organischer Stoffe durch Lebewesen und bei Verbrennungsvorgängen. Es wird von den Pflanzen zum Aufbau von organischen Stoffen verwendet.

Treibhausgase

Treibhausgase sind Gase, die den Wärmehaushalt der Erde entscheidend beeinflussen, da sie langwellige Wärmestrahlung absorbieren. Weil die Gase der Luft das kurzwellige Sonnenlicht praktisch ungehindert zur Erde durchlassen, erwärmt sich die Erdoberfläche und strahlt Wärme an die Atmosphäre ab (vgl. Abb. 4-3).

Ohne Treibhausgase würde diese Wärmestrahlung rasch ins Weltall entweichen und es wäre auf der Erde bitterkalt (Mittelwert −18 °C). Die Treibhausgase absorbieren aber die langwellige Wärmestrahlung und werden durch sie erwärmt, d. h., ihre Moleküle bewegen sich schneller. Die mittlere Temperatur in den unteren Luftschichten steigt um 33 °C auf 15 °C. Die wichtigsten natürlichen Treibhausgase sind Wasserdampf und Kohlenstoffdioxid.

Anstieg des CO_2-Gehalts

Eingriffe in den Naturhaushalt stören dieses Gleichgewicht. Heute wird mehr Kohlenstoffdioxid produziert, als die Pflanzen verbrauchen. Die Verbrennung von fossilen Brennstoffen wie Heizöl, Benzin, Erdgas und Kohle erhöht einerseits die CO_2-Emission. Andererseits führt die Rodung grosser Waldflächen, z. B. des Regenwalds im Amazonasgebiet, dazu, dass weniger Pflanzen CO_2 umsetzen und somit abbauen. Der Kohlenstoffdioxidgehalt der Luft steigt, und das führt zu einer Verstärkung des Treibhauseffekts. Die daraus resultierende Erwärmung wird gravierende Folgen für das Klima auf der Erde haben. Einige dieser Konsequenzen sind heute schon sichtbar. Man ist deshalb auf internationaler Ebene bemüht, die weltweiten CO_2-Emissionen zu begrenzen.

[Abb. 4-3] Treibhauseffekt der Atmosphäre

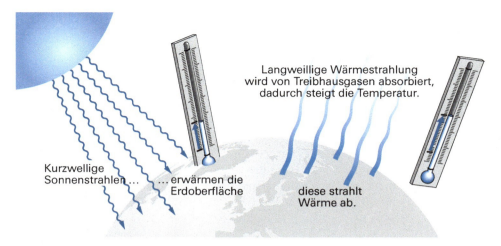

Die (kurzwellige) Strahlung der Sonne heizt die Erde auf. Die Treibhausgase absorbieren die langwellige Wärmestrahlung, die von der erwärmten Erdoberfläche ausgeht, und erhöhen so die Temperatur in den unteren Luftschichten.

Zusammenfassung

Die Erde ist umgeben von einer Gashülle, die man Atmosphäre nennt. Die Atmosphäre ist für das Leben auf der Erde unentbehrlich. Sie reguliert den Wärmehaushalt der Erde, schützt vor schädlicher Strahlung und ermöglicht den Lebewesen die Atmung.

Luft ist ein Gasgemisch mit etwa 80% Stickstoff und 20% Sauerstoff:

- Den reaktionsträgen Stickstoff (N_2) nutzen nur ganz wenige Lebewesen.
- Der Sauerstoff (O_2) wird von den Pflanzen produziert und von den meisten Organismen für die Oxidation der organischen Stoffe im Betriebsstoffwechsel benötigt.
- Kohlenstoffdioxid (CO_2) entsteht bei der Oxidation organischer Stoffe in den Zellen und bei Verbrennungen. Pflanzen verwenden es in der Fotosynthese zur Herstellung organischer Stoffe. Durch die Verbrennung fossiler Brennstoffe steigt der Kohlenstoffdioxidgehalt der Luft. Das verstärkt den Treibhauseffekt.

Treibhausgase (Wasserdampf, Kohlenstoffdioxid) absorbieren die Wärme, welche die erwärmte Erdoberfläche abgibt, und erhöhen so die Temperatur (von –18 auf 15 °C).

Aufgabe 28 Warum kann ein Fisch in einem Aquarium mit Wasserpflanzen ohne Luftzufuhr überleben?

Aufgabe 29 Welches sind die zwei Hauptbestandteile der Luft? Warum reagieren sie normalerweise nicht miteinander?

Aufgabe 30 Welche Wirkung hätten die Treibhausgase für den Wärmehaushalt der Erde, wenn sie statt langwelliger kurzwellige Strahlung absorbieren würden?

4.2 Wasser und wässrige Lösungen

4.2.1 Vorkommen und Eigenschaften des Wassers

Vorkommen

Ohne Wasser wäre Leben in der heutigen Form auf der Erde nicht möglich. Wasser ist für alle Lebewesen der wichtigste Nahrungsbestandteil. Ein erwachsener Mensch muss täglich etwa 3 Liter davon aufnehmen und besteht zu 60 bis 70% aus Wasser. Der Wassergehalt aktiver Lebewesen liegt zwischen 50 und 90% (vgl. Tab. 4-1).

[Tab. 4-1] Wasseranteile in % des Gesamtgewichts

Lebensmittel	Mehl	7	Butter	10	Fleisch	55	Salat	90
Lebewesen	Käfer	50	Mensch	60	Fisch	80	Pflanzen	90
Organe	Samen	15	Holz	50	Knochen	30	Haut	70

Bedeutung

Wasser erfüllt in den Lebewesen wichtige Aufgaben: Es nimmt an chemischen Reaktionen teil und ist das wichtigste Lösungsmittel. Die Reaktionen und Transportvorgänge des Stoffwechsels finden meist in wässriger Lösung statt. Wasser wird auch zur Kühlung benutzt und für viele Lebewesen ist Wasser das Medium, in dem sie leben.

Eigenschaften

Wasser ist bei Normalbedingungen eine farblose, geruchlose Flüssigkeit, die unter Normaldruck bei 0 °C erstarrt und bei 100 °C verdampft. Die Anziehungskräfte zwischen den Wasser-Molekülen sind – wie Sie bei einem Sprung ins Wasser an der Härte der Wasseroberfläche leicht feststellen können – recht stark. Sie erlauben es leichten Lebewesen, auf dem Wasser zu gehen bzw. passiv im Wasser zu schweben, erschweren aber aktiven Schwimmern das Vorwärtskommen. Auch die Tatsache, dass Wasser Tropfen bildet, die nicht «zerfliessen», weist auf die starken Kräfte zwischen den Wasser-Molekülen hin.

[Abb. 4-4] Wasser-Moleküle halten zusammen

Ein Regentropfen springt nach dem Aufprall auf die Wasseroberfläche wieder in die Höhe und zieht dabei eine kleine Wassersäule in die Höhe. Bild: © 2015, Thinkstock

4.2.2 Wässrige Lösungen

Definition und Bedeutung

Lösungen sind homogene Gemische von gelösten Stoffen und einem Lösungsmittel. Homogen heisst: Sie sind klar (nicht trübe) und lassen sich durch eine Filtration nicht trennen. Das wichtigste Lösungsmittel in der Natur ist Wasser. Die Lebensvorgänge spielen sich meist in wässrigen Lösungen ab und viele Stoffe werden in gelöster Form transportiert. Wasserbewohner leben in wässrigen Lösungen und sind auf die gelösten Stoffe angewiesen.

Eigenschaften

Wässrige Lösungen unterscheiden sich in ihren Eigenschaften vom Wasser. So sind die Dichte und die Siedetemperaturen von Salzlösungen höher und die Erstarrungstemperaturen tiefer als beim Wasser. Darum gefrieren die Lösungen in den Lebewesen bei 0 °C noch nicht ein. Die Eigenschaften einer Lösung sind vom gelösten Stoff und von seiner Konzentration[1] abhängig.

---

[1] Als Konzentration bezeichnet man die Menge des gelösten Stoffs in einem bestimmten Volumen der Lösung. Sie kann z. B. in g/l Lösung angegeben werden.

Lösungsvorgang

Kristalle verschwinden

Das Lösen ist Ihnen aus dem Alltag vertraut. Salzkristalle werden im Wasser langsam kleiner und verschwinden schliesslich. Der Vorgang scheint dem Schmelzen ähnlich. Er kann aber nicht dieselbe Ursache haben, weil beim Lösen in der Regel keine Wärme zugeführt wird. Wie lässt sich also das Zerfallen der Salzkristalle erklären?

Ionen trennen sich

Die Salzkristalle bestehen aus dicht gepackten Ionen. Im Wasser lagern sich nun die Wasser-Moleküle, die ja im flüssigen Wasser ständig in Bewegung sind, an die Ionen an. Sie drängen sich zwischen die Ionen und lösen diese so aus dem Verband.

[Abb. 4-5] Modell für das Lösen eines Salzkristalls

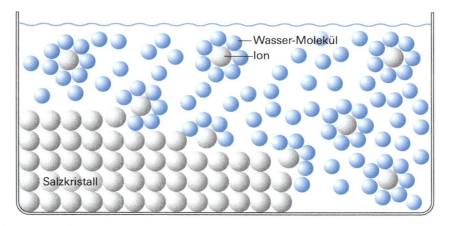

Wasser-Moleküle lagern sich an die Ionen an und lösen sie aus dem Verband. Die Ionen verteilen sich im Wasser.

Diffusion

Ionen, die den Kristall verlassen haben, können sich in der Lösung bewegen und verteilen sich darum mit der Zeit gleichmässig im ganzen Gefäss. Diesen Vorgang nennt man Diffusion (vgl. Kap. 10.3, S. 128).

Elektrolyte

Dass sich die Ionen eines Salzes in der Lösung bewegen können, zeigt sich daran, dass Salzlösungen Elektrolyte sind (vgl. Kap. 2.4.3, S. 39) und im Gegensatz zu festen Salzen den Strom leiten.

Löslichkeit

Verschiedene Stoffe lösen sich im Wasser unterschiedlich gut. Die Löslichkeit wird meist in g gelöster Stoff pro 100 g Wasser angegeben. Bei festen Stoffen nimmt die Löslichkeit mit steigender Temperatur in der Regel zu, bei gasförmigen ab.

Salze

Viele Salze lösen sich im Wasser. Die Löslichkeit ist aber sehr unterschiedlich. Für Kochsalz beträgt sie bei NB etwa 36 g/100 g Wasser.

Molekülverbindungen

Bei den Molekülverbindungen unterscheiden wir zwei Gruppen:

- Hydrophile[1], d. h. wasserliebende Stoffe wie Zucker oder Alkohol lösen sich in Wasser gut, in organischen Lösungsmitteln wie Benzin dagegen schlecht oder gar nicht.
- Lipophile[2], d. h. fettliebende Stoffe wie Fette und Öle lösen sich im Wasser nicht oder nur sehr schlecht und ballen sich zu Tröpfchen zusammen. Wenn sie die kleinere Dichte haben als Wasser, schwimmen sie auf dem Wasser wie die Fettaugen auf der Suppe. Lipophile Stoffe lösen sich in lipophilen Lösungsmitteln wie Benzin. Ein Fettfleck lässt sich deshalb mit Reinbenzin entfernen.

---

[1] Gr. *hydor* «Wasser», gr. *philos* «Freund».
[2] Gr. *lipos* «Fett», gr. *philos* «Freund».

Gase

Auch Gase lösen sich im Wasser. Das ist für die Wasserbewohner sehr wichtig, denn sie brauchen den im Wasser gelösten Sauerstoff für die Atmung. Beim Lösen eines Gases verteilen sich die Gas-Moleküle zwischen den Wasser-Molekülen so, dass man vom gelösten Gas nichts sieht, wenn es nicht farbig ist. Gasbläschen werden nur sichtbar, wenn Gase aus dem Wasser entweichen. Sie können das z. B. beim Erwärmen von Wasser beobachten: Weil die Löslichkeit der Gase mit steigender Temperatur abnimmt, werden Gas-Moleküle frei und sammeln sich zu kleinen Bläschen.

Zusammenfassung

Wasser ist der mengenmässig dominierende Bestandteil der Lebewesen und erfüllt wichtige Aufgaben. Es nimmt an Reaktionen teil und ist das wichtigste Lösungsmittel. Die chemischen Reaktionen des Stoffwechsels spielen sich meist in wässrigen Lösungen ab und viele Stoffe werden in gelöster Form transportiert. Wasser dient auch zur Kühlung und viele Lebewesen leben im Wasser.

Wasser hat aufgrund der hohen Kräfte zwischen den Wasser-Molekülen eine relativ hohe Dichte und eine hohe Siedetemperatur.

Wasser löst viele Salze und hydrophile Molekülverbindungen gut. Beim Lösen eines Stoffs verteilen sich dessen Teilchen zwischen den Wasser-Molekülen. Mit steigender Temperatur nimmt die Löslichkeit von Feststoffen zu, während die Löslichkeit von Gasen sinkt.

Beim Lösen von Salzen werden die Ionen von Wasser-Molekülen aus dem Kristall gelöst und sind dann beweglich. Salzlösungen sind Elektrolyte und haben höhere Dichten, höhere Sdt und tiefere Smt als das Wasser.

Von den Molekülverbindungen lösen sich die hydrophilen (wasserliebenden) im Wasser und die lipophilen (fettliebenden) in lipophilen Lösungsmitteln wie Benzin.

Aufgabe 31

Warum können Fische im Sommer unter Sauerstoffmangel leiden, obwohl doch das Wasser-Molekül H_2O ein Sauerstoff-Atom enthält?

Aufgabe 32

Warum gefriert das Wasser in den Pflanzen bei 0 °C nicht ein?

4.3 Die Stoffe des Lebens (Übersicht)

Organisch

Abgesehen vom Wasser gehört der überwiegende Teil der Stoffe in den Lebewesen zu den organischen Stoffen. Bei Mensch und Tier dominieren mengenmässig Proteine und Fette, bei Pflanzen Kohlenhydrate (vgl. Tab. 4-2).

[Tab. 4-2] Zusammensetzung von Mensch und Kartoffel

	Wasser	Kohlenhydrate	Fette	Proteine	Restliche Stoffe
Mensch	68%	0.5%	12%	14%	5.5%
Kartoffel	78%	19%	0.2%	2%	0.8%

Stoffklassen

Kohlenhydrate, Fette und Proteine sind Stoffklassen mit Zigtausend Angehörigen. Die Stoffe einer Klasse sind sich in gewissen Eigenschaften ähnlich, weil ihre Moleküle Atomgruppen enthalten, die für die Klasse typisch sind.

Neben Proteinen, Fetten und Kohlenhydraten spielen in den Lebewesen auch die Nucleinsäuren eine ganz zentrale Rolle, obwohl sie mengenmässig nicht ins Gewicht fallen. Tabelle 4-3 gibt Ihnen einen ersten Überblick:

[Tab. 4-3] Überblick über die Bedeutung der Stoffklassen

Stoffklasse	Bedeutung	Beispiele, Vorkommen
Kohlenhydrate	Betriebs-, Reserve- und Baustoffe	Glucose in Früchten, Stärke in Getreide, Cellulose in Baumwolle
Fette	Betriebs- und Reservestoffe, Baustoffe zur Isolation	Fette in Butter und Fleisch, Pflanzenöle, Margarine
Proteine	Baustoffe, Enzyme als Katalysatoren	Im Hühnerei, im Fleisch, in Haaren
Nucleinsäuren	Informationsspeicher, Botenstoffe	DNA im Zellkern, verschiedene Arten von RNA in Zellkern und Zellplasma

Aufgaben

Die Stoffe des Lebens können auch nach Aufgaben gruppiert werden in:

- Baustoffe, aus denen der Körper aufgebaut ist.
- Betriebsstoffe, die Energie liefern.
- Reservestoffe, die als Speicher dienen.
- Wirkstoffe zur Regulation und Steuerung.
- Informationsträger, die Erbinformation speichern oder übermitteln.

Molekülbau

Die Moleküle von Kohlenhydraten, Fetten, Proteinen und Nucleinsäuren sind viel grösser als die Moleküle des Wassers oder des Kohlenstoffdioxids. Die meisten sind Makromoleküle, die durch die Verknüpfung von vielen kleinen Molekülen zu langen Ketten gebildet wurden.

Zusammenfassung

Die wichtigsten Stoffe der Lebewesen sind neben dem Wasser Kohlenhydrate, Fette, Proteine und Nucleinsäuren.

Aufgabe 33

Worin sind sich Verbindungen einer Stoffklasse ähnlich und warum?

4.4 Makromoleküle

Zusammengesetzt

Makromoleküle[1] sind Riesenmoleküle. Sie werden durch die Verknüpfung von sehr vielen kleinen Molekülen aufgebaut. Im einfachsten Fall sind es gleichartige Moleküle, die sich zu langen Ketten verbinden.

[Abb. 4-6] Modell für die Bildung eines Makromoleküls

Durch Verknüpfen vieler Moleküle entsteht ein Makromolekül.

Polysaccharide

Beispiele für Makromoleküle aus gleichartigen Bausteinen sind die Polysaccharide (Vielfachzucker) aus der Gruppe der Kohlenhydrate (vgl. Kap. 4.5, S. 56). Zu ihnen gehört die Stärke, deren Riesenmoleküle aus sehr vielen Glucose-Molekülen aufgebaut sind. Sie können das leicht testen, indem Sie ein Stück Brot einige Minuten kauen. Es wird langsam süss, weil ein Enzym des Speichels die im Brot enthaltene Stärke in Zucker zerlegt.

[1] Gr. *makros* «gross».

[Abb. 4-7]   Modell für die Bildung eines Polysaccharids

Ein Polysaccharid-Molekül entsteht durch Verknüpfen vieler Glucose-Moleküle.

Proteine

Makromoleküle können aber auch aus verschiedenartigen Bausteinen aufgebaut sein. So bestehen die Proteine aus 20 verschiedenen Sorten von Aminosäuren. Die Moleküle der verschiedenen Aminosäuren lassen sich in jeder Reihenfolge zu Protein-Molekülen verknüpfen.

[Abb. 4-8]   Modell für die Bildung eines Protein-Moleküls

Protein-Moleküle werden aus insgesamt 20 verschiedenen Sorten von Aminosäure-Molekülen (hier symbolisiert durch Buchstaben und unterschiedlich gefärbte Kugeln) aufgebaut.

Jedes Protein hat eine charakteristische Zusammensetzung. Zahl, Art und Reihenfolge der gebundenen Aminosäuren sind genau festgelegt und bestimmen seine Eigenschaften (vgl. Kap. 4.7, S. 60).

Nucleinsäuren

Auch die Moleküle der Nucleinsäuren (vgl. Kap. 4.8, S. 63) sind Makromoleküle. Sie bestehen aus vier verschiedenen Bausteinsorten.

Eigenschaften

Zwischen den grossen Makromolekülen wirken starke Anziehungskräfte. Darum sind makromolekulare Stoffe bei NB fest und meist nur schwer oder gar nicht wasserlöslich. Beim Erhitzen zersetzen sie sich meist, bevor sie schmelzen.

Zusammenfassung   Die Moleküle der Polysaccharide, der Proteine und der Nucleinsäuren sind Makromoleküle, die durch die Verkettung von vielen kleinen Molekülen gebildet werden.

Aufgabe 34   Was sind Makromoleküle?

Aufgabe 35   Warum schmeckt Brot nach langem Kauen süss?

4.5   Kohlenhydrate

4.5.1   Übersicht

Zucker

Die bekanntesten Kohlenhydrate sind die süssen und wasserlöslichen Zucker, zu denen die Glucose und der im Alltag gebräuchliche Rohrzucker zählen. Sie dienen den Lebewesen hauptsächlich als Energieträger. Nach dem Molekülbau unterscheiden wir Monosaccharide (Einfachzucker) und Disaccharide (Doppelzucker). Die Moleküle der Disaccharide sind aus zwei Monosaccharid-Molekülen aufgebaut.

Polysaccharide

Durch die Verknüpfung vieler Monosaccharid-Moleküle zu langen, teilweise verzweigten Ketten entstehen die Makromoleküle der Polysaccharide. Polysaccharide wie Stärke und Cellulose sind kaum oder gar nicht wasserlöslich und schmecken nicht süss. Die Stärke dient als Energiespeicher und die Cellulose wird von den Pflanzen als Baumaterial für die Zellwände hergestellt.

4.5.2 Glucose – ein Monosaccharid

Bedeutung

Die Glucose (Traubenzucker) hat die Formel $C_6H_{12}O_6$ und wird von allen Lebewesen in grossen Mengen umgesetzt. Sie dient als Energieträger und ist Ausgangsstoff zur Herstellung vieler organischer Stoffe. Die Glucose-Moleküle sind auch die Bausteine der Polysaccharide Stärke und Cellulose.

Herstellung

Die autotrophen Pflanzen bauen die Glucose durch die Fotosynthese mithilfe von Sonnenenergie aus Kohlenstoffdioxid und Wasser auf.

$$\text{Kohlenstoffdioxid + Wasser} \xrightarrow{+ \text{Lichtenergie}} \text{Glucose + Sauerstoff}$$

Aufnahme

Die heterotrophen Lebewesen können Glucose nicht aus anorganischen Stoffen aufbauen. Sie müssen sie mit der Nahrung aufnehmen oder aus anderen organischen Nahrungsstoffen herstellen.

Zellatmung

Die Oxidation der Glucose liefert den Lebewesen die Energie, die sie für ihre Aktivitäten benötigen. Bei der vollständigen Oxidation mit Sauerstoff entstehen wieder Wasser und Kohlenstoffdioxid und es wird Energie frei. Man nennt diesen Vorgang, der in den meisten Zellen abläuft, Zellatmung (vgl. Kap. 7.8, S. 102):

$$\text{Glucose + Sauerstoff} \xrightarrow{\text{Energie}} \text{Kohlenstoffdioxid + Wasser}$$

Die Energie, die bei der Zellatmung freigesetzt wird, brauchen die Lebewesen für ihre Aktivitäten und für endotherme Vorgänge. Sie wurde ursprünglich bei der Fotosynthese durch autotrophe Pflanzen von der Sonne bezogen und in der Glucose gespeichert. Aus dieser wird sie bei der Zellatmung freigesetzt.

Fructose

Ein weiterer Monosaccharid ist der Fructose (Fruchtzucker), den man vor allem in Früchten findet. Er hat dieselbe Formel wie Glucose $C_6H_{12}O_6$. Seine Moleküle bestehen aus den gleichen 24 Atomen wie die Glucose-Moleküle, die Atome sind aber anders verknüpft.

4.5.3 Rohrzucker – ein Disaccharid

Der Zucker

Rohrzucker ist der Zucker, den Sie aus dem Alltag kennen. Man nennt ihn auch Haushaltszucker oder Saccharose. Er wird aus Zuckerrohr oder Zuckerrüben gewonnen und ist ein Disaccharid. Seine Moleküle sind aus zwei Monosaccharid-Molekülen aufgebaut und können auch wieder in diese zerlegt werden. Bei der Spaltung eines Rohrzucker-Moleküls entstehen ein Molekül Glucose und ein Molekül Fructose.

4.5.4 Stärke und Cellulose sind Polysaccharide

Makromoleküle

Stärke und Cellulose sind die wichtigsten Polysaccharide. Ihre Makromoleküle sind aus vielen Glucose-Molekülen aufgebaut. Sie unterscheiden sich in Grösse und Form und in der Art der Bindungen zwischen den Glucoseeinheiten. Darum haben Stärke und Cellulose unterschiedliche Eigenschaften und Aufgaben.

[Abb. 4-9] Ausschnitt aus dem Modell eines Stärke-Moleküls

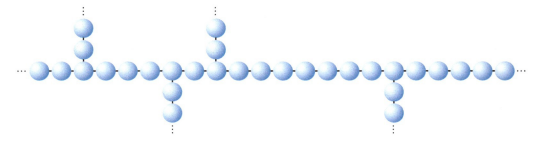

Die Makromoleküle der Polysaccharide sind aus vielen Glucose-Molekülen aufgebaut.

Stärke — Die Makromoleküle der Stärke sind verzweigte oder unverzweigte Ketten aus bis zu 100 000 Glucose-Molekülen. Die Stärke wird in Form von Stärkekörnern gespeichert und dient den Pflanzen als Reservestoff. Samen, Früchte und Speicherorgane wie die Kartoffelknollen sind besonders stärkereich. Für Menschen und Tiere ist die Stärke in der Nahrung neben den Fetten der wichtigste Energielieferant. Ihre Makromoleküle werden im Verdauungssystem des Menschen vom Enzym α-Amylase gespalten. Es entstehen unterschiedlich lange Molekülstücke (Dextrine), Maltose und Glucose.

[Abb. 4-10] Cellulose und Stärke

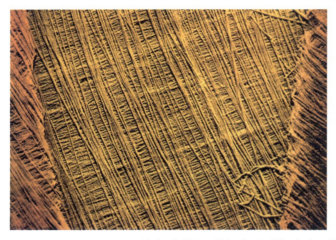 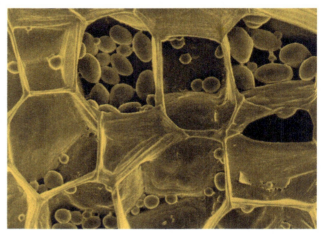

Links: Cellulosefäden in der Wand einer Pflanzenzelle; rechts: Stärkekörner in Zellen einer Kartoffelknolle.
Bild links: KEYSTONE / Science Photo Library / BIOPHOTO ASSOCIATES, Bild rechts: KEYSTONE / Science Photo Library / DR JEREMY BURGESS

Cellulose — Cellulose wird von den Pflanzen als Baumaterial hergestellt und in die Zellwände eingebaut. Holz besteht zu über 60% aus Cellulose, und Baumwollfasern sind fast reine Cellulose. Auch Papier, das ja aus Holz hergestellt wird, enthält über 60% Cellulose. Die Makromoleküle der Cellulose sind unverzweigte Ketten aus bis zu 10 000 Glucose-Molekülen.

Weil die Glucose-Moleküle in der Cellulose durch eine andere Bindung verknüpft sind als in der Stärke, ist zu ihrer Spaltung ein anderes Enzym nötig als zur Spaltung der Stärke. Den meisten Tieren fehlt dieses Enzym und die Cellulose ist für sie unverdaulich und der darin gebundene Zucker kann nicht aufgenommen werden. Viele Pflanzenfresser beherbergen Bakterien in ihrem Verdauungssystem, die für sie die Cellulose-Moleküle spalten. Bei Wiederkäuern wie Kühen befinden sich diese Bakterien im Pansen, bei anderen Pflanzenfressern oft im Dickdarm.

[Abb. 4-11] Übersicht: wichtige Kohlenhydrate

Gruppe	Beispiele Molekülbau		Herstellung	Verwendung
Monosaccharid	Glucose $C_6H_{12}O_6$		Autotrophe: durch Fotosynthese	Herstellung anderer Stoffe
			Heterotrophe: Aufnahme mit der Nahrung	Betriebsstoff Baustein für Polysaccharid
Disaccharid	Rohrzucker		Aus Glucose und Fructose	Betriebsstoff
Polysaccharid	Stärke		Aus Glucose	Reservestoff
	Cellulose		Aus Glucose	Baumaterial in Zellwänden

Zusammenfassung

Kohlenhydrate dienen den Lebewesen als Betriebs-, Reserve- und Baustoffe. Ihre Oxidation liefert die für das Leben nötige Energie. Man unterscheidet Mono-, Di- und Polysaccharide:

- Das wichtigste Monosaccharid ist die Glucose (Traubenzucker) mit der Formel $C_6H_{12}O_6$, die im Stoffwechsel aller Lebewesen im Zentrum steht. Sie dient als Ausgangsstoff zur Herstellung vieler organischer Stoffe, und ihre Oxidation durch die Zellatmung liefert den Lebewesen Energie für ihre Aktivitäten.
- Der Rohrzucker ist ein Disaccharid, dessen Moleküle aus je einem Molekül Glucose und Fructose (Fruchtzucker) aufgebaut sind.
- Stärke und Cellulose sind Polysaccharide, die aus Glucose aufgebaut werden. Ihre Makromoleküle unterscheiden sich in Grösse und Form. Auch die Art der Bindung zwischen den Glucose-Molekülen ist verschieden.
  - Cellulose dient den Pflanzenzellen als Baumaterial für die Zellwände. Ihre Moleküle sind unverzweigte Ketten aus bis zu 10 000 Glucose-Molekülen.
  - Stärke dient als Reservestoff. Ihre Moleküle können verzweigt oder unverzweigt sein und aus bis zu 100 000 Glucose-Bausteinen bestehen.

Aufgabe 36

A] Was entsteht bei der Spaltung eines Rohrzucker-Moleküls?

B] Wie können Lebewesen Glucose beschaffen? Nennen Sie beide Möglichkeiten.

Aufgabe 37

Worin stimmen Stärke und Cellulose überein und wie unterscheiden sie sich?

4.6 Lipide

Definition

Die Lipide sind eine im Molekülbau recht uneinheitliche Gruppe von Verbindungen, mit ähnlichen Lösungseigenschaften. Sie sind unlöslich in Wasser und löslich in lipophilen Lösungsmitteln.

Fette

Die bekannteste Gruppe der Lipide sind die Fette, die den Lebewesen als Energiespeicher und als Isolationsmaterial dienen. Besonders hoch ist der Fettgehalt von Samen wie Erdnüssen, die etwa zur Hälfte aus Fett bestehen. 1 g Fett liefert bei der Oxidation in den Zellen mehr als doppelt so viel Energie (39 kJ/g) wie 1 g Zucker (17 kJ/g). Fettreiche Nahrungsmittel sind darum wahre «Kalorienbomben». 250 g Fett genügen, um den täglichen Energiebedarf eines Erwachsenen ohne grosse körperliche Aktivität zu decken. Wie die Proteine müssen auch die Fette der Nahrung bei der Verdauung zerlegt werden. Fette, die bei Raumtemperatur flüssig sind, nennt man Öle, z. B. Olivenöl und Erdnussöl.

Fett-Moleküle

Ein Fett-Molekül wird aus einem Molekül Glycerin und drei Fettsäure-Molekülen aufgebaut. Dabei werden verschiedene Fettsäuresorten verwendet. Weil die Fettsäuren recht grosse Moleküle sind, sind die Fette auch grosse Moleküle, obwohl die Zahl der Bausteine in einem Molekül viel kleiner ist als in den richtigen Makromolekülen.

Fette lösen sich in lipophilen organischen Lösungsmitteln wie Aceton oder Benzin, aber nicht in Wasser. In Wasser bilden Fette Tröpfchen von unterschiedlicher Grösse. Darum ist die Milch nicht durchsichtig, sondern weiss.

[Abb. 4-12] Fette

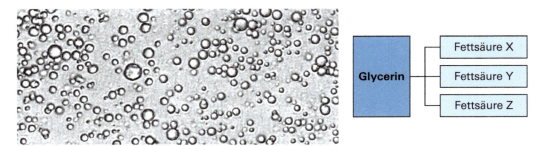

LM-Bild von Fetttröpfchen in der Milch und Schema eines Fett-Moleküls.

Verwendung

Die Nahrungsfette werden bei der Verdauung in ihre Bausteine (Glycerin und Fettsäuren) zerlegt. Diese Stoffe werden aufgenommen und können als Energieträger abgebaut, in andere organische Stoffe umgewandelt oder zu körpereigenen Fetten zusammengebaut werden. Unser Stoffwechsel kann Fette in Kohlenhydrate umwandeln und umgekehrt. Darum können Fettpolster auch bei völlig fettfreier Nahrung zunehmen.

Essenzielle Fettsäuren

Weil Menschen und Tiere nicht alle Fettsäuren selbst aufbauen können, gehören die Fette wie die Proteine zu den unerlässlichen (essenziellen) Bestandteilen der Nahrung.

Zusammenfassung

Lipide sind lipophile, wasserunlösliche Stoffe. Die bekanntesten sind die Fette, die den Lebewesen als Betriebs- und Reservestoffe sowie als Isolationsmaterial dienen. Ihr Energiewert ist mit 39 kJ/g mehr als doppelt so hoch wie der Energiewert der Kohlenhydrate. Ein Fett-Molekül wird aus einem Glycerin- und drei Fettsäure-Molekülen aufgebaut.

Aufgabe 38

A] Warum kann ein Mensch auch bei fettarmer Kost Fettpolster entwickeln?

B] Warum sind Fette als Reservestoffe geeignet?

4.7 Proteine (Eiweisse)

Wie das Weisse im Ei

Alle Lebewesen enthalten Stoffe, die in ihren Eigenschaften und im Molekülbau den Stoffen im weissen Eiklar des Vogeleis gleichen und darum die Bezeichnung Eiweisse erhielten. Die wissenschaftliche Bezeichnung Proteine, die wir hier verwenden, ist abgeleitet vom griechischen *proteios* für erstrangig und soll die Wichtigkeit dieser Stoffe für die Lebewesen unterstreichen.

Molekülbau

Proteine sind Makromoleküle, die aus Aminosäure-Molekülen aufgebaut werden. Oft unterscheidet man zwischen den kleineren Peptiden aus unter 100 Aminosäuren und den grösseren Proteinen. Im Unterschied zu den Polysacchariden, die aus identischen Bausteinen bestehen, kommen in den Makromolekülen der Proteine 20 verschiedene Sorten von Aminosäuren als Bausteine vor. Für die Namen der 20 Aminosäuren werden meist Abkürzungen aus drei Buchstaben verwendet, z. B. Ala für Alanin, Lys für Lysin etc.

Aminosäuren

Die Moleküle der Aminosäuren enthalten im Unterschied zu den Zuckern neben Kohlenstoff-, Wasserstoff- und Sauerstoff- auch Stickstoff-Atome. Sie bestehen aus einem Standardteil, der bei allen Aminosäuren gleich gebaut ist, und einem Rest, der je nach AS verschieden ist. Der Standardteil hat zwei Bindungsstellen, über die er mit zwei weiteren AS verknüpft werden kann. Ähnlich wie verschiedene Eisenbahnwagen zu einem Zug zusammengehängt werden können, wenn sie die gleichen Kupplungsvorrichtungen aufweisen, lassen sich die verschiedenen Aminosäure-Moleküle in jeder gewünschten Reihenfolge zu Protein-Molekülen verknüpfen.

[Abb. 4-13] Proteine entstehen aus Aminosäuren

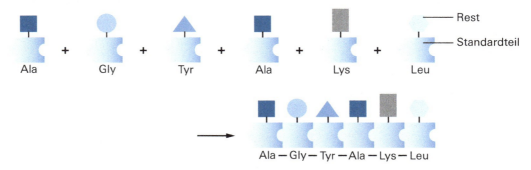

Die Makromoleküle der Proteine entstehen durch das Verknüpfen von Aminosäure-Molekülen. Diese unterscheiden sich durch den Rest.

Primärstruktur

Ähnlich wie man aus den Buchstaben unseres Alphabets ganz verschiedene Wörter mit unterschiedlicher Länge und Buchstabenfolge bildet, werden aus den Molekülen der Aminosäuren Proteine mit unterschiedlicher Länge und Aminosäurenfolge (auch Aminosäuren-Sequenz genannt) gebildet. Jedes Protein hat eine definierte Zusammensetzung und Sequenz, d. h., Zahl, Art und Reihenfolge der AS sind genau festgelegt. Man bezeichnet dies als Primärstruktur.

Weil ein Protein-Molekül in der Regel aus über 100 Aminosäuren besteht, ist die Zahl der möglichen Proteine riesig. Da zwanzig verschiedene Bausteine benutzt werden, gibt es für ein Protein mit Hundert Bausteinen 20^{100}, das sind 10^{130} (eine Zahl mit 130 Nullen!) verschiedene Möglichkeiten. Das heisst, es könnte 10^{130} verschiedene Protein-Moleküle mit einer Länge von 100 AS geben, die sich in der Primärstruktur und damit in den Eigenschaften unterscheiden. Ein höheres Lebewesen besitzt über 100 000 verschiedene Proteine mit ganz unterschiedlichen Eigenschaften und Aufgaben.

Faltung und Gestalt

Jedes Protein-Molekül hat unter den natürlichen Bedingungen eine bestimmte Gestalt (räumliche Struktur). Dabei unterscheidet man zwischen Sekundärstruktur und Tertiärstruktur.

Tertiärstruktur

Die Tertiärstruktur ist die Gestalt des ganzen Proteinfadens. Sie ist z. B. bei dem in Abbildung 4-14 dargestellten Protein Y-förmig.

Sekundärstruktur

Die Sekundärstruktur ist die regelmässige Faltung oder Spiralisierung gewisser Bereiche des Fadens. Das ist beim Protein in Abbildung 4-14 rechts durch die Pfeile und die Zylinder angedeutet.

[Abb. 4-14] Modelle eines Protein-Moleküls

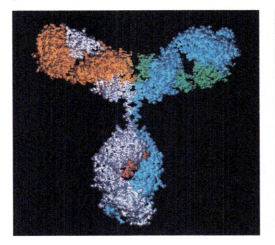

Das Kalottenmodell links zeigt die einzelnen Atome des Protein-Moleküls. Das Modell rechts stellt die Faltung des Proteinfadens dar. Die Pfeile (gelb) und Zylinder (violett) symbolisieren Bereiche mit unterschiedlicher Sekundärstruktur. Bild links: KEYSTONE / Science Photo Library / ALFRED PASIEKA, Bild rechts: KEYSTONE / Science Photo Library / DR TIM EVANS

Die Zylinder symbolisieren Bereiche, in denen der Faden zu einer regelmässigen Feder (α-Helix) aufgeschraubt ist. Die Pfeile stehen für Bereiche, in denen der Faden zickzackartig gefaltet ist (Faltblattstruktur). In der Regel gibt es in einem Protein-Molekül Abschnitte ohne regelmässige Sekundärstruktur sowie Bereiche mit Helix- und solche mit Faltblattstruktur.

Bedeutung der räumlichen Struktur

Die Form eines Proteins ist entscheidend für seine Funktion. Die Frage nach der räumlichen Struktur ist darum heute ein zentrales Forschungsgebiet der Biochemie. Die Arbeit vieler Proteine ist mit einer genau definierten Änderung ihrer Molekülgestalt verbunden. So beruht die Bewegung eines Muskels auf dem Hin- und Herklappen kleiner Füsschen von Protein-Molekülen in den Muskelzellen (vgl. Kap. 7.9.6, S. 109). So unglaublich das auch klingt: Viele Lebensvorgänge beruhen darauf, dass sich Teile von Protein-Molekülen in bestimmter Weise bewegen.

Denaturierung

Beim Erwärmen oder bei Änderungen in der chemischen Zusammensetzung der Umgebung kann sich die räumliche Struktur eines Proteins so ändern, dass es seine Wirkung verliert. Man sagt: Das Protein wird denaturiert. Es wird dabei zwar nicht gespalten (die Primärstruktur bleibt unverändert), aber seine Form ändert sich und seine physiologische Aktivität geht verloren. Bei den Eiweissen eines Hühnereis zeigt sich die Denaturierung beim Kochen im Gerinnen und Erhärten: Das Eiklar wird zum Eiweiss, der Dotter wird fest.

Proteingehalt

Im Durchschnitt machen die Proteine 50–80% der Trockenmasse von Zellen aus. Besonders hoch ist der Anteil der Proteine in der Haut und in Hautbildungen wie Haaren.

[Tab. 4-4] Proteingehalt einiger Organe und Nahrungsmittel (in %)

Haare	90	Haut	22	Knochen	19	Muskeln	17	Blut	6
Soja	36	Hartkäse	27	Spaghetti	13	Milch	3	Bananen	1
Erdnüsse	26	Brathuhn	21	Eier	13	Kartoffeln	2	Äpfel	0.3

Aufgaben der Proteine

Proteine haben vielfältige Aufgaben. Die folgende Aufzählung soll Ihnen eine Vorstellung von der grossen Bedeutung der Proteine geben:

- Proteine katalysieren als Enzyme in jedem Lebewesen Tausende von biochemischen Vorgängen, wobei für jede Reaktion ein spezifisches Enzym benötigt wird (vgl. Kap. 11.2, S. 141).
- Proteine sind die wichtigsten Baustoffe der Zelle. Strukturproteine stützen Zellen und Gewebe (vgl. Kap. 7.9, S. 105).
- Proteine ermöglichen Bewegungen, indem sie sich als Motorproteine aktiv gegen andere Proteinelemente verschieben (vgl. Kap. 7.9, S. 105).
- Proteine binden und transportieren als Transportproteine Teilchen (vgl. Kap. 10.5.3, S. 138).
- Proteine können als Botenstoffe (Hormone) zur Steuerung von Vorgängen im Körper dienen (vgl. Kap. 11.1, S. 140).
- Proteine sind als Antikörper an der Bekämpfung von Krankheitserregern beteiligt.

Zusammenfassung

Proteine üben im Organismus viele Funktionen aus. Sie sind die wichtigsten Baustoffe der Zelle und sie katalysieren als Enzyme die chemischen Reaktionen in den Lebewesen.

Jedes Lebewesen baut seine Proteine selbst aus Aminosäuren auf. In den natürlichen Proteinen kommen 20 Sorten von Aminosäuren vor.

Die Moleküle der Aminosäuren enthalten neben C-, H- und O- auch N-Atome. Sie bestehen aus einem Standardteil mit zwei Bindungsstellen und einen Rest, der bei den 20 verschiedenen Aminosäuren verschieden ist.

Die Makromoleküle der Proteine sind unverzweigte Ketten aus vielen (meist einigen Hundert) Aminosäure-Molekülen. Jedes Protein-Molekül hat eine bestimmte Zusammensetzung mit einer charakteristischen Primärstruktur (Aminosäuren-Sequenz).

Unter natürlichen Bedingungen nimmt der Proteinfaden eine ganz bestimmte Gestalt an (Sekundär- und Tertiärstruktur). Bei der Denaturierung ändert sich die Faltung des Proteinfadens, z. B. durch Hitze, und das Protein verliert seine biologische Aktivität.

Aufgabe 39

A] Beschreiben Sie den Aufbau der Proteine.

B] Wodurch unterscheiden sich die Moleküle von zwei verschiedenen Proteinen?

C] Welches sind die zwei wichtigsten Aufgaben der Proteine in der Zelle?

D] Worin stimmen die AS überein und wodurch unterscheiden sie sich?

E] Was geschieht bei der Denaturierung eines Proteins?

F] Trifft es zu, dass alle Peptide mit 10 Aminosäuren gleich lang sind?

4.8 Nucleinsäuren

DNA und RNA

Bei den Nucleinsäuren, die nach dem Nucleus (Kern) benannt sind, unterscheidet man zwei Arten, die im Molekülbau und ihren Aufgaben verschieden sind:

- Die Desoxyribonucleinsäure, kurz DNS oder englisch und heute gebräuchlicher DNA, kommt hauptsächlich im Zellkern vor. Sie enthält als Informationsspeicher die gesamte Erbinformation.
- Die verschiedenen Ribonucleinsäuren, kurz RNA oder RNS, dienen als Informationsüberträger bei der Ablesung und Nutzung der in der DNA gespeicherten Information zur Steuerung der Zelle. Einige RNA-Sorten sind Bestandteile von Organellen.

Molekülbau

Auch die Nucleinsäuren sind fadenförmige Makromoleküle aus vielen (meist einigen Hundert bis Zigtausend) Bausteinen. Die Bausteine sind die Nucleotide, von denen es in jeder Nucleinsäureart vier verschiedene Sorten gibt. Für die vier Nucleotide der DNA verwendet man die Buchstaben A, C, G und T als Symbole.

[Abb. 4-15] Einfaches Modell eines DNA-Abschnitts

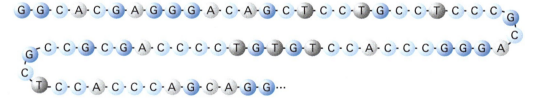

Die Makromoleküle der DNA sind Ketten aus vielen Nucleotid-Molekülen (hier durch vier verschiedenfarbige Kugeln dargestellt). A, C, G und T sind die Abkürzungen für die vier Nucleotidsorten, die in der DNA vorkommen.

Aufgabe der DNA

Die DNA enthält die Information für die Entwicklung, für den Bau und für den Betrieb des ganzen Lebewesens, die wir als Erbinformation bezeichnen. Die Information steckt in der Sequenz (Reihenfolge) der vier Nucleotidsorten. Sie kennen das Prinzip von unserer Sprache her, welche Informationen durch bestimmte Buchstabenfolgen darstellt. Das Alphabet der Nucleinsäuren besteht zwar nur aus vier Buchstaben, aber wie beim Morsealphabet oder bei der digitalen Informationsspeicherung genügen schon zwei Zeichensorten, um jede Information darzustellen.

Gene

Fast unglaublich scheint allerdings die Tatsache, dass die Reihenfolge der vier Nucleotidsorten in der DNA jeder einzelnen Zelle die Information für die Entwicklung, für den Bau und für den Betrieb des ganzen Lebewesens enthält! Eine einzige Zelle aus Ihrer Leber oder aus Ihrer Haut enthält also alle Informationen für den Bau und den Betrieb Ihres ganzen Körpers. Der Abschnitt der DNA, der die Information für ein bestimmtes Merkmal enthält, ist ein Gen. Die meisten Gene bestehen aus 300 bis 3 000 Nucleotiden. Die Zahl der Gene in einer menschlichen Zelle wird auf etwa 25 000 geschätzt.

Zellkern

Die DNA wird – weil sie ja nicht verloren gehen oder verändert werden darf – im Safe der Zelle, im Zellkern aufbewahrt und darf diesen nicht verlassen. Der Kern steuert mit der Information der DNA die Entwicklung und die Arbeit der Zelle. Dazu braucht er verschiedene Typen von RNA.

RNA

Auch die RNA besteht aus vier verschiedenen Nucleotidsorten. Jede Zelle besitzt mehrere Typen von RNA mit unterschiedlichen Aufgaben. Die RNA-Moleküle werden im Kern durch das Abschreiben eines Gens, d. h. eines bestimmten DNA-Abschnitts, gebildet. Das lässt sich mit dem Abschreiben eines Textes vergleichen. Auch wenn die einzelnen Buchstaben nicht genau gleich aussehen wie im Original, bleibt ihre Reihenfolge und damit die Information dieselbe. Die Nucleotidsequenz der RNA entspricht derjenigen der abgeschriebenen DNA-Vorlage. Die Boten-RNA übermittelt die Information für den Aufbau der Proteine vom Kern ans Plasma.

Zusammenfassung

Nucleinsäuren spielen in den Zellen als Informationsspeicher und als Informationsüberträger eine zentrale Rolle. Ihre Moleküle sind fadenförmige Makromoleküle mit vier verschiedenen Nucleotiden als Bausteinen.

Die Reihenfolge der Nucleotide (A, C, G und T) in der DNA, die im Kern aufbewahrt wird, enthält das Erbgut, d. h. die vererbbare Information für den Bau, die Entwicklung und den Betrieb des Lebewesens.

Verschiedene Typen von RNA werden im Kern als Abschrift eines DNA-Abschnitts gebildet. Sie dienen als Informationsüberträger bei der Steuerung der Zelle und als Baustoffe.

Aufgabe 40

A] Wo kommt die DNA vor und welche Aufgabe hat sie?

B] Woraus besteht die DNA?

Aufgabe 41

Nennen Sie die vier biologisch wichtigen Stoffklassen und die molekularen Bausteine ihrer Makromoleküle.

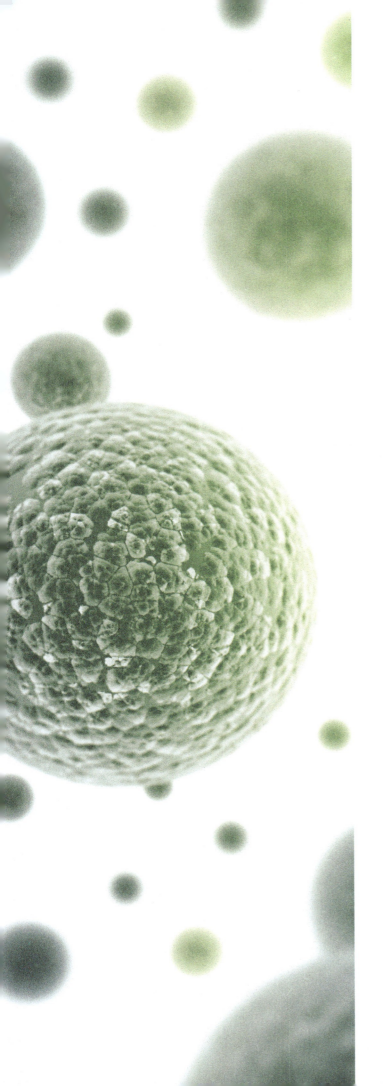

TEIL C
Zellbiologie

Einstieg

Die Zelle ist die einfachste Struktur der Lebewesen, die alle Kennzeichen des Lebens aufweist und selbstständig lebensfähig sein kann. Das zeigen uns die Einzeller, die nur aus einer einzigen Zelle bestehen. Diese setzt Stoffe um, reagiert auf Reize, wird grösser, entwickelt sich und pflanzt sich fort.

Grundlagen und Methoden der Zellbiologie

Zellen sind mit wenigen Ausnahmen so klein, dass wir sie mit blossem Auge nicht sehen. Sie wurden darum erst nach der Erfindung des Mikroskops im 17. Jahrhundert entdeckt und unser Wissen über ihren Bau hat mit der Entwicklung immer leistungsfähigerer Mikroskope ständig zugenommen. Das werden Sie feststellen, wenn Sie die Bilder vergleichen, die ein Lichtmikroskop und ein Elektronenmikroskop von einer Zelle liefern. Bei der Betrachtung von Zellen mit dem Mikroskop stellt sich allerdings auch die Frage, ob das, was da zu sehen ist, auch in der lebenden Zelle in dieser Form vorliegt. Biologische Objekte müssen nämlich für die mikroskopische Untersuchung meist präpariert werden und das kann zur Veränderung von Strukturen führen.

Bau der Zelle

Die Zellen verschiedener Lebewesen unterscheiden sich zwar in Grösse und Form, stimmen aber im grundsätzlichen Bau weitgehend überein. Das ist erstaunlich, wenn man bedenkt, wie verschieden die Lebewesen gebaut sind. Die Vielfalt der Lebensformen ist also nicht durch eine ebenso grosse Vielfalt von Zelltypen bedingt. Verschiedenartige Lebewesen unterscheiden sich weniger im Bau ihrer Zellen als in deren Zahl und Anordnung. Die Zellen einer Maus sind nicht kleiner oder grundsätzlich anders gebaut als die Zellen eines Elefanten, aber ihre Anzahl ist etwas kleiner.

Schon ein erster Blick in die Zelle macht deutlich: Einfach ist diese «einfachste Struktur» der Lebewesen keineswegs. Sie enthält eine grosse Zahl von Strukturen und Organellen, die ähnlich wie die Organe im Körper bestimmte Aufgaben erfüllen. Grundsätzlich finden wir in allen Zellen dieselben Organellen, aber keine Zelle besitzt alle Organellsorten. Mit dem Lichtmikroskop kann man die Organellen erkennen, die grösser sind als 1/10 000 mm (0.1 µm). Dazu gehören der Zellkern, die Chloroplasten und die Mitochondrien.

Die Feinstruktur dieser Teile und die noch kleineren Organellen kann man im Elektronenmikroskop, das bis zu einmillionenfach vergrössert, sichtbar machen. Sie werden staunen, was man da in der Zelle noch alles findet. Ein umfangreiches Kapitel ist der Membran gewidmet, welche die Zelle und viele Organellen abgrenzt. Sie ist so raffiniert gebaut, dass sie die Zelle von der Umgebung zwar abgrenzt, aber nicht isoliert.

Zelltypen

Wenn wir sagen «Zellen stimmen im grundsätzlichen Bau überein», bedeutet das nicht, dass alle Zellen genau gleich gebaut sind. Am grössten sind die Unterschiede zwischen den Zellen der Bakterien – man nennt sie Procyten – und den Zellen der übrigen Lebewesen, die als Eucyten bezeichnet werden. Bei den Eucyten werden wir zwischen den Zellen von Pflanzen und Tieren erhebliche Unterschiede in Bau und Leistung feststellen.

5 Grundlagen und Methoden der Zellbiologie

Lernziele Nach der Bearbeitung dieses Kapitels können Sie …

- die Begriffe Zelle und Organell definieren.
- die Entdeckung der Zelle beschreiben und zeitlich einordnen.
- die drei Aussagen der Zelltheorie formulieren.
- beschreiben, was Lichtmikroskope leisten (Vergrösserung, Auflösung).
- schildern, wie Objekte für die Untersuchung im Lichtmikroskop präpariert werden.
- darlegen, wofür Elektronenmikroskope verwendet werden (Art der Objekte, Vergrösserung, Auflösung).
- beschreiben, wie Objekte für die Untersuchung im Elektronenmikroskop präpariert werden.

Schlüsselbegriffe Elektronenmikroskop, Lichtmikroskop, Rasterelektronenmikroskop, Transmissionselektronenmikroskop, Zelltheorie

Die meisten Zellen sind so klein, dass wir sie mit blossem Auge nicht erkennen. Daher brauchen wir für ihre Untersuchung Mikroskope. Diese haben unser Wissen über den Bau der Zelle überhaupt erst ermöglicht und mit jeder technischen Weiterentwicklung werden unsere Kenntnisse über die verschiedenen Zellstrukturen ständig erweitert.

5.1 Entdeckung der Zelle und die Zelltheorie

Die Entdeckung 1665 entdeckte der englische Naturforscher Robert Hooke (1635–1702) mithilfe des kurz zuvor erfundenen Mikroskops im Kork[1] eine aus vielen Kästchen aufgebaute wabenähnliche Struktur (vgl. Abb. 5-1). Er nannte die Kästchen Zellen und prägte damit den bis heute verwendeten Fachbegriff. Aus der neulateinischen Übersetzung *cytos* wurde später der Begriff Cytologie (gesprochen: züto-logi) für die Zellbiologie abgeleitet.

[Abb. 5-1] Die Entdeckung der Zelle

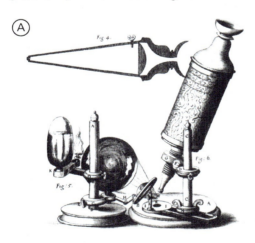 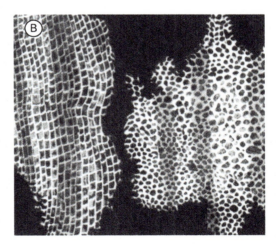

A] Hookes Mikroskop. B] Diese Darstellung von den Zellen im Kork (Vergrösserung ca. 30-fach) veröffentlichte R. Hooke 1665 in seinem Buch Micrografia. Bild links: Wikicommons

[1] Kork ist die äusserste Schicht des Stamms der Korkeiche.

Die Zelltheorie

Nach ihrer Entdeckung dauerte es noch fast 200 Jahre bis man die Bedeutung der Zelle erkannte. Erst 1838 kamen die Biologen Schleiden und Schwann aufgrund von Untersuchungen verschiedener Forscher an Pflanzen, Tieren und Menschen zum Schluss:

Alle Lebewesen bestehen aus Zellen.

Sie legten damit den Grundstein zur Zelltheorie. Über die Entstehung der Zellen gab es allerdings noch allerhand abenteuerliche Vorstellungen, bis der Arzt Virchow 1855 postulierte: «Omnis cellula e cellula», d. h., jede Zelle entsteht aus einer Zelle. Damit war die Zelltheorie vollständig:

- Alle Organismen bestehen aus mindestens einer Zelle.
- Die Zelle ist die kleinste Einheit des Lebens.
- Neue Zellen entstehen nur aus bereits existierenden Zellen.

Organellen

Heute wissen wir, dass Hooke im Kork eigentlich nur die toten Gehäuse der Zellen entdeckte, denn nur diese sind im Kork noch vorhanden. Lebende Zellen besitzen einen Inhalt mit verschiedenen Organellen, die bestimmte Aufgaben erfüllen. Weil die Organellen nur als Teil des Ganzen funktionsfähig sind, ist die Zelle die einfachste Struktur der Lebewesen, die selbstständig lebensfähig sein kann. «Sein kann» bedeutet, dass es Zellen gibt, die ihre Selbstständigkeit verloren haben. So sind die Zellen der Vielzeller oft auf eine Aufgabe spezialisiert und nicht mehr selbstständig lebensfähig (vgl. Kap. 15.3, S. 182).

Die Zelle ist die einfachste Struktur, die selbstständig lebensfähig sein kann.

Zellbau

Die Zellen verschiedener Lebewesen können sich in Grösse und Form zwar erheblich unterscheiden, weisen aber im Bau und in der Funktionsweise viele Übereinstimmungen auf. Die Organellen in den Zellen aller Lebewesen sind grundsätzlich gleich gebaut und funktionieren auch gleich, d. h., die chemischen Reaktionen in den Zellen und in den Organellen sind weitgehend identisch. Die Zellen unterscheiden sich aber in der «Möblierung». Keine Zelle enthält alle Organellsorten und die Anzahl der Organellen kann sehr unterschiedlich sein. So besitzen tierische Zellen im Unterschied zu pflanzlichen keine Chloroplasten und keine Zellwand.

Verschiedenartige Lebewesen unterscheiden sich aber wesentlich stärker als ihre Zellen. Wären wir dem Regenwurm so ähnlich wie unsere Zellen den seinen, müssten wir wohl auch unterirdisch durchs Leben kriechen. Die grosse Verschiedenheit ergibt sich aus den Unterschieden in Zahl, Anordnung und Zusammenarbeit der an sich sehr ähnlichen Zellen.

Zelltypen

Obwohl alle Zellen «im Prinzip» gleich gebaut sind, gibt es drei Zelltypen, die sich im Bau erheblich unterscheiden. Am grössten sind die Unterschiede zwischen den sehr einfach gebauten Zellen der Bakterien (vgl. Kap. 8.2, S. 115), die man Procyten[1] («Vorzellen») nennt und den Zellen der übrigen Lebewesen, die Eucyten[2] («guten Zellen») genannt werden. Bei den Eucyten unterscheiden wir zwischen den Zellen von Tieren und Pflanzen (vgl. Kap. 8.1, S. 115).

Zellgrösse

Die meisten Eucyten sind zwischen 1/100 und 1/10 mm gross. Pflanzliche Zellen sind im Durchschnitt grösser als tierische. Zu den kleinsten Zellen gehören die Bakterien, die nur einige Mikrometer (1 μm = 1/1 000 mm) lang sind. Die grösste Zelle ist das ca. 8 cm grosse Eigelb des Straussenei und den Längenrekord halten mit über 4 m Pflanzenfaserzellen.

Mikroskope

Details im Bau der Zellen sind nur mit einem Mikroskop[3] zu erkennen. Wir befassen uns darum in Kapitel 5.2, S. 70 mit der Frage, wie Mikroskope funktionieren und wie man biologische Objekte für die mikroskopische Betrachtung präpariert. Abbildung 5-2 liefert einen Überblick über die Grössenordnung biologisch wichtiger Objekte:

---

[1] Lat. *pro* «vor».
[2] Gr. *eu* «gut, schön».
[3] Gr. *mikros* «klein», gr. *skopein* «betrachten».

[Abb. 5-2] Grössenordnungen biologisch wichtiger Objekte

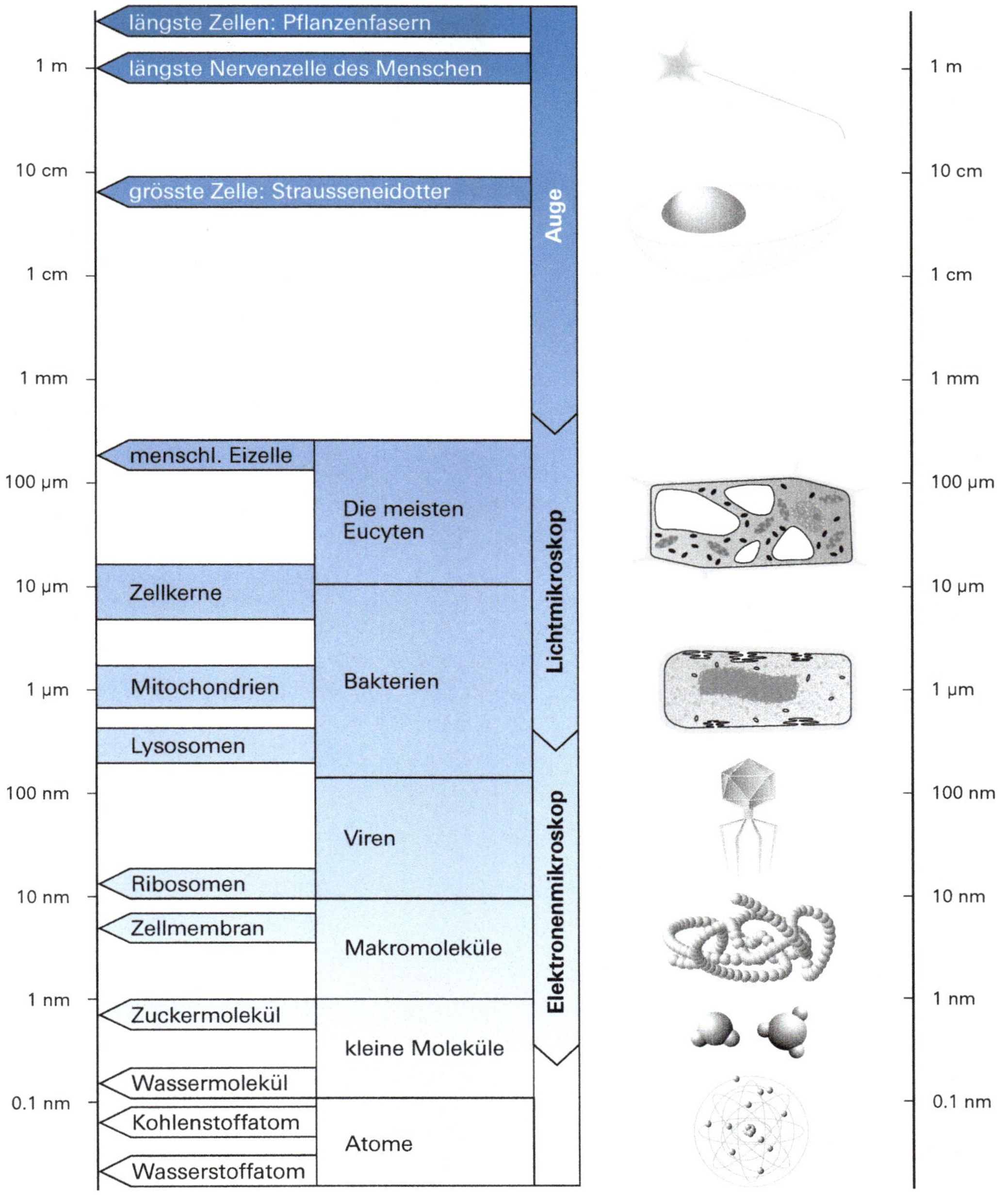

- längste Zellen: Pflanzenfasern
- 1 m — längste Nervenzelle des Menschen
- 10 cm
- grösste Zelle: Strausseneidotter
- 1 cm
- 1 mm
- menschl. Eizelle
- 100 μm — Die meisten Eucyten
- 10 μm — Zellkerne
- 1 μm — Mitochondrien / Bakterien
- Lysosomen
- 100 nm — Viren
- 10 nm — Ribosomen / Zellmembran / Makromoleküle
- 1 nm — Zuckermolekül / kleine Moleküle
- Wassermolekül
- 0.1 nm — Kohlenstoffatom / Atome
- Wasserstoffatom

Sichtbereiche: Auge, Lichtmikroskop, Elektronenmikroskop

1 μm = ein tausendstel mm (1/1 000 mm) = 10^{-3} mm

1 nm = ein millionstel mm (1/1 000 000 mm) = 10^{-6} mm

Zusammenfassung

Die Zelle wurden 1665 von R. Hooke mit einem der ersten Mikroskope im Kork entdeckt. 1838 postulierten Schleiden und Schwann die Zelltheorie, die Virchow 1855 ergänzte:

- Alle Lebewesen bestehen aus Zellen.
- Die Zelle ist die kleinste Einheit des Lebens.
- Zellen entstehen nur aus Zellen (Virchow).

Die Zelle ist die kleinste Struktur eines Lebewesens, die selbstständig lebensfähig sein kann. Zellen sind meist 1/100–1/10 mm gross und stimmen in vielen Merkmalen überein. Relativ grosse Unterschiede gibt es zwischen den sehr einfach gebauten Procyten der Bakterien und den Eucyten der übrigen Lebewesen. Die Vielfalt der Lebensformen ist nicht durch Unterschiede im Bau ihrer Zellen, sondern durch die unterschiedliche Zahl und Anordnung ähnlich gebauter Zellen bedingt.

Aufgabe 42 Was können lebende Zellen?

Aufgabe 43 Ordnen Sie die folgenden Objekte nach ihrer natürlichen Grösse und geben Sie an, wie stark man sie vergrössern müsste, um sie im Mikroskop etwa 1 mm gross zu sehen:

Zellkerne – Protein-Moleküle – Eucyten – Bakterien – Viren

5.2 Mikroskope geben Einblick

5.2.1 Lichtmikroskop (LM)

Bau und Leistung

Das Lichtmikroskop (LM) wurde um 1600 erfunden und bis heute laufend verbessert. Moderne Lichtmikroskope (vgl. Abb. 5-3) besitzen zwei Linsensysteme: das Objektiv und das Okular. Sie können durchsichtige Objekte bis etwa 2 000-fach vergrössern.

Das Objekt wird auf einem Glasplättchen (Objektträger genannt) auf den Objekttisch gelegt und von unten durchleuchtet. Die Lichtstrahlen, die das Objekt durchdringen, werden vom Objektiv so gebündelt, dass ein vergrössertes Zwischenbild entsteht, das mit dem Okular, das wie eine Lupe wirkt, noch einmal vergrössert wird. Die Objekte müssen so dünn und durchsichtig sein, dass sie einen Teil der Lichtstrahlen durchlassen. Ein undurchsichtiges Objekt wie ein Käfer erscheint unter dem Mikroskop nur als schwarzer Klecks.

[Abb. 5-3] Lichtmikroskop

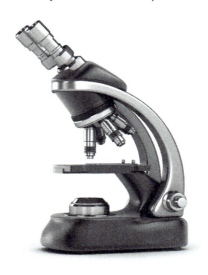
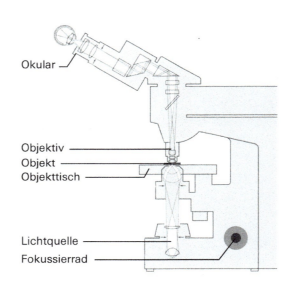

Ansicht und Schema mit Strahlengang. Bild links: © 2015, Thinkstock

Vergrösserung

Moderne Lichtmikroskope besitzen an einem drehbaren Objektivrevolver mehrere Objektive mit unterschiedlicher Vergrösserung, die wahlweise benutzt werden können. Die Gesamtvergrösserung ist das Produkt aus der Objektiv- und der Okularvergrösserung.

Auflösung

Die Leistung eines Mikroskops ist umso besser, je kleiner der minimale Abstand zwischen zwei Punkten ist, die noch getrennt abgebildet werden können. Beim Mikroskop kann dieser Abstand – man nennt ihn Auflösungsvermögen – aus physikalischen Gründen nicht kleiner sein als die halbe Wellenlänge der verwendeten Strahlen. Er beträgt darum im Lichtmikroskop etwa 300 nm (0.0003 mm). Das entspricht dem Durchmesser sehr kleiner Bakterien und erlaubt detailreiche Vergrösserungen bis etwa 2 000-fach. Stärkere Vergrösserungen nützen nichts, denn sie zeigen keine weiteren Details.

Der Blick in die Tiefe

Um ein scharfes Bild des Objekts zu sehen, wird der Abstand zwischen Objektiv und Objekt verändert, indem der Objekttisch durch Drehen des Fokussierrades gehoben oder gesenkt wird. Bei starker Vergrösserung ist der Schärfebereich nur wenige hundertstel Millimeter dünn. Darum sind nur die Strukturen gleichzeitig deutlich sichtbar, die praktisch in der gleichen Ebene liegen. So sieht man, wie Abbildung 5-4 illustriert, in einem Häutchen aus mehreren Zellen den Zellkern nicht in allen Zellen gleichzeitig. Man verschiebt den Schärfebereich durch Drehen des Fokussierrades, um nacheinander scharfe Bilder der verschiedenen Ebenen zu sehen. Meist spielt auch die Richtung, aus der man eine Struktur sieht, eine Rolle. So erscheint ein linsenförmiger Zellkern je nach seiner Lage als Kreis oder als Ellipse.

[Abb. 5-4] Schärfebereich im lichtmikroskopischen Bild

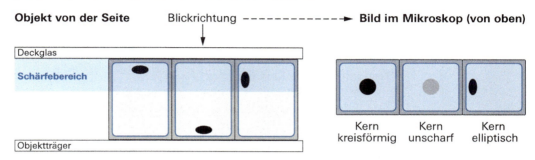

Der Zellkern ist nur deutlich zu erkennen, wenn er im Schärfebereich liegt. Er erscheint je nach seiner Lage rund oder elliptisch.

Weil Mikrofotografien immer nur eine Perspektive und nur eine Objektebene zeigen, spielen in der Biologie zeichnerische Darstellungen, in denen die Informationen mehrerer Bilder kombiniert werden, eine grosse Rolle.

Herstellung von Mikropräparaten

Frischpräparate

Dünne Objekte mit ausreichendem Kontrast können ohne Präparation, d. h. auch lebend betrachtet und beobachtet werden. Man bringt sie mit einem Tropfen Wasser auf einen Objektträger und bedeckt sie mit einem Deckglas (vgl. Abb. 5-5). So kann man z. B. die Bewegung eines Einzellers direkt beobachten. Frischpräparate erlauben die Untersuchung lebender Objekte, sind aber meist kontrastarm und nicht haltbar.

[Abb. 5-5] Herstellung eines einfachen Frischpräparats

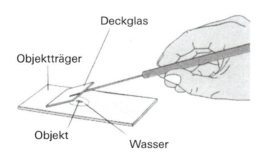

Das Objekt wird immer in einen Wassertropfen eingelegt.

Schnitte

Weil die meisten biologischen Objekte für die mikroskopische Untersuchung zu dick sind, müssen sie in dünne Scheibchen geschnitten werden. Zur Herstellung sehr dünner Schnitte (ca. 1/100 mm) wird das Objekt in warmes, flüssiges Paraffin eingelegt. Nach dem Abkühlen wird der erstarrte Paraffinblock, der das Objekt enthält, mit einer Maschine, die an die Aufschnittmaschine eines Metzgers erinnert, in hauchdünne Scheibchen geschnitten.

Färben

Um einzelne Strukturen eines Objekts besser unterscheiden zu können, werden sie durch Einlegen des Objekts in Farbstofflösungen gefärbt. Dabei verwendet man Farbstoffe oder

Farbstoffkombinationen, die mit bestimmten Stoffen in den verschiedenen Strukturen des Objekts so reagieren, dass diese unterschiedlich gefärbt werden.

Dauerpräparate

Zur Herstellung haltbarer Dauerpräparate werden die Objekte auf dem Objektträger in ein Harz, das mit der Zeit hart wird, eingelegt.

5.2.2 Elektronenmikroskope (EM)

Prinzip

Das Elektronenmikroskop (EM), das 1931 erfunden wurde, arbeitet statt mit Licht mit Elektronenstrahlen, die durch magnetische Felder gelenkt und gesammelt werden. Weil Luft die Elektronenstrahlen bremst, muss die Luft nach dem Einbringen des Präparats aus dem EM abgesaugt werden. Um die für unser Auge unsichtbaren Elektronenstrahlen «sichtbar» zu machen, lässt man sie auf einen Leuchtschirm fallen, der beim Auftreffen von Elektronen an der getroffenen Stelle aufleuchtet.

Transmissionselektronenmikroskop (TEM)

Prinzip

Im Transmissions-EM[1] wird das Präparat wie im LM durchleuchtet (vgl. Abb. 5-6). Die Elektronenstrahlen, die das Objekt durchquert haben, werden gesammelt und auf einen Leuchtschirm geschickt, wo sie ein Schwarzweissbild erzeugen, das angefärbt werden kann. Je durchlässiger ein Bereich des Objekts für Elektronen ist, umso heller erscheint er auf dem Lichtschirm.

[Abb. 5-6]   Transmissionselektronenmikroskop

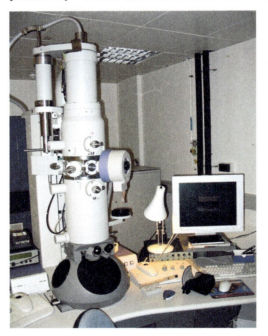 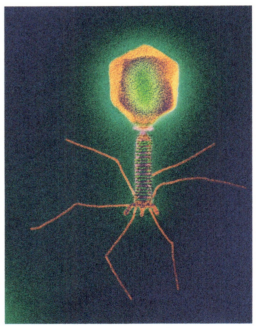

Links: Transmissionselektronenmikroskop. Rechts: angefärbtes Bild eines Virus im TEM (× 200 000).
Bild links: © 2015, Thinkstock, Bild rechts: KEYSTONE / Science Photo Library / DEPT. OF MICROBIOLOGY, BIOZENTRUM

Leistung

Weil die Elektronenstrahlen etwa 1 000-mal kürzere Wellenlängen haben als das sichtbare Licht, ist die Auflösung des EM etwa 1 000-mal höher als die des LM. Ein EM kann Punkte mit einem Abstand von nur 0.3 nm (= 0.0000003 mm) noch getrennt abbilden und bis einmillionenfach vergrössern. Ein Stecknadelkopf hätte bei dieser Vergrösserung einen Durchmesser von 3 km.

[1] Lat. *transmittere* «hinüberschicken».

Präparation

Die Präparate für das TEM müssen extrem dünn sein (1 000-mal dünner als dieses Papierblatt) und sie dürfen auch kein Wasser enthalten, weil dieses beim Absaugen der Luft aus dem EM verdampfen würde. Lebende und wasserhaltige Objekt können also im EM nicht beobachtet werden. Weil biologische Objekte die Elektronenstrahlen zu gleichmässig durchlassen, muss ihr Kontrast bei der Präparation z. B. durch Bedampfen mit Schwermetallen erhöht werden. Das hat den Nachteil, dass manchmal nur schwer festzustellen ist, ob die im EM sichtbaren Strukturen natürlich sind oder ob sie durch die Präparation gebildet oder verändert wurden.

Rasterelektronenmikroskop (REM)

Oberflächenbilder

Im Rasterelektronenmikroskop (REM) wird die Oberfläche des Objekts mit einem Elektronenstrahl zeilenweise abgetastet. Der Elektronenstrahl wird von der Oberfläche reflektiert und schlägt Elektronen aus der Oberfläche heraus. Die reflektierten und die herausgeschlagenen Elektronen werden gemessen und umgerechnet in Helligkeitswerte, die dann auf einem Bildschirm als Schwarzweissbild dargestellt werden. So entstehen die für das REM typischen plastischen Ansichten von Oberflächen (vgl. Abb. 5-7). Die Vergrösserungen liegen im Bereich bis 20 000-fach.

[Abb. 5-7]   Pollen der Pflanze *Ambrosia* sp.

Das Rasterelektronenmikroskop (REM) liefert plastische Bilder von Oberflächen. Bild: © 2015, Thinkstock

Zusammenfassung

Im Lichtmikroskop können dünne Objekte oder Schnitte bis zu 2 000-fach vergrössert werden. Die Beobachtung lebender Objekte ist möglich, wenn diese lichtdurchlässig und kontrastreich sind. Die meisten biologischen Objekte müssen geschnitten und gefärbt werden.

Entscheidend für die Leistung eines Mikroskops ist neben der Vergrösserung das Auflösungsvermögen. Es ist durch die Wellenlänge des Lichts beschränkt. Leistungsfähige Lichtmikroskope bilden zwei Punkte mit einem Abstand von 300 nm noch getrennt ab.

Elektronenmikroskope arbeiten mit Elektronenstrahlen, die mit Elektromagneten gelenkt und gesammelt und dann auf einem Leuchtschirm sichtbar gemacht werden. Weil die Wellenlänge der Elektronenstrahlen viel kürzer ist als die des Lichts, kann man mit dem EM viel höhere Auflösungen erreichen als mit dem LM.

Im Transmissionselektronenmikroskop (TEM) werden sehr dünne und entsprechend präparierte Objekte im luftleeren Raum mit Elektronenstrahlen durchleuchtet und auf einem Leuchtschirm abgebildet. Das TEM kann Punkte mit einem Abstand von 0.3 nm noch getrennt abbilden und bis einmillionenfach vergrössern. Biologische Objekte müssen vor der Betrachtung entwässert und zur Erhöhung des Kontrasts z. B. mit Metallen bedampft werden. Die Beobachtung lebender Objekte ist im EM darum nicht möglich.

Im Rasterelektronenmikroskop (REM) wird die Objektoberfläche mit einem Elektronenstrahl abgetastet. Das REM erzeugt plastische bis ca. 20 000-fach vergrösserte Bilder von Oberflächen.

Aufgabe 44 Welche Vor- und Nachteile hat das Transmissions-EM gegenüber dem LM? Machen Sie möglichst präzise Aussagen über die Leistungen der beiden Geräte.

Aufgabe 45 Licht hat je nach Farbe unterschiedliche Wellenlängen. Die Wellenlängen des für uns sichtbaren Lichts liegen zwischen etwa 400 nm (blau) und 800 nm (rot). Warum verwendet man bei Lichtmikroskopen mit hoher Leistung meist blaues Licht?

6 Ein erster Blick in die Zelle

Lernziele

Nach der Bearbeitung dieses Kapitels können Sie ...

- die Zellbestandteile im lichtmikroskopischen Bild einer Pflanzenzelle oder in einem entsprechenden Schema benennen und ihre Aufgaben angeben.
- die drei Arten von Plastiden und ihre Aufgaben aufzählen.
- die Entwicklung und die Bedeutung der Vakuole in der Pflanzenzelle erörtern.
- die Begriffe Zellorganell, Protoplast und Cytoplasma definieren.
- die Unterschiede im Bau und im Stoffwechsel zwischen pflanzlichen und tierischen Zellen aufzählen und die Zusammenhänge aufzeigen.
- die Zusammenhänge zwischen dem Zellbau und der Lebensweise von Pflanzen und von Tieren erörtern.

Schlüsselbegriffe

Cytoplasma, Mitochondrien, Organellen, Pflanzenzelle, Plastiden, Protoplast, Tierzelle, Vakuole, Zellmembran, Zellwand

---

Dieses Kapitel gibt Ihnen einen Überblick über die im Lichtmikroskop sichtbaren Strukturen der pflanzlichen und der tierischen Zelle.

6.1 Die Pflanzenzelle im Lichtmikroskop

Pflanzenzellen bestehen aus einem Protoplasten, der von einer Zellwand umschlossen ist.

[Abb. 6-1] Schema des lichtmikroskopischen Bildes einer Pflanzenzelle

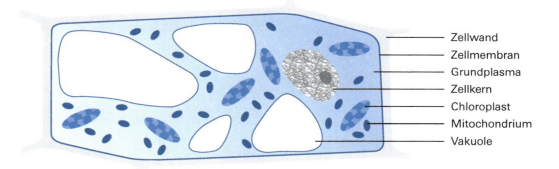

Schematische Darstellung einer etwa 1 000-fach vergrösserten Pflanzenzelle.

Zellwand

Die Zellwand ist das feste Gehäuse, das die Zelle formt, schützt und stützt. Sie besteht hauptsächlich aus Cellulose (vgl. Kap. 4.5.4, S. 57) und besitzt Aussparungen, die man Tüpfel nennt, für den Austausch von Stoffen und Informationen mit den Nachbarzellen.

Protoplast

Zum Protoplasten gehören das Plasma und die eingelagerten Organellen. Im Lichtmikroskop sind neben dem Zellkern die Plastiden, die Mitochondrien und die Vakuolen sichtbar.

Zellmembran

Der Protoplast ist nach aussen gegen die Zellwand durch die im LM nicht sichtbare Zellmembran abgegrenzt. Die Zellmembran ist eine sehr dünne, aus Lipiden und Proteinen aufgebaute Schicht mit raffinierter Struktur und erstaunlichen Eigenschaften. Sie grenzt das Cytoplasma ab, erlaubt aber auch den Austausch von Stoffen und Informationen. Die Zellmembran regelt den Stoffaustausch und ermöglicht die Kommunikation zwischen den Zellen und ihrer Umgebung. Sie kann sich – im Gegensatz zur Zellwand – rasch und aktiv verändern (vgl. Kap. 7.3, S. 89).

Cytoplasma — Das Cytoplasma ist der gesamte Bereich, der den Zellkern umgibt. Es ist durch die Zellmembran begrenzt und umfasst das Grundplasma und die darin eingebetteten Organellen.

Grundplasma — Das Grundplasma besteht zur Hauptsache aus Wasser (ca. 70%) und Proteinen (15–20%). Es ist wegen des hohen Proteingehalts dickflüssig bis gelartig. Das Grundplasma einer Zelle enthält etwa 10 000 verschiedene Proteine. Viele davon wirken als Enzyme für die Zigtausend chemischen Reaktionen, die sich in der Zelle abspielen.

[Tab. 6-1] Die Teile der Pflanzenzelle

Pflanzliche Zelle				
Protoplast				Zellwand
Cytoplasma			Zellkern	
Grundplasma: Wasser, Proteine etc.	Zellorganellen: Plastiden, Mitochondrien, Vakuole	Zellmembran: Lipide, Proteine		

Zellkern — Der meist kugel- oder linsenförmige Zellkern ist mit 5–25 μm Durchmesser das grösste Zellorganell. Er ist die Datenbank und die Steuerzentrale der Zelle. Er bewahrt die Information für den Bau und den Betrieb der Zelle und er steuert mit dieser Information die Entwicklung und die Aktivitäten der Zelle. Weil die Information im Kern bei der Fortpflanzung an die Nachkommen vererbt wird, nennt man sie Erbinformation.

Plastiden — Die zweitgrössten Organellen sind die meist ovalen 2–8 μm langen Plastiden, von denen drei Typen existieren: die Chloroplasten, die Chromoplasten und die Leukoplasten.

Chloroplasten — Die Chloroplasten[1] finden wir in den Zellen grüner Pflanzenteile. Ihr Name bedeutet «Grünbildner». Sie bilden und enthalten den grünen Farbstoff, der den Blättern der meisten Pflanzen die charakteristische grüne Farbe verleiht und darum Chlorophyll[2], d. h. Blattgrün genannt wird. Die Chloroplasten sind zuständig für die Fotosynthese. Sie fangen mit dem Chlorophyll Lichtenergie auf und nutzen diese zur Herstellung von Glucose aus den energieärmeren anorganischen Edukten. Die Chloroplasten wandeln Wasser und Kohlenstoffdioxid in Glucose und Sauerstoff um.

Die Glucose dient den Pflanzen als Ausgangsstoff zur Herstellung ihrer Baustoffe. Ihre Oxidation liefert ihnen auch die nötige Energie. Für diese Oxidation wird auch der Sauerstoff, der als zweites Produkt der Fotosynthese entsteht, gebraucht.

Heterotrophe Zellen, die keine Chloroplasten besitzen und darum nicht zur Fotosynthese fähig sind, leben von den organischen Stoffen und vom Sauerstoff der Autotrophen.

Chromoplasten — Die Chromoplasten[3] enthalten gelbe bis rote Farbstoffe und tragen dadurch zur Farbe von Pflanzenteilen, insbesondere von Blüten und Früchten bei. Der Name bedeutet Farbbildner.

Leukoplasten — Die farblosen Leukoplasten[4] bauen aus Glucose Stärke auf und speichern diese. Man findet sie hauptsächlich in Speicherorganen wie Knollen (z. B. bei der Kartoffel) oder Wurzeln (z. B. bei Karotten) und in Samen (z. B. Getreidekörner).

Mitochondrien — Die Mitochondrien sind meist ovale ca. 1 μm lange Organellen. Sie bauen energiereiche Stoffe wie Glucose mithilfe von Sauerstoff zu energieärmeren Stoffen ab und setzen durch diese Oxidation Energie frei. Man bezeichnet sie darum oft als «Kraftwerke» der Zelle. Zellen mit hohem Energiebedarf können über 1 000 Mitochondrien enthalten.

[1] Gr. *chloros* «grün», gr. *plastos* «gebildet, geformt».
[2] Gr. *chloros* «grün», gr. *phyllon* «Blatt».
[3] Gr. *chroma* «Farbe».
[4] Gr. *leukos* «weiss».

Vakuolen	Die Vakuolen enthalten Zellsaft und sind durch eine Membran vom Plasma abgegrenzt. Diese Membran, die im Prinzip gleich gebaut ist wie die Zellmembran, ist im LM nicht sichtbar. Vakuolen dienen als Lager für Reservestoffe, Farbstoffe und Abfälle aus dem Zellstoffwechsel. Die Stoffe liegen gelöst oder in Form von Kristallen oder Tröpfchen vor.
Wachstum	Beim Wachstum der Pflanzenzelle werden die Vakuolen grösser und verschmelzen schliesslich zu einer grossen Vakuole, die bei der ausgewachsenen Zelle über 90% des Zellvolumens ausmachen kann. Das Plasma bildet meist nur noch eine dünne Schicht zwischen Vakuole und Zellwand.
«Billiger bauen»	Diese Vergrösserung des Zellsaftraums senkt die «Baukosten». Die meisten Pflanzen müssen stark und schnell wachsen, um eine grosse Oberfläche für die Aufnahme von Licht und für den Stoffaustausch zu bilden und um ihre Blätter möglichst weit nach oben ans Licht zu bringen. Die einfachste Möglichkeit grösser zu werden, besteht in der Vergrösserung der Zellen. Da der Zellsaft viel weniger «kostspielige» Proteine enthält als das Plasma, ist seine Produktion weniger aufwendig als die Herstellung von Plasma. Ein weiterer Nutzen der Vakuole liegt darin, dass die Pflanze hier Abfallstoffe lagern kann. Pflanzen scheiden viel weniger Abfallstoffe aus als Tiere.

[Abb. 6-2] Entwicklung der Vakuole

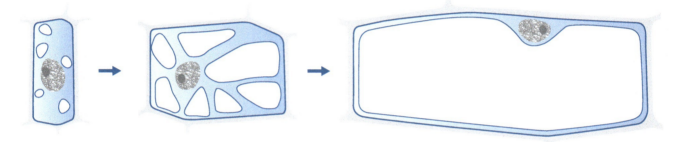

Aus den kleinen Vakuolen einer jungen Pflanzenzelle entsteht beim Wachstum die grosse Vakuole (Zellsaftraum) der ausgewachsenen Zelle.

Zusammenfassung Mit dem Lichtmikroskop sind in Pflanzenzellen folgende Strukturen sichtbar:

- Die Zellwand, die den Protoplasten als schützendes und stützendes Gehäuse umschliesst.
- Der Protoplast, der den Zellkern und das Cytoplasma umfasst und durch die Zellmembran abgegrenzt wird.
- Der Zellkern mit dem Erbgut, der die Entwicklung und die Aktivitäten der Zelle steuert.
- Das Cytoplasma aus dem gelartigen proteinreichen Grundplasma und den darin eingebetteten Organellen.
- Drei Arten von Plastiden: Chloroplasten für die Fotosynthese, Chromoplasten als Farbstoffträger und Leukoplasten für die Speicherung von Stärke.
- Die Mitochondrien, die als Kraftwerk der Zelle energiereiche Verbindungen zur Freisetzung der gespeicherten Energie mithilfe von Sauerstoff abbauen (oxidieren).
- Die Vakuolen, die durch eine Membran abgegrenzt und mit Zellsaft gefüllt sind. Die Vakuolen verschmelzen beim Wachstum der Pflanzenzelle meist zu einem einzigen grossen Zellsaftraum. Der Zellsaft enthält Reserve-, Farb- und Abfallstoffe.

Aufgabe 46	Nennen Sie die drei Arten von Plastiden und je ein Stichwort zu ihrer Aufgabe.
Aufgabe 47	Wozu dienen die Mitochondrien?

6.2 Die Tierzelle im Vergleich zur Pflanzenzelle

Vergleichen Sie

Tierische Zellen unterscheiden sich im Bau in einigen Punkten von pflanzlichen. Das Schema in Abbildung 6-3 zeigt die im LM sichtbaren Strukturen einer Tierzelle. Suchen und notieren Sie bitte die Unterschiede zur Pflanzenzelle.

[Abb. 6-3] Schema des lichtmikroskopischen Bildes einer tierischen Zelle

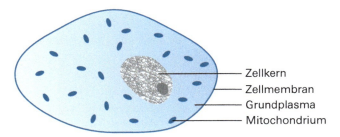

— Zellkern
— Zellmembran
— Grundplasma
— Mitochondrium

Die Tierzelle besitzt keine Plastiden, keine Zellwand und keine Vakuole.

Chloroplasten

Weil Chloroplasten fehlen, sind Tierzellen nicht zur Fotosynthese fähig. Tiere können die Glucose, die sie als Bau- und Betriebsstoff ebenso benötigen wie Pflanzen, nicht aus anorganischen Stoffen herstellen: Sie sind heterotroph. Sie müssen organische Stoffe mit der Nahrung aufnehmen und haben darum eine ganz andere Lebensweise als Pflanzen.

Leukoplasten

Weil den tierischen Zellen auch die Leukoplasten fehlen, können sie keine Stärke aufbauen. Sie bilden aus Glucose das Glykogen und speichern dieses in Form von Körnern im Plasma. Die Makromoleküle des Glykogens sind wie die der pflanzlichen Stärke aus Glucose aufgebaut (vgl. Kap. 4.5.4, S. 57). Sie sind aber stärker verzweigt als die Moleküle der Stärke.

Chromoplasten

Auch Chromoplasten fehlen in tierischen Zellen.

Zellwand + Vakuole

Die Zellwand und die grosse Vakuole, die wir bei Pflanzenzellen antreffen, fehlen bei tierischen Zellen ebenfalls. Das hängt auch mit der heterotrophen Lebensweise zusammen. Die autotrophen Pflanzen müssen rasch wachsen, weil sie für die Aufnahme von Licht, das sie für die Fotosynthese benötigen, eine möglichst grosse Oberfläche brauchen. Auch für die Wasser- und Nährsalzaufnahme aus dem Boden ist eine grosse Oberfläche nötig.

Stabilität

Weil Pflanzen ihren Standort nicht wechseln können, wenn die Bedingungen schlecht sind, versuchen sie durch Wachstum bessere Bedingungen, z. B. mehr Licht oder Wasser, zu finden. Die Bildung grosser Vakuolen ermöglicht ein rasches und materialsparendes Wachstum. Die Zellwände geben der Pflanze Stabilität. Sie können verdickt werden und erlauben es den Pflanzen, stark in die Höhe zu wachsen, ohne unter der eigenen Last umzuknicken.

Nahrungssuche

Tiere brauchen als heterotrophe Lebewesen keine Lichtenergie und müssen darum nicht so schnell wachsen. Sie sind aber auf organische Stoffe angewiesen. Weil es diese nicht überall und jederzeit in der nötigen Menge gibt, müssen sie ihre Nahrung suchen. Für die Bewegung wären starre Zellwände aber ungünstig. Die Unterschiede im Bau und in den Leistungen von pflanzlichen und tierischen Zellen stehen also mit der unterschiedlichen Lebensweise in Zusammenhang. Abbildung 6-4 fasst dies zusammen.

[Abb. 6-4] Lebensweise und Zellbau von Pflanzen und Tieren im Vergleich

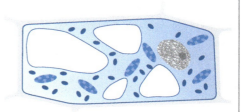

Pflanzen

- sind in der Regel autotroph.
- finden ihre Nahrung an einem Ort, können sich nicht fortbewegen.
- brauchen eine grosse Oberfläche für die Aufnahme von Stoffen und Licht, wachsen rasch und oft hoch.

Pflanzenzellen

→ besitzen Plastiden.

→ sind durch die starre Zellwand geschützt und gestützt.

→ wachsen rasch unter Vergrösserung der Vakuolen und stabilisieren sich durch feste Zellwände.

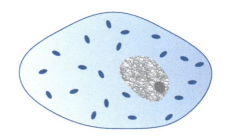

Tiere

- sind heterotroph.
- müssen sich bewegen, um ihre organische Nahrung zu finden.
- müssen nicht so rasch wachsen.

Tierzellen

→ besitzen keine Plastiden.

→ besitzen keine starre Zellwand.

→ bilden keine grossen Vakuolen.

Zusammenfassung

Tierische Zellen unterscheiden sich von pflanzlichen durch das Fehlen der Plastiden, der Zellwand und der grossen Vakuole. Sie sind darum heterotroph und wachsen in der Regel nicht so schnell und so stark wie viele pflanzliche Zellen.

Tiere wachsen nicht so hoch wie Pflanzen und haben keine so grosse äussere Oberfläche. Weil sie heterotroph sind, müssen sie aber beweglich sein, um Nahrung zu suchen.

Aufgabe 48

Kreuzen Sie in der folgenden Tabelle an, was in den Zellen von Pflanzen (Pf) bzw. Tieren (T) vorkommen kann.

	Pf	T		Pf	T		Pf	T
Chloroplasten			Zellwand			Grosse Vakuole		
Zellmembran			Chlorophyll			Proteine		
Mitochondrien			Glykogen			Cytoplasma		

Aufgabe 49

Fassen Sie in einem Satz zusammen, was den Stoffwechsel einer typischen Pflanzenzelle vom Stoffwechsel einer tierischen Zelle unterscheidet.

7 Das elektronenmikroskopische Bild der Zelle

Lernziele   Nach der Bearbeitung dieses Kapitels können Sie ...

- die Zellbestandteile im elektronenmikroskopischen Bild einer Zelle oder in einem entsprechenden Schema benennen.
- die Organellen der Eucyte nach ihrem Bau in drei Gruppen einteilen.
- das Flüssig-Mosaik-Modell der Biomembran erläutern und mit den Eigenschaften und Leistungen der Biomembran in Verbindung bringen.
- Bau und Aufgaben des endoplasmatischen Reticulums, von Dictyosomen und Lysosomen darlegen.
- den Bau und die Aufgaben des Zellkerns und der Ribosomen erläutern.
- Bau, Entstehung und Aufgabe der Mitochondrien und Chloroplasten beschreiben.
- die Bedeutung der Fotosynthese und die Verwendung der Glucose in der Zelle umreissen.
- die Unterschiede zwischen tierischen und pflanzlichen Zellen nennen und Zusammenhänge mit der Lebensweise von Pflanzen und Tieren aufzeigen.
- Bau und Aufgaben des Cytoskeletts und von Geisseln darlegen.
- das Grundprinzip von Bewegungen in der Zelle und von Muskelzellen mit einfachen Worten schildern.

Schlüsselbegriffe   Biomembran, Cytoskelett, Dictyosom, endoplasmatisches Reticulum, Flüssig-Mosaik-Modell, Lysosom, Membransystem, Mitochondrien, Plastiden, Ribosomen, Zellkern, Zellmembran, Zellwand

Nach der Betrachtung im Lichtmikroskop sehen wir uns nun die Zelle bei wesentlich stärkerer Vergrösserung im Elektronenmikroskop an. Dabei werden wir neben den bereits bekannten Organellen auch Strukturen antreffen, die im Lichtmikroskop nicht zu sehen sind. Wir beginnen mit einer Übersicht und betrachten dann die einzelnen Organellen und ihre Funktionen genauer.

7.1 Übersicht

Halle oder Labyrinth?   Im Lichtmikroskop scheint ein grosser Teil des Cytoplasmas unstrukturiert. Die Zelle sieht aus wie ein flüssigkeitsgefüllter Raum, der mit einigen Organellen möbliert ist. Der Gang von einer Ecke in die andere scheint problemlos möglich. Das EM zeigt ein ganz anderes Bild (vgl. Abb. 7-1).

[Abb. 7-1]   Elektronenmikroskopisches Bild einer Zelle

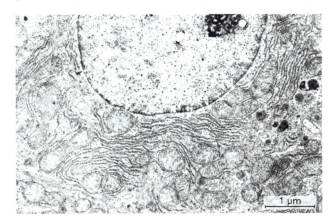

Tierzelle im EM bei 12 000-facher Vergrösserung. Bild: © Dr. B. Nussinger

Die Zelle enthält viele winzige Bläschen und Kügelchen und ist von zahlreichen dunklen Linien durchzogen. Jede Linie ist eine Membran und stellt eine Abgrenzung dar. Ein Gang durch die Zelle scheint hier kaum möglich. Die Zelle ist durch die Membranen unterteilt.

Kompartimente

Das EM-Bild zeigt, dass die meisten Organellen gegenüber dem Grundplasma durch Membranen abgegrenzt sind. Membranen teilen die Zelle in viele Kompartimente auf. Die Kompartimentierung sorgt dafür, dass sich die vielen Arbeiter, die in der Zelle ganz unterschiedliche Tätigkeiten ausüben, nicht in die Quere kommen. Sie ermöglicht eine Arbeitsteilung. In jedem Kompartiment arbeitet eine kleine Gruppe an einem gemeinsamen Projekt.

Enzyme

Die Arbeiter der Zelle sind die Enzyme, von denen jedes eine chemische Reaktion katalysiert. In einem Kompartiment arbeiten in der Regel mehrere Enzyme nacheinander an einem Stoff, der durch mehrere Reaktionen schrittweise umgewandelt wird. Die Enzyme wirken in einer Reaktionskette wie Arbeiter an einem Fliessband. Die Kompartimente werden darum auch als Reaktionsräume bezeichnet.

Interner Transport

Für den Stofftransport zwischen den Kompartimenten sorgen zellinterne Transportsysteme.

Oberflächenvergrösserung

Da viele Enzyme an inneren Membranen sitzen, ist die Grösse der Membranfläche entscheidend für die maximale Enzymmenge und damit für die Leistung des Stoffwechsels. Die innere Oberfläche der Zellen, der Plastiden und der Mitochondrien ist darum durch Membranen, die den Innenraum durchziehen, vergrössert. Die Oberfläche aller inneren Membranen einer Zelle ist, wie die Aufstellung in Tabelle 7-2, S. 83 zeigt, etwa 100-mal grösser als die äussere Zelloberfläche.

Kompartimenttypen

Nach ihrem Inhalt werden zwei Typen von Kompartimenten unterschieden:

- Plasmatische Kompartimente enthalten Plasma. Das Plasma hat einen hohen Proteingehalt und ist dickflüssig bis gelartig.
- Nichtplasmatische Kompartimente beinhalten normale wässrige Lösungen, die wenig oder keine Proteine enthalten.

Übersicht

Verschaffen Sie sich jetzt anhand der Tabelle 7-1 und der Darstellungen 7-2 und 7-3 einen Überblick über die Organellen und die Feinstruktur der pflanzlichen und der tierischen Zelle.

[Tab. 7-1] Überblick über die Organellen und die Feinstruktur der Zelle

Struktur	Funktion
Zellwand	Nur bei Pflanzenzelle. Schutz und Stütze
Zellmembran	Regelt den Stoffaustausch, ermöglicht Kommunikation
Organellen mit einfacher Membran	
Raues endoplasmatisches Reticulum (ER)	Kompartimentierung, Proteinsynthesen
Glattes ER	Kompartimentierung, Lipidsynthese, Stoffumwandlungen
Dictyosom	Teil des Golgi-Apparats. Versandplatz, Synthesen
Vesikel	Transportieren und lagern Stoffe
Vakuole	Lagerplatz für Reserve-, Farb- und Abfallstoffe
Organellen mit einer Hülle aus zwei Membranen	
Zellkern (Hülle, Kernkörperchen, Chromatin)	Träger des Erbguts, Steuerung der Zelle
Mitochondrien	Zellatmung, Energieumwandlung, Herstellung von ATP
Chloroplasten	Nur bei Pflanzenzelle. Fotosynthese
Organellen ohne Membran	
Ribosomen	Proteinsynthese
Mikrotubuli, Mikrofilamente	Elemente des Cytoskeletts. Stütze, Bewegung

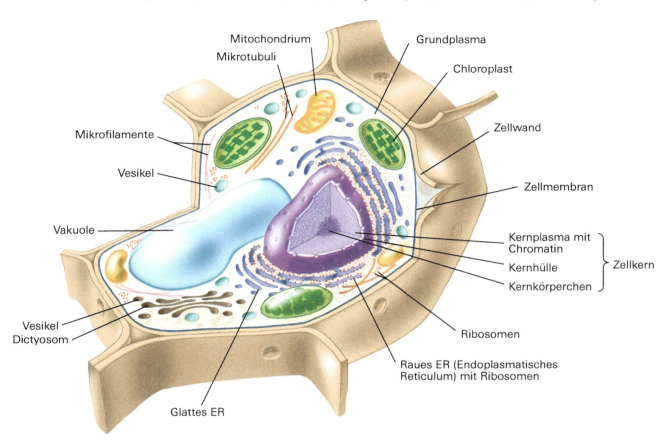

[Abb. 7-2] Schematische Darstellung einer pflanzlichen Zelle (4 000-fach vergrössert)

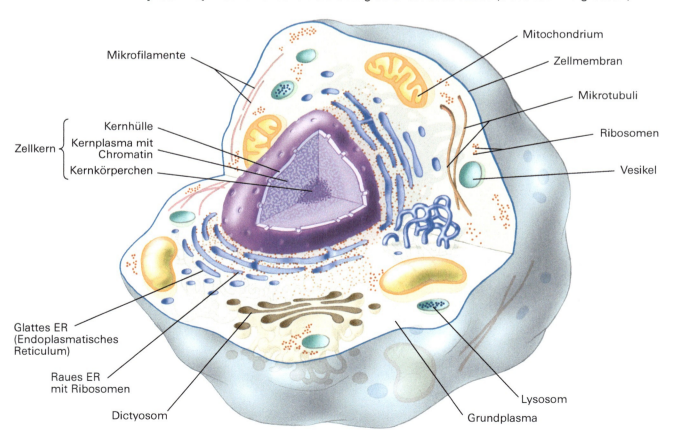

[Abb. 7-3] Schematische Darstellung einer tierischen Zelle (5 000-fach vergrössert)

Bilder: Oliver Lüde © 2003, Compendio Bildungsmedien AG, Zürich

Trennregel

Eine Membran grenzt immer ein plasmatisches von einem nichtplasmatischen Kompartiment ab. Daraus folgt:

- Organellen wie die Vakuolen, die nichtplasmatische wässrige Lösungen enthalten, sind durch eine Membran vom Plasma der Zelle abgegrenzt.
- Organellen, die Plasma enthalten wie der Zellkern, sind von einer Hülle aus zwei Membranen umgeben. Der Spalt zwischen den beiden Membranen enthält eine nichtplasmatische wässrige Lösung.

Organelltypen

Die Zellorganellen werden nach ihrer Abgrenzung und ihrem Inhalt in drei Gruppen eingeteilt.

[Abb. 7-4] Einteilung der Organellen

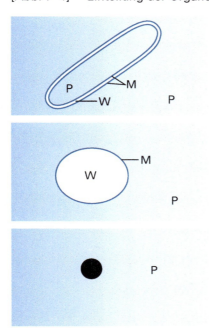

Organellen mit Hülle aus zwei Membranen:
- Enthalten Plasma und DNA
- Entstehen durch Teilung aus ihresgleichen
- Sind neben der Vakuole die grössten Organellen und auch im LM sichtbar
- Zellkern, Plastiden und Mitochondrien

Organellen mit einfacher Membran:
- Enthalten nicht-plasmatische wässrige Lösungen.
- Entstehen, indem sich Membranstücke von bestehenden Organellen abschnüren
- ER, Dictyosom, Vesikel und Vakuolen

Organellen ohne Membran:
- Entstehen durch Selbstaufbau ohne Mutterorganell durch das Zusammenlagern bestimmter Proteine bzw. Nucleinsäuren
- Ribosomen, Elemente des Cytoskeletts

P: Plasma   W: wässrige Lösung   M: Membran

Aus Tabelle 7-2 ersehen Sie das Volumen und die Oberfläche der mengenmässig wichtigsten Komponenten einer Leberzelle als Beispiel einer Tierzelle. Beachten Sie die grosse Differenz zwischen der Oberfläche der Zelle und der Oberfläche der inneren Membranen.

[Tab. 7-2] Daten zur Kompartimentierung einer tierischen Zelle (Leberzelle)

Organell	Volumen (μm^3)	(%)	Anzahl	Oberfläche	(μm^2)	(%)
Zellkern	300	6	1		200	0.1
Grundplasma	2 650	53				
Mitochondrien	1 070	21	200	Hüllmembran Innere Membran	7 000 50 000	5 34
ER + Dictyosomen	950	19			80 000	55
Ribosomen am ER	65	1	>1 Mill.		8 000	6
Ganze Zelle	5 035	100		Innere Membran Zellmembran	145 200 1 740	100

Zusammenfassung

Membranen grenzen die meisten Organellen der Eucyte ab und teilen die Zelle in Kompartimente (Reaktionsräume) mit unterschiedlichen Funktionen auf. Membranen vergrössern auch die Oberfläche für den Stoffaustausch und für die Unterbringung von Enzymen.

Eine Membran grenzt ein Kompartiment mit Plasma von einem nichtplasmatischen Kompartiment ab. Darum gibt es drei Typen von Organellen:

- Organellen mit einer Hülle aus zwei Membranen, enthalten Plasma, DNA und Ribosomen und entstehen durch Teilung: Zellkern, Plastiden und Mitochondrien.
- Organellen mit einfacher Membran und nichtplasmatischem Inhalt, entstehen durch Abschnürung von Membranstücken: ER, Golgi-Apparat, Vesikel und Vakuolen.
- Organellen ohne abgrenzende Membran, entstehen durch Selbstaufbau: Ribosomen und Elemente des Cytoskeletts.

Aufgabe 50 Welche Funktionen haben die Membranen in der Zelle?

Aufgabe 51 Ergänzen Sie die folgende Tabelle:

Organell	Abgrenzung	Inhalt (plasmatisch, wässrig oder fest)	Bildung durch …
Zellkern			
Plastiden			
		Plasmatisch	
Vakuole			
Ribosomen			
Dictyosomen	Eine Membran		

7.2 Biomembran

Vorkommen

Membranen umschliessen die Zelle und viele Organellen und durchziehen das ganze Plasma. Ihr Anteil an der Masse der Zelle (ohne Wasser) kann bis zu 90% ausmachen.

Definition

Im Lexikon wird Membran[1] definiert als «gespanntes Häutchen». Diese Definition, die z. B. für die Membran einer Trommel oder für die Membranen in unserem Ohr zutrifft, ist ungeeignet für die Membranen der Zelle, die man auch Biomembranen nennt. Ein Häutchen ist in der Biologie ein Gewebe aus vielen Zellen, wogegen die Biomembran Teil einer Zelle ist. Auch das dünnste Häutchen ist 1 000-mal dicker als die Biomembran.

7.2.1 Bau

Im EM dreischichtig

Die Membranen der Zelle stimmen in ihrem Bau weitgehend überein. Man spricht darum auch von der Einheitsmembran. Jede Membran ist etwa 7 nm (7 Millionstel mm) dünn, d. h., ein Stapel von 10 000 Membranen wäre ungefähr so dick wie eine Seite eines Buchs. Das EM-Bild zeigt einen dreischichtigen Aufbau: Eine hellere Schicht liegt zwischen zwei dunklen wie der Schinken im Sandwich (vgl. Abb. 7-5).

---

[1] Lat. *membrana* «Häutchen».

[Abb. 7-5] Biomembran im EM bei 200 000-facher Vergrösserung

Die Membran erscheint dreischichtig: Eine helle Schicht (3 nm) liegt zwischen zwei dunklen (2 nm).

Der Weg zum Membranmodell

Modellbildung

Über den genauen Bau der Biomembran geben uns die EM-Bilder auch bei maximaler Vergrösserung keine Auskunft. Man hat darum aufgrund der experimentell ermittelten Eigenschaften der Membran ein Modell für ihren Bau entwickelt. Dieses Modell wurde laufend den neuen Erkenntnissen angepasst, präzisiert und modifiziert. Wir betrachten einige Schritte aus der Entwicklung des heute geltenden Membranmodells, weil hier die Methodik des naturwissenschaftlichen Vorgehens (vgl. Kap. 1.1, S. 11) gut erkennbar ist. Die Erforschung der Membran ist auch heute noch ein zentrales Thema der Molekularbiologie und der Biochemie.

Grundlagen

Schon vor über Hundert Jahren stellten Molekularbiologen fest, dass die Moleküle fettlöslicher (lipophiler) Stoffe die Membran leichter durchqueren können als gleich grosse Moleküle von wasserlöslichen (hydrophilen) Stoffen. Sie nahmen darum an, die Membran enthalte eine Lipidschicht, die von den lipophilen Molekülen leichter durchquert werden könne. Diese Hypothese wurde 1920 teilweise bestätigt: Chemische Untersuchungen ergaben, dass die Biomembran vor allem aus speziellen Membranlipiden (70%) und Proteinen (30%) besteht.

Membranlipide

Die Moleküle der Membranlipide haben einen besonderen Bau (vgl. Abb. 7-6): Sie bestehen aus einem hydrophilen Kopf und einem lipophilen Doppelschwanz. Bringt man sie ins Wasser, ordnen sie sich in einer Schicht an der Wasseroberfläche an, weil ihre lipophilen (und wasserscheuen) Schwänze aus dem Wasser herausgedrängt werden (vgl. Abb. 7-6 A). Sie bilden eine hauchdünne Schicht, die aus einer einzigen Lage von Lipid-Molekülen besteht.

[Abb. 7-6] Anordnung von Lipid-Molekülen im Wasser (Modell)

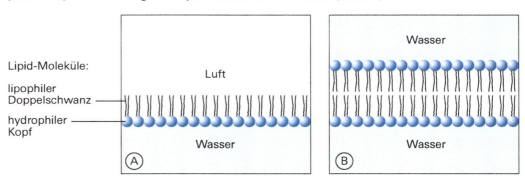

Einmolekulare Lipid-Schicht an der Wasseroberfläche (A) und Lipid-Doppelschicht im Wasser (B).

Lipid-Doppelschicht

Extrahiert man die Lipide aus den Zellmembranen einer bestimmten Anzahl von roten Blutkörperchen und bringt sie ins Wasser, breiten sie sich über eine Fläche aus, die fast doppelt so gross ist wie die Membranfläche der roten Blutkörperchen. Aus diesem und ähnlichen Experimenten hat man geschlossen, dass die Lipid-Moleküle in der Membran eine Doppelschicht bilden (vgl. Abb. 7-6 B). Die Hypothese ist plausibel, weil sich in einer solchen Doppelschicht die «wasserscheuen» lipophilen Schwänze der Lipid-Moleküle im Inneren der

Membran «verstecken» können. Nur die hydrophilen Köpfe der Lipid-Moleküle sind nach aussen gerichtet und stehen in Kontakt zur wasserhaltigen Umgebung.

Auch das elektronenmikroskopische Bild bestätigt diese Hypothese: Die hydrophilen Köpfe der Lipid-Moleküle zeigen sich als dunkle Linien beidseits der helleren lipophilen Innenschicht. (Die Köpfe erscheinen im EM dunkler, weil sie bei der Präparation Metallatome einlagern und dadurch für die Elektronenstrahlen weniger durchlässig sind.)

Offene Fragen

Die Hypothese, die Membran enthalte eine lückenlose Lipid-Doppelschicht liess aber folgende Fragen offen:

- Warum und wie können auch hydrophile Moleküle die Membran passieren?
- Wie kann die Membran ihre Durchlässigkeit verändern?
- Wo liegen die Proteine, die ja in der Membran auch noch enthalten sind?

Flüssig-Mosaik-Modell der Membran

Zähflüssig

Nach dem 1972 von Singer und Nicolsen vorgeschlagenen und heute noch gültigen Flüssig-Mosaik-Modell können sich die Lipid-Moleküle innerhalb ihrer Schicht bewegen wie in einem zähflüssigen Harz. Die Protein-Moleküle schwimmen in der zähflüssigen Lipidschicht (vgl. Abb. 7-7). Sie tauchen mehr oder weniger tief in die Lipid-Doppelschicht ein oder reichen sogar bis auf die andere Seite durch die ganze Membran hindurch. Tunnelproteine bilden Tunnel, in denen hydrophile Teilchen die Membran durchqueren können. Weil nach diesem Modell die Proteine in der flüssigen Lipidschicht verteilt sind wie die Steinchen in einem Mosaik, nennt man es Flüssig-Mosaik-Modell.

[Abb. 7-7]   Flüssig-Mosaik-Modell der Membran

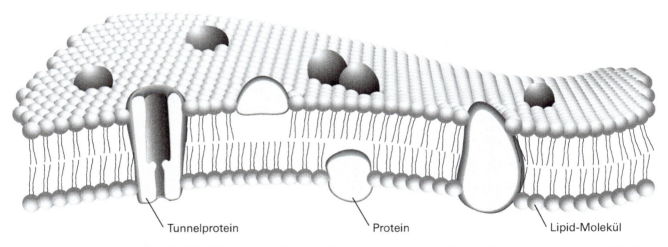

Die Lipid-Moleküle können sich innerhalb ihrer Schicht bewegen. Die Proteine schwimmen in der zähflüssigen Lipidschicht. Sie tauchen mehr oder weniger tief ein oder reichen sogar bis auf die andere Seite der Membran. Tunnelproteine bilden Durchgänge für hydrophile Teilchen.

Veränderliche Struktur

Das Flüssig-Mosaik-Modell macht deutlich, dass die Membran kein starres Gebilde ist. Die Lipid-Doppelschicht ist zähflüssig, d. h., die Lipid-Moleküle verschieben sich innerhalb ihrer Schicht gegeneinander und die Protein-Moleküle treiben in der Lipidschicht wie Eisberge im Wasser. Die Struktur der Membran ist also veränderlich. Darum kann sich auch ihre Durchlässigkeit ändern.

Dynamisch strukturiertes Mosaikmodell

Mithilfe des Flüssig-Mosaik-Modells liessen sich über einen langen Zeitraum viele der Eigenschaften einer Biomembran und die hier stattfindenden Prozesse erklären. Neuere Erkenntnisse zeigen jedoch, dass es in einer Biomembran lokal sehr strukturierte Bereiche geben kann und dass sich Membranabschnitte mit hoher Strukturierung mit beweglichen Abschnitten abwechseln. Die Membranproteine treiben demnach nicht wie Eisberge zufällig in der Lipid-Doppelschicht, sondern bilden Inseln an bestimmten Orten, an denen sie ihre Aufgaben erfüllen müssen. Sowohl die spezifische Anordnung von Membranproteinen als auch die Fähigkeit zur gezielten Veränderung der Lipid-Doppelschicht sind für die Erfüllung ihrer Aufgaben notwendige Membraneigenschaften. Das «dynamisch strukturierte Mosaikmodell» ist eine Weiterentwicklung des Flüssig-Mosaik-Modells, das den neuen Erkenntnissen Rechnung trägt.

Veränderliche Gestalt

Membransysteme können ihre Form und Grösse leicht ändern, indem Membranstücke abgeschnürt oder eingefügt werden. Die flüssigen Lipid-Doppelschichten von zwei Membranstücken schliessen sich fugenlos zusammen.

Aufgaben der Proteine

Die Proteine in der Membran haben viele Aufgaben (vgl. Kap. 7.2.2). Sie können u. a. als Enzyme wirken, Stoffe durch die Membran transportieren und als Rezeptoren Botenstoffe erkennen.

7.2.2 Aufgaben

Abgrenzung und Stofftransport

Membranen grenzen Zellen und Organellen ab, wobei abgrenzen nicht isolieren oder völlig abdichten bedeutet. Membranen ermöglichen und regulieren den Austausch von Stoffen und Information. Sie wirken selektiv, indem sie für gewisse Stoffe durchlässig sind und für andere nicht. Im Unterschied zu einem Filter kann ihre Durchlässigkeit gezielt verändert werden. Beim Transport durch die Membran spielen Proteine eine zentrale Rolle. Tunnelproteine bilden Tunnel, in denen bestimmte Teilchen die Membran passieren können, und Carrier-Proteine transportieren Teilchen sogar aktiv, d. h. gegen ein Konzentrationsgefälle (vgl. Kap. 10.5, S. 137). Der Stoffaustausch kann durch Vergrösserung der Membranoberfläche erhöht werden (vgl. Abb. 7-9, S. 90).

Enzymträger

Manche Membranproteine wirken als Enzyme. Der Einbau eines Enzyms in die Membran eines bestimmten Organells sorgt dafür, dass der Vorgang, den dieses Enzym katalysiert, nur in diesem Kompartiment der Zelle stattfindet. Das ermöglicht eine Arbeitsteilung zwischen den Organellen.

Vergrösserung der Oberfläche

Weil viele Enzyme in die Membranen eingebaut sind, kann neben dem Stoffaustausch auch der chemische Stoffumsatz durch Vergrösserung der Membranfläche erhöht werden. So ist bei den Mitochondrien die innere Oberfläche durch Einfaltungen der Membran stark vergrössert (vgl. Abb. 7-8). Auf der vergrösserten Membranfläche finden mehr Enzyme Platz und dadurch erhöht sich die Menge der umgesetzten Stoffe.

[Abb. 7-8] Oberflächenvergrösserung in einem Mitochondrium (Schema)

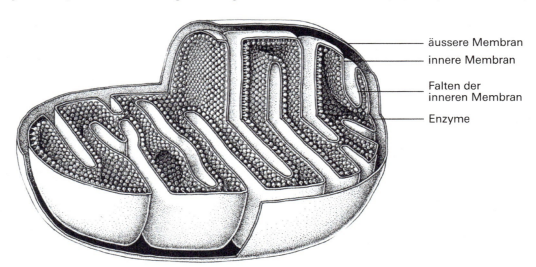

Die innere Oberfläche ist durch Einfaltungen der inneren Membran stark vergrössert.

Informations-austausch

Membranen dienen auch dem Informationsaustausch. Eingebaute Protein-Moleküle wirken als Rezeptoren[1]. An diese Rezeptoren können sich auf der Aussenseite der Membran Moleküle von Botenstoffe anlagern. Dadurch verändert sich der Rezeptor und löst im Inneren der Zelle oder des Zellorganells eine Reaktion aus.

Reizbarkeit

Weil Membranen in der Lage sind, bestimmte Ionen gezielt von einer Membranseite zur anderen zu transportieren, können sie eine ungleiche Verteilung geladener Teilchen erzeugen. Sie bauen ein elektrisches Potenzial zwischen innen und aussen auf. Reize können zu Änderungen dieses Potenzials führen. Diese Veränderung der Membran ist die Grundlage der Reizbarkeit der Lebewesen.

Zusammenfassung

Die Biomembran ist etwa 7 nm dick und besteht aus Lipiden und Proteinen. Die Lipid-Moleküle bilden eine Doppelschicht, in der die hydrophilen Köpfe nach aussen und die lipophilen Schwänze nach innen gerichtet sind. Im EM erscheinen die zwei Schichten der hydrophilen Köpfe als dunkle Linien beidseits der helleren lipophilen Innenschicht.

Nach dem Flüssig-Mosaik-Modell schwimmen die Proteine mit unterschiedlichem Tiefgang in der zähflüssigen Lipid-Doppelschicht. Einige reichen durch die ganze Membran hindurch und Tunnelproteine bilden durchgehende Tunnel für hydrophile Teilchen.

Nach dem moderneren dynamisch strukturierten Mosaikmodell sind Membranen lokal stark strukturiert. Das Gewicht dieses Modells liegt stärker auf dem Aspekt eines strukturierten Mosaiks als auf dem der Eigenschaften einer Flüssigkeit.

Die Membran kann ihre Struktur und damit auch ihre Durchlässigkeit verändern. Membransysteme können Stücke abschnüren oder einbauen. Die flüssigen Lipid-Doppelschichten von Membranstücken verschmelzen fugenlos.

Membranproteine haben viele Aufgaben. Sie können als Enzyme wirken, Stoffe durch die Membran transportieren und als Rezeptoren Botenstoffe erkennen.

Membranen grenzen Zellen und Kompartimente der Zelle ab und regulieren den Stoffaustausch. Sie vergrössern die Oberfläche von Zellen und Organellen und beschleunigen dadurch den Stoffaustausch und den Stoffumsatz.

Weil viele Enzyme an Membranen gebunden sind, finden die von ihnen katalysierten Reaktionen nur in bestimmten Kompartimenten (Reaktionsräumen) statt. Membranen regulieren den Stoffaustausch. Sie können Stoffe durch die Lipidschicht oder durch Proteintunnel durchtreten lassen oder mit Carriern aktiv transportieren.

Membranen dienen dem Informationsaustausch. Sie enthalten Rezeptoren für bestimmte Botenstoffe und sie können auf Reize reagieren, indem sie ein elektrisches Potenzial aufbauen bzw. verändern.

Aufgabe 52 Nennen Sie drei Tatsachen, die gegen die Annahme sprechen, die Biomembran enthalte eine einzige Schicht von Lipid-Molekülen.

Aufgabe 53 Warum nennt man das Membranmodell Flüssig-Mosaik-Modell?

---

[1] Lat. *receptor* «Empfänger».

Aufgabe 54

Welche Aussagen über die Biomembran sind zutreffend? Korrigieren Sie die falschen.

A] Die Proteine der Membran bilden eine Doppelschicht.

B] Die Membran lässt nur lipophile Stoffe durchtreten.

C] Die Schichten der Membran, die im EM-Bild als dunkle Linien sichtbar sind, bestehen aus Proteinen.

D] Die Protein-Moleküle sind in die Lipid-Doppelschicht eingebaut.

E] Die mittlere Schicht der Membran, die im EM hell erscheint, besteht aus den lipophilen Schwänzen der Lipid-Moleküle.

F] Die Membran kann ihre Durchlässigkeit verändern.

G] Proteinkanäle ermöglichen den Transport lipophiler Teilchen.

H] Ein Carrier transportiert nur bestimmte Teilchen.

7.3 Zellmembran

Aufgaben

Die Zellmembran ist die Membran, welche die Zelle nach aussen abgrenzt. Für ihren Bau und ihre Leistungen gilt das, was im vorangehenden Kapitel 7.2, S. 84 über Biomembranen allgemein gesagt wurde.

Weil die Zellmembran die Abgrenzung zur Umwelt der Zelle darstellt, hat sie z.T. etwas andere Aufgaben als die Membranen innerhalb der Zelle.

- Stoffaustausch: Die Zellmembran ermöglicht und regelt den Stoffaustausch mit der Umgebung.
- Reizbarkeit: Die Zellmembran kann durch den gezielten Transport von Ionen ein elektrisches Potenzial aufbauen. Reize können eine Änderung des elektrischen Potenzials hervorrufen. Dies kann zu einer Reaktion der Zelle führen.
- Kommunikation: Zellen tauschen über die Zellmembran Informationen aus und koordinieren ihre Leistungen. Die Zellmembran trägt an der Aussenseite Rezeptoren mit Antennen für Botenstoffe.
- Erkennung: Die Zellmembran trägt an der Aussenseite Moleküle, die wie Namensschilder zur Identifikation dienen.

Oberflächenvergrösserung

Weil der Stoffaustausch zwischen der Zelle und ihrer Umgebung über die Membran abläuft, erhöht eine Vergrösserung der Membranfläche den Stoffaustausch. So sieht z. B. die Oberfläche der Zellen auf der Innenseite des menschlichen Darms wie ein feiner Rasen aus (vgl. Abb. 7-9).

Die «Gräser» dieses Rasens (200 Mio./mm^2) sind feine Ausstülpungen der Zellen. Sie vergrössern die Oberfläche für die Nährstoffaufnahme etwa auf das Fünfzigfache. Dadurch hat der Dünndarm des Menschen eine Oberfläche von etwa 2 000 m^2.

[Abb. 7-9]   Oberflächenvergrösserung

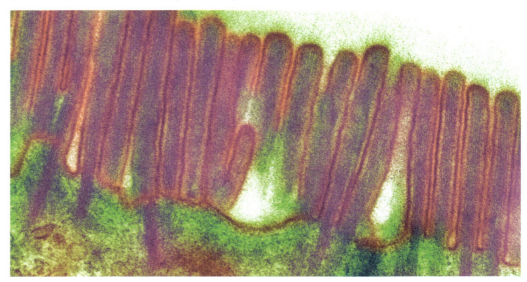

Das angefärbte EM-Bild zeigt die Oberfläche einer Zelle aus dem Dünndarm des Menschen bei 15 000-facher Vergrösserung. Die Fläche für die Stoffaufnahme ist durch die feinen Ausstülpungen vergrössert.
Bild: KEYSTONE / Science Photo Library / STEVE GSCHMEISSNER

Besonderheit im Bau

Die Zellmembran unterscheidet sich im Bau von den Membranen im Zellinneren durch Kohlenhydrat-Moleküle, die auf der Aussenseite der Membran an Proteine oder Lipide gebunden sind. Es sind kleine Polysaccharid-Moleküle aus bis zu 15 Monosaccharid-Molekülen. Sie dienen als «Namensschilder» zur Kennzeichnung der Zelle oder als Antennen der Rezeptoren.

[Abb. 7-10]   Modell der Zellmembran

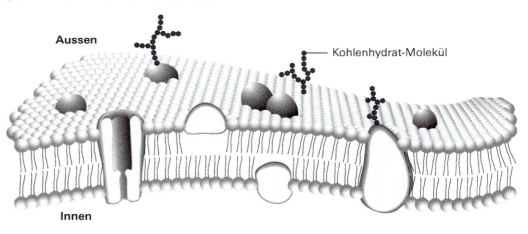

Die Kohlenhydrat-Moleküle dienen als Antennen und als Kennzeichen.

Kennzeichen

An der Struktur der Kohlenhydrat-Moleküle ihrer Zellmembran können die Zellen eines Lebewesens einander erkennen. Abwehrzellen können so körperfremde Zellen von körpereigenen unterscheiden und bekämpfen.

Antennen

Die Kohlenhydrat-Moleküle an der Membran dienen auch als Antennen für Botenstoffe. Wenn sich das Molekül eines bestimmten Botenstoffs an eine solche Antenne eines Rezeptors anlagert, bewirkt dies eine Veränderung im Inneren der Zelle.

Zusammenfassung Die Zellmembran grenzt die Zelle nach aussen ab. Sie reguliert den Stoffaustausch und sie ermöglicht die Reaktionen auf Reize und die Kommunikation zwischen den Zellen.

Die Zellmembran unterscheidet sich von anderen Biomembranen durch die auf ihrer Aussenseite angehängten Kohlenhydrat-Moleküle, die als Kennzeichen und als Antennen der Rezeptoren für Botenstoffe dienen.

Aufgabe 55 Nennen Sie die Aufgaben der Zellmembran.

Aufgabe 56 Wodurch unterscheidet sich die Zellmembran im Bau von Membranen im Zellinneren?

7.4 Membransystem des Cytoplasmas

Aufgaben

Die Membranen in der Zelle grenzen Reaktionsräume und Bläschen (Vesikel) mit verschiedenen Inhalten ab. Sie ermöglichen auch den gezielten Stofftransport innerhalb der Zelle und vergrössern die inneren Oberflächen, an denen viele Enzyme sitzen.

Teile

Zum Membransystem des Cytoplasmas gehören alle Organellen, mit einer einfachen Membran und nichtplasmatischem Inhalt. Das sind namentlich:

- das endoplasmatische Reticulum (ER),
- der Golgi-Apparat aus den Dictyosomen und
- Vakuolen und Vesikel.

Weil diese Kompartimente untereinander in engem Kontakt stehen und ständig Membranstücke und Vesikel austauschen, ist es sinnvoll, sie als Teile eines Systems zu sehen.

[Abb. 7-11] Membransystem des Cytoplasmas (Schema)

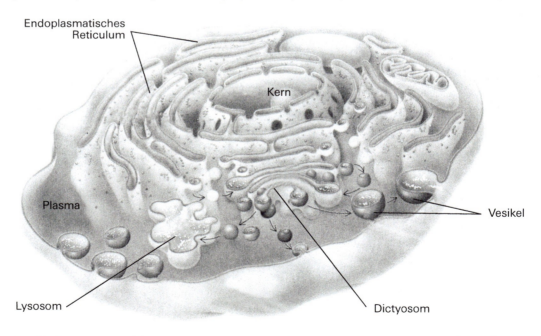

Das Membransystem des Cytoplasmas verändert sich durch den Austausch von membranumhüllten Bläschen ständig.

Struktur Das Membransystem des Cytoplasmas verändert sich ständig. Membranstücke werden auf- und abgebaut und Organellen tauschen membranumhüllte Bläschen (Vesikel) aus. Laufend werden Vesikel abgeschnürt, verschoben und an anderer Stelle in eine Membran eingefügt. Durch den permanenten Umbau ändert sich die innere Struktur der Zelle laufend.

7.4.1 Endoplasmatisches Reticulum (ER)

Name Das endoplasmatische Reticulum[1] oder kurz ER ist der flächenmässig grösste Teil des inneren Membransystems. Es macht bei Eucyten über die Hälfte der gesamten Membranfläche aus. Sein Name bedeutet «Netzchen im inneren Plasma».

Bau Das ER ist ein System von Kanälen und flachen, sackartigen Hohlräumen, die durch eine Membran vom Plasma abgegrenzt sind. Die Membran des ER ist mit der äusseren Membran der Kernhülle verbunden. Die Form und die Ausdehnung des Systems ändern sich durch Wachstum und Abbau sowie durch Abschnüren und Andocken von Bläschen ständig. Nach dem Aussehen im EM unterscheidet man das raue und das glatte ER. Die Aussenseite des rauen ER ist besetzt mit winzigen Kügelchen, die Ribosomen heissen.

[Abb. 7-12] Endoplasmatisches Reticulum (ER)

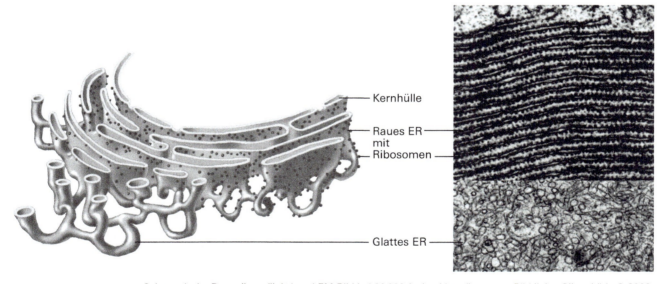

Schematische Darstellung (links) und EM-Bild bei 30 000-facher Vergrösserung. Bild links: Oliver Lüde © 2003, Compendio Bildungsmedien AG, Zürich

Aufgaben Das ER trägt Enzyme für viele chemische Reaktionen. Es baut Stoffe auf, ab und um. Produzierte Stoffe werden in Membranbläschen als Vesikel abgeschnürt. Die Grösse des ER und sein chemisches Repertoire sind je nach Zelltyp verschieden.

– des rauen ER Das raue ER ist eine wichtige Proteinfabrik. An den Ribosomen auf der Membranaussenseite werden Aminosäuren nach einem vom Kern gelieferten Rezept zu Proteinen verknüpft. Die Proteine gelangen durch Poren ins Innere des ER, wo sie bearbeitet und dann in Vesikel abgepackt werden. Zu den Produkten des rauen ER zählen die Membran-Proteine, die Enzyme der Lysosomen und ein vom Zelltyp abhängiges Arsenal von Proteinen für den Export. Zellen mit hoher Proteinproduktion haben ein grosses raues ER.

– des glatten ER Das glatte ER trägt viele Enzyme, die ganz verschiedene Reaktionen ermöglichen. Zu den Aufgaben des glatten ER gehört die Herstellung von Membranlipiden. Diese werden in Vesikel abgepackt zum Golgi-Apparat geschickt, wo sie mit den vom rauen ER angelieferten Membranproteinen kombiniert und in Vesikel abgepackt zu bestimmten Zielen ver-

[1] Gr. *endon* «innen», lat. *reticulum* «Netzchen».

schickt werden. Das glatte ER trägt auch Enzyme für den Abbau und die Umwandlung von Kohlenhydraten und ist am Abbau von Giften beteiligt.

7.4.2 Golgi-Apparat

Bau

Der Golgi-Apparat, der 1898 vom Mediziner Camillo Golgi entdeckt wurde, besteht aus den miteinander verbundenen Dictyosomen einer Zelle. Die Zahl der Dictyosomen liegt je nach Zelltyp zwischen 1 und über 100.

Ein Dictyosom ist ein Stapel von scheibenförmigen, membranumhüllten Hohlräumen (Zisternen), die von kleinen Bläschen (Golgi-Vesikeln) umgeben sind (vgl. Abb. 7-13). Die Ränder der 2–3 μm grossen Scheiben sind meist wulstig und schnüren laufend Golgi-Vesikel ab. Gleichzeitig docken andere Vesikel, die z. B. vom ER kommen, an die Scheiben an. Ein Dictyosom ähnelt einem Stapel von gefüllten Schokoladetalern, wobei die Schokolade der Membran und die Füllung der wässrigen Lösung im Inneren entspricht.

[Abb. 7-13]   Ein Dictyosom

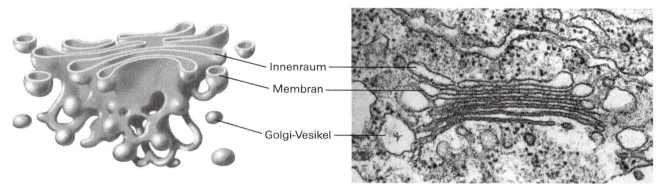

Schematische Darstellung (links) und EM-Bild bei 40 000-facher Vergrösserung. Bild links: Oliver Lüde © 2003, Compendio Bildungsmedien AG, Zürich, Bild rechts: © R. Kollmann, Ch. Glockmann, Kiel

Funktion

Die Dictyosomen sind Produktionsstätten, Zwischenlager sowie Sortier- und Versandzentralen. Hier treffen laufend Stoffe z. B. vom ER ein. Sie werden durch das Andocken von Vesikeln aufgenommen, sortiert, konzentriert, gestapelt und in neuer Kombination in Golgi-Vesikel abgepackt. Die Golgi-Vesikel werden durch bestimmte Moleküle «adressiert» und gezielt zu einem bestimmten Verbraucher in der Zelle geschickt oder aus der Zelle exportiert. Daneben werden im Golgi-Apparat auch Stoffe hergestellt. Zu den Hauptprodukten gehören Polysaccharide, die in pflanzlichen Zellen, z. B. zum Aufbau der Zellwand (vgl. Kap. 7.10.1, S. 110) dienen und von tierischen z. B. als Schleime ausgeschieden werden.

7.4.3 Vesikel und Vakuolen

Bau

Vesikel und Vakuolen sind durch eine Membran begrenzte Bläschen bzw. Räume mit nichtplasmatischem Inhalt. Meist werden die grösseren als Vakuolen bezeichnet.

Aufgaben

Vesikel und Vakuolen dienen dem Transport, der Speicherung und der Aufnahme von Stoffen, die vom Plasma getrennt bleiben müssen, wie z. B. Verdauungsenzyme oder körperfremde und giftige Stoffe.

Transportvesikel

Transportvesikel haben eine kurze Lebensdauer. Sie bilden sich durch Knospung und Abschnürung an der Zellmembran oder am Membransystem des Cytoplasmas. Die Vesikel sind «adressiert» und transportieren die eingeschlossenen Stoffe zu ihrem Zielort. Dort docken sie an. Ihre Membran fügt sich in die Membran des Zielorganells ein und ihr Inhalt gelangt in das betreffende Kompartiment. Vesikel, die zur Zellmembran geschickt werden, bringen Stoffe nach aussen (vgl. Abb. 7-11, S. 91).

Nahrungsvakuolen

Bei tierischen Zellen, die ja keine Zellwand haben, können Vesikel bzw. Vakuolen auch zur Aufnahme und Verdauung von Nahrung dienen. Eine Nahrungsvakuole bildet sich, indem ein ausserhalb der Zelle liegendes Nahrungsteilchen von der Zelle umschlossen wird (vgl. Abb. 7-14). Dann bringt die Zelle mit speziellen Vesikeln (Lysosomen) Verdauungsenzyme zur Nahrungsvakuole. Die Enzyme verdauen die körperfremde Nahrung, d. h., sie zerlegen die Makromoleküle in die kleinen Einzelmoleküle, die dann ins Plasma aufgenommen werden. Unverdaubares bleibt in der Nahrungsvakuole und gelangt wieder nach aussen, indem die Nahrungsvakuole von innen an die Zellmembran andockt (vgl. Abb. 7-14). Ihr Inhalt gelangt nach aussen und ihre Membran wird in die Zellmembran eingebaut. Die Aufnahme von Stoffen in eine Vakuole heisst Endocytose, die Ausscheidung Exocytose.

[Abb. 7-14] Verdauung in der Nahrungsvakuole

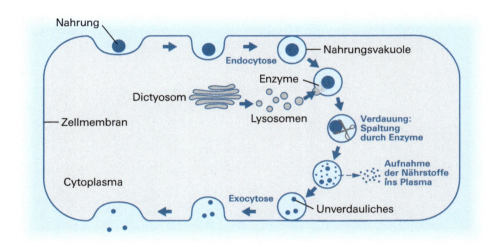

Bei der Endocytose werden Nahrungsteilchen durch Umfliessen in eine Nahrungsvakuole aufgenommen. Lysosomen bringen Verdauungsenzyme vom Golgi-Apparat zur Nahrungsvakuole. Deren Inhalt wird zerlegt (verdaut) und die kleinen Moleküle werden ins Plasma aufgenommen. Das Unverdaubare bringt die Vakuole wieder nach aussen (Exocytose).

Lysosomen

Die Lysosomen bilden sich durch Abschnürung vom Golgi-Apparat oder von spezialisierten Regionen des ER. Sie enthalten Verdauungsenzyme, die vom rauen ER produziert wurden und wie beschrieben zur Verdauung aufgenommener Stoffe eingesetzt werden können. Lysosomen dienen auch zum Abbau alter oder überzähliger Zellbestandteile. Dabei umschliesst ein Lysosom das altersschwache Organell und verdaut es. Die Enzyme des Lysosoms zerlegen die Makromoleküle des Organells in kleine Moleküle, die dann ins Plasma gelangen. Hier dienen sie zum Aufbau neuer Organellen. Die Zelle erneuert sich also mithilfe dieser Selbstverdauung ständig. In einer Leberzelle werden innerhalb von einer Woche die Hälfte aller Makromoleküle einmal recycliert.

Zelltod

Die Lysosomen zeigen auch deutlich, wie wichtig die Kompartimentierung der Zelle ist. Wenn ihre Membran undicht wird, lösen die Enzyme die Zelle auf. Dies geschieht z. B. nach dem Tod eines Lebewesens oder wenn bei der Entwicklung bestimmte Zellen verschwinden müssen. Der programmierte Zelltod und die Auflösung bestimmter Zellen ist ein wichtiger Vorgang in der Entwicklung der Lebewesen. Wenn sich z. B. eine Kaulquappe in einen Frosch verwandelt, bauen Lysosomen die Zellen des Schwanzes ab. Auch im fertig entwickelten Körper sterben laufend Zellen und werden abgebaut. In unserem Körper sterben in jeder Sekunde 50 Millionen Zellen.

Vakuolen

Vakuolen sind wie Vesikel durch eine Membran abgegrenzte Räume mit nichtplasmatischem Inhalt, sie sind aber grösser als Transportvesikel oder Lysosomen.

Bei tierischen Zellen gibt es kleine Vakuolen für spezielle Aufgaben wie die besprochenen Nahrungsvakuolen für die Verdauung.

Bei (ausgewachsenen) Pflanzenzellen findet man grosse mit Zellsaft gefüllte Vakuolen. Sie dienen als Lager für Reserve-, Farb- und Abfallstoffe. Diese Vakuolen vergrössern sich, wie bereits in Kapitel 6.1, S. 75 besprochen, beim Wachstum der Zelle.

Zusammenfassung

Das Membransystem des Cytoplasmas umfasst die Organellen, die durch eine einfache Membran abgegrenzt sind: das endoplasmatische Reticulum (ER), den Golgi-Apparat sowie Vesikel und Vakuolen. Das Membransystem des Cytoplasmas ändert seine Struktur durch den Auf- und Abbau von Membranen und durch den Austausch von Membranstücken in Form von Vesikeln ständig.

Das endoplasmatische Reticulum (ER) ist ein System von Kanälen und Hohlräumen, die durch eine Membran vom Plasma abgegrenzt sind. Das ER durchzieht die ganze Zelle und verändert sich ständig durch Abschnüren und Eingliedern von Vesikeln.

Das raue ER trägt die Ribosomen, an denen Aminosäuren zu Proteinen verknüpft werden. Es produziert vor allem Membranproteine, die Enzyme der Lysosomen und Proteine für den Export. Das glatte ER produziert die Membranlipide und trägt Enzyme für die Herstellung und den Abbau von Kohlenhydraten.

Der Golgi-Apparat besteht aus den miteinander verbundenen Dictyosomen einer Zelle. Ein Dictyosom ist ein Stapel von membranumhüllten scheibenförmigen Hohlräumen mit wulstigem Rand.

Dictyosomen nehmen ständig Vesikel auf und schnüren neue ab. Sie sortieren und lagern die hauptsächlich vom ER angelieferten Stoffe und verschicken sie, in neuer Kombination in Golgi-Vesikel verpackt, zu Zielen in der Zelle oder zur Zelloberfläche.

Vesikel und Vakuolen sind durch eine Membran begrenzte Bläschen bzw. Räume mit nichtplasmatischem Inhalt. Sie dienen zur Speicherung und zum Transport von Stoffen.

- Transportvesikel werden von der Zellmembran oder vom inneren Membransystem abgeschnürt, zu ihrem Zielort befördert und in dessen Membran eingebaut, wobei ihr Inhalt in das gewünschte Kompartiment gelangt.
- Nahrungsvakuolen entstehen, indem Zellen ohne Zellwand körperfremde Stoffe durch Endocytose aufnehmen. Ihr Inhalt wird durch die Verdauungsenzyme aus den Lysosomen zerlegt. Die Nährstoffe werden ins Plasma aufgenommen und das Unverdaubare wird durch Exocytose aus der Zelle ausgeschieden.
- Lysosomen werden am Golgi-Apparat gebildet und enthalten Verdauungsenzyme, die zuvor an den Ribosomen des ER produziert wurden. Sie dienen zur Zerlegung körperfremder Stoffe und zur Entsorgung bzw. Recyclierung alter oder überzähliger Zellbestandteile. Durch Öffnen der Lysosomen löst sich die Zelle auf.
- Die grosse mit Zellsaft gefüllte Vakuole der Pflanzenzelle entsteht beim Wachstum der Zelle. Sie enthält Reserve-, Abfall- und Farbstoffe.

Aufgabe 57 Welche Aufgabe(n) haben A] das raue ER, B] das glatte ER und C] der Golgi-Apparat?

Aufgabe 58 Eine Zelle stellt Material für die Vergrösserung der Zellmembran her.

A] Nennen Sie die dazu nötigen Stoffe.

B] Geben Sie an, wo die zwei mengenmässig wichtigsten gebildet werden und wie sie zur Zellmembran kommen.

7.5 Zellkern

7.5.1 Bau

Grösse

Der meist kugel- oder linsenförmige Zellkern hat in der Regel einen Durchmesser von 5–25 µm und ist im Lichtmikroskop gut sichtbar. Die Details seiner Struktur sind allerdings nur im EM zu erkennen (vgl. Abb. 7-15).

[Abb. 7-15] Zellkern und Teile des ER

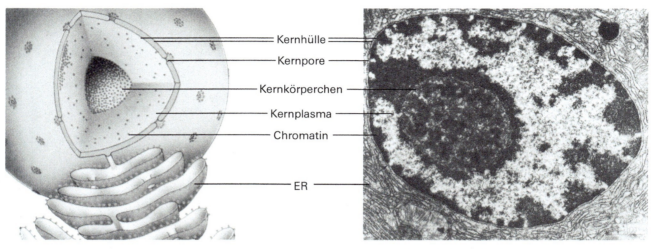

Schematische Darstellung (links) und EM-Bild bei 10 000-facher Vergrösserung.

Kernhülle

Das Kernplasma ist durch eine Hülle aus zwei Membranen abgegrenzt. Die Kernhülle ist mit dem ER verbunden. Sie besitzt Poren, die einen kontrollierten Stoffaustausch zwischen Kern und Cytoplasma ermöglichen.

Chromatin

Das Kernplasma enthält feine Fäden, die wegen ihrer Färbbarkeit als Chromatinfasern[1] bezeichnet werden. Die Chromatinfasern bestehen aus DNA und Proteinen. Weil die einzelnen Fäden sehr fein und mehr oder weniger stark spiralisiert sind, sieht man im EM nur das ungleichmässig dichte Chromatin.

Chromosomen

Wenn sich eine Zelle teilt, muss sich zuerst der Kern teilen. Dazu werden die Chromatinfasern in eine besser transportierbare Form gebracht. Sie verkürzen und verdicken sich durch mehrfache Spiralisierung zu gut sichtbaren Würstchen, die Chromosomen genannt werden. Die Zahl der Chromosomen ist in allen Körperzellen aller Lebewesen derselben Art gleich gross. So besitzen Menschen 46, Karpfen 106, Hunde 78, Honigbienen 16, Kartoffeln 48 Chromosomen.

Kernkörperchen

Neben dem Chromatin enthalten die Zellkerne mindestens ein kleines Körperchen, das auch im LM sichtbar ist: das Kernkörperchen. Es bildet Bauteile für die Ribosomen, die wir als winzige Kügelchen auf dem ER bereits angetroffen haben. Kerne pflanzlicher Zellen besitzen meist mehrere Kernkörperchen.

7.5.2 Aufgaben

Obwohl auch die Plastiden und die Mitochondrien kleine Mengen von DNA enthalten, ist der Kern doch der Hauptträger des Erbguts. Er erfüllt folgende Aufgaben:

- Er bewahrt das Erbgut.
- Er steuert mit dem Erbgut die Entwicklung und die Aktivitäten der Zelle.
- Er verdoppelt das Erbgut, bevor sich die Zelle teilt.

[1] Gr. *chroma* «Farbe».

Bewahrung des Erbguts

Das Chromatin

Die Erbinformation ist in der Desoxyribonucleinsäure (DNA) in der Reihenfolge der vier Nucleotide (A, C, G, T) gespeichert (vgl. Kap. 4.8, S. 63). Ein Kern enthält meist mehrere DNA-Fäden, von denen jeder etwa 1 000-mal länger ist als die Zelle (vgl. Abb. 7-16). Der Kern einer menschlichen Zelle besitzt 46 solche DNA-Fäden mit einer Gesamtlänge von 2.5 m. Jeder DNA-Faden ist mit Proteinen zu einer Chromatinfaser zusammengepackt. Die DNA enthält die Information, die Proteine spielen beim Lesen dieser Information eine Rolle. Die Chromatinfasern sind sehr lang und liegen darum im Kern mehr oder weniger stark spiralisiert vor.

[Abb. 7-16] Die DNA trägt die Erbinformation

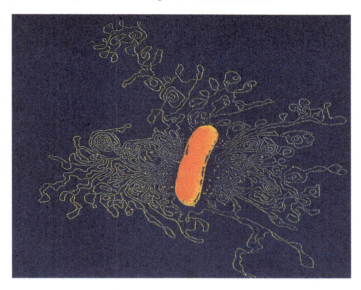

Coloriertes TEM-Bild einer Bakterienzelle bei 25 000-facher Vergrösserung. Die Zelle wurde so behandelt, dass sie ihre DNA ausgestossen hat. Die DNA ist etwa 1 000-mal so lang wie die Zelle.
Bild: KEYSTONE / Science Photo Library / DR GOPAL MURTI

Steuerung der Zelle

Der Kern steuert die Entwicklung und die Aktivitäten der Zelle mithilfe der DNA. Dieser Vorgang ist von zentraler Bedeutung für das Funktionieren der Zelle und der Lebewesen. Da wir bei der Besprechung dieses Vorgangs auf die beteiligten Stoffe hier nicht genauer eingehen, bleibt die Darstellung zwangsläufig lückenhaft. Es ist aber wichtig, dass Sie sich vorstellen können, wie der Kern die Zelle steuert. Die Grundlage dieser Steuerung ist die Herstellung von Enzymen.

Enzyme als Schalter

Die Aktivitäten der Zelle basieren letztlich alle auf chemischen Reaktionen. Diese verlaufen grundsätzlich nur, wenn die entsprechenden Enzyme vorhanden sind. Da jede Reaktion durch ein spezifisches Enzym katalysiert wird, lässt sie sich durch die Herstellung dieses Enzyms in Gang setzen und durch den Abbau des Enzyms ausschalten. Der Kern steuert also die Reaktionen in der Zelle über die Herstellung von Enzymen. Aber wie?

Enzymsynthese

Enzyme sind Proteine (vgl. Kap. 4.7, S. 60). Ihre Moleküle werden – wie alle Protein-Moleküle – an den Ribosomen durch die Verknüpfung von vielen Aminosäure-Molekülen zu unverzweigten Ketten hergestellt. Dabei benutzen die Zellen 20 verschiedene Sorten von Aminosäuren. Jedes Protein hat eine definierte Primärstruktur mit einer spezifischen Sequenz der Aminosäuren. Darum benötigen die Ribosomen für die Synthese eines bestimmten Proteins ein Rezept, das beschreibt, welche Aminosäuren in welcher Reihenfolge verknüpft werden müssen.

messenger-RNA

Dieses Rezept ist eine RNA (Ribonucleinsäure), die man nach ihrer Funktion als Boten-RNA oder messenger-RNA[1] kurz mRNA bezeichnet. Die Makromoleküle der RNA (Ribonucle-

---

[1] Engl. *message* «Nachricht».

insäure) bestehen wie die DNA-Moleküle aus vielen Nucleotid-Molekülen, wobei auch vier Nucleotid-Sorten vorkommen. Die Abfolge dieser vier Bausteinsorten (Sequenz) in einem mRNA-Molekül enthält die Information für den Bau eines Proteins. Die mRNA wird im Kern hergestellt, indem der Abschnitt der DNA (das Gen) mit der Information für das entsprechende Protein abgeschrieben wird. Die mRNA wird zu den Ribosomen gebracht und dient als Rezept für den Aufbau des Proteins.

[Abb. 7-17] Kern steuert die Herstellung der Enzyme

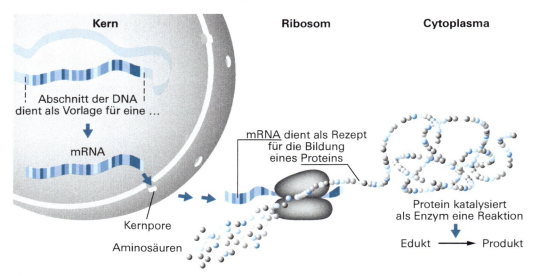

Im Kern wird ein DNA-Abschnitt (ein Gen) abgeschrieben. Die gebildete mRNA gelangt zu den Ribosomen und dient als Rezept für die Verknüpfung der Aminosäuren zu einem Protein.

Ein Gen bestimmt ein Protein

Ein Abschnitt der DNA, der die Information für den Bau eines Proteins enthält, wird als ein Gen bezeichnet. Das menschliche Erbgut umfasst schätzungsweise 30 000 Gene.

DNA – mRNA – Enzym – Produkt

Der Kern steuert also die Zelle über die Enzyme, die alle Reaktionen katalysieren. Um eine bestimmte Reaktion in Gang zu bringen, lässt er an den Ribosomen das betreffende Enzym herstellen. Wir fassen die vier Schritte kurz zusammen:

- Im Kern wird eine mRNA als Rezept für ein Enzym hergestellt, indem das Gen, d. h. der Abschnitt der DNA, der die Information für dieses Enzyms enthält, abgeschrieben wird.
- Die mRNA gelangt vom Kern zu den Ribosomen und leitet hier den Aufbau des Enzyms aus den Aminosäuren. Die mRNA bestimmt die Sequenz der Aminosäuren im Enzym.
- Das produzierte Enzym katalysiert die Reaktion, die das gewünschte Produkt liefert.
- Das Enzym wird durch andere Enzyme gespalten und verliert dabei seine Wirkung, die katalysierte Reaktion kommt wieder zum Erliegen.

Mit der Frage, woher der Kern weiss, welche Enzyme in der Zelle gebraucht werden, befassen wir uns im Zusammenhang mit der Regulation des Zellstoffwechsels in Kapitel 11.3, S. 143.

Verdoppelung des Erbguts

Chromatinfasern

Da die meisten Zellen nur einen Kern enthalten, muss dieser vor der Teilung der Zelle geteilt werden. Dabei darf das Erbgut natürlich nicht einfach halbiert und auf die beiden Tochterkerne verteilt werden, sonst fehlt nach der Teilung jedem Tochterkern die Hälfte der Information. Die Chromatinfasern werden darum vor der Zellteilung verdoppelt. Zu Beginn der Teilung liegt jede Chromatinfaser in doppelter Ausführung vor. Bei der Kernteilung werden die verdoppelten Chromatinfasern dann so verteilt, dass jeder Tochterkern je einen erhält. Dazu verkürzen und verdicken sich die Chromatinfasern zu Chromosomen (vgl. Kap. 14.3, S. 169).

Zusammenfassung

Der Zellkern hat einen Durchmesser von 5–25 μm und ist durch eine von Poren unterbrochene Hülle aus zwei Membranen abgegrenzt. Er enthält das Kernplasma, die Kernkörperchen und die Chromatinfasern, die aus DNA und Proteinen bestehen.

Der Kern bewahrt das Erbgut, das in der Reihenfolge der Nucleotide (A, C, G, T) der DNA gespeichert ist.

Der Kern benutzt die Erbinformation zur Steuerung der Zelle, indem er Rezepte (Boten-RNA) für die Herstellung von Enzymen abgibt. Die Enzyme bringen dann die gewünschten Reaktionen in der Zelle in Gang.

Das Rezept für den Bau eines Proteins ist eine Boten-RNA (mRNA). Sie wird als Abschrift eines DNA-Abschnitts (eines Gens) gebildet und zu den Ribosomen geschickt. Hier bestimmt sie, welche Aminosäuren in welcher Reihenfolge verknüpft werden müssen, um das Protein zu erhalten, das dann als Enzym die gewünschte Reaktion in Gang setzt.

Der Kern verdoppelt das Erbgut (die Chromatinfasern) vor der Teilung. Bei der Kernteilung werden die verdoppelten Chromatinfasern so verteilt, dass jeder Tochterkern je einen erhält. Dazu verkürzen und verdicken sich die Chromatinfasern zu Chromosomen.

Aufgabe 59

A] Wo und woraus werden in der Zelle die Proteine gebildet?

B] Welche Rolle spielt dabei die mRNA?

Aufgabe 60

Definieren Sie bitte die Begriffe DNA, Chromatinfasern und Gen.

Aufgabe 61

Welche von den folgenden Aussagen sind korrekt? Korrigieren Sie die falschen.

A] Die DNA enthält die Information für den Aufbau der Proteine.

B] Alle Protein-Moleküle bestehen aus 20 Aminosäure-Molekülen.

C] Protein-Moleküle werden aus mRNA aufgebaut.

D] Die Chromatinfasern bestehen aus DNA und Proteinen.

E] Bei der Kernteilung verdoppelt sich das Erbgut.

F] Die Ribosomen bauen aus Aminosäuren Proteine auf.

7.6   Ribosomen

Bau

Die Ribosomen sind winzige Kügelchen (∅ ca. 25 nm) aus Proteinen und RNA ohne abgrenzende Membran. Sie sitzen auf dem rauen ER oder liegen frei im Plasma.

Bildung

Die Ribosomen bauen sich selbst auf, d. h., sie vermehren sich nicht durch Teilung oder durch Abspaltung. Die Proteine und die RNA formieren sich ohne Anleitung aufgrund ihrer räumlichen Struktur zu Ribosomen. Das ist erstaunlich, weil die Ribosomen nicht einfach Stoffklümpchen sind, sondern eine komplizierte, genau festgelegte Struktur besitzen.

Funktion

Die Ribosomen sind die Proteinfabriken der Zelle. Hier werden, wie Sie am Beispiel der Enzyme eben gesehen haben, die Aminosäuren zu den Makromolekülen der Proteine verknüpft. Die Bauanleitung wird vom Kern in Form der mRNA (Boten-RNA) geliefert. Ein Teil der produzierten Proteine dient als Enzyme, andere sind wichtige Baustoffe (vgl. Kap. 7.9, S. 105).

> **Zusammenfassung** Die Ribosomen sind winzige Kügelchen aus Proteinen und RNA, die auf dem rauen ER sitzen oder im Plasma liegen. Sie entstehen durch Selbstaufbau.
>
> Die Ribosomen produzieren Protein-Moleküle, indem sie die Moleküle der Aminosäuren zu Ketten verknüpfen. Jedes Protein wird nach einem eigenen Rezept, das der Kern in Form der Boten-RNA (mRNA) liefert, hergestellt.

Aufgabe 62 Was für eine Aufgabe erfüllen die Ribosomen in der Zelle?

7.7 Plastiden

7.7.1 Bau, Aufgaben und Bildung der Plastiden

Bau

Plastiden sind meist längliche, im Lichtmikroskop gut sichtbare Organellen mit einer Länge von 2–8 µm. Sie enthalten Plasma und sind durch eine Hülle aus zwei Membranen abgegrenzt. Sie enthalten eine kurze ringförmige DNA und Ribosomen und können darum einige ihrer Proteine selbst herstellen. Sie entstehen nur durch Teilung aus bereits vorhandenen Plastiden. Plastiden kommen ausschliesslich in pflanzlichen Zellen vor.

Bildung

Die nahe Verwandtschaft der drei Plastidensorten zeigt sich bei ihrer Bildung bzw. Umwandlung. Alle drei Typen entstehen aus kleinen undifferenzierten Proplastiden. Diese teilen sich und differenzieren sich dann zu den verschiedenen Plastiden.

Umwandlung

Plastiden können sich auch umwandeln. So werden die grünen Zitronen bzw. Tomaten beim Reifen gelb bzw. rot, weil sich ihre Chloroplasten in Chromoplasten umwandeln. Auch an der herbstlichen Verfärbung der Blätter ist die Umwandlung von Chloroplasten zu Chromoplasten beteiligt. Kartoffelknollen werden am Licht grün, weil sich farblose Leukoplasten zu Chloroplasten umwandeln.

7.7.2 Chloroplasten für die Fotosynthese

Vorkommen

Chloroplasten kommen in allen grünen Pflanzenteilen vor, vor allem in den Laubblättern und in krautigen Stängeln. Sie enthalten den grünen Farbstoff Chlorophyll, der das Grün von Pflanzen, Wiesen und Wäldern verursacht und damit die Farbe unserer Landschaft weitgehend bestimmt.

Aufgabe

Die Aufgabe der Chloroplasten ist die Fotosynthese. Sie bauen mit Lichtenergie aus Kohlenstoffdioxid und Wasser Glucose und Sauerstoff auf.

$$\text{Kohlenstoffdioxid} + \text{Wasser} \xrightarrow[\text{Chlorophyll}]{+ \text{Lichtenergie}} \text{Glucose} + \text{Sauerstoff}$$

Da die Glucose wesentlich energiereicher ist als die Edukte Kohlenstoffdioxid und Wasser, benötigt seine Herstellung viel Energie. Die grünen Pflanzen können diese Energie mithilfe des Chlorophylls dem Licht entnehmen. Man sagt darum, in der Glucose sei Sonnenenergie gespeichert. Die Fotosynthese ist eine Kette aus vielen Reaktionen, von denen jede ein Enzym braucht (vgl. Kap. 9, S. 122).

Bau

Ein Blick auf das EM-Bild eines Chloroplasten zeigt, dass sein Inneres von Membranen durchzogen ist. Diese bilden sich bei der Entstehung eines Chloroplasten als Einstülpungen der inneren Membran und schnüren sich dann von dieser ab.

[Abb. 7-18] Bau der Chloroplasten

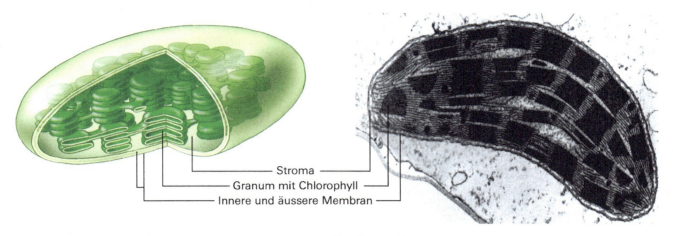

Stroma
Granum mit Chlorophyll
Innere und äussere Membran

Schematische Darstellung (links) und EM-Bild bei 10 000-facher Vergrösserung (rechts).
Die innere Oberfläche ist durch Einstülpungen der inneren Membran enorm vergrössert. Die Membranstapel (Grana) tragen das Chlorophyll, das die Lichtenergie aufnimmt. Bild links: Oliver Lüde © 2003, Compendio Bildungsmedien AG, Zürich

Grana und Stroma

Auffällig an der Innenstruktur der Plastiden ist, dass die Membranen in gewissen Bereichen dichte Stapel bilden. Die Stapel heissen Grana[1], das Plasma dazwischen Stroma[2]. Die Membranen der Grana tragen das Chlorophyll, das Licht für die Fotosynthese auffängt. Die Membranstapel vergrössern die Oberfläche, mit der Lichtenergie aufgefangen werden kann. Auch die Enzyme für die vielen Reaktionsschritte der Fotosynthese sitzen auf den Membranplatten im Inneren.

Produkte

Durch die Fotosynthese produzieren die autotrophen Zellen Glucose und Sauerstoff. Die Glucose dient als Energieträger oder als Rohstoff für die Herstellung zahlreicher anderer Stoffe. Zur Speicherung wird sie in Stärke umgewandelt. Der Sauerstoff wird z.T. von der Pflanze selbst verbraucht, der Rest wird an die Umgebung abgegeben.

Nahrung und Sauerstoff für alle

Da Tiere, Pilze und viele Bakterien in ihren Zellen keine Plastiden besitzen, können sie Glucose nicht selbst herstellen. Sie sind heterotroph, d.h., sie müssen die Glucose und andere organische Stoffe mit der Nahrung aufnehmen. Diese Nahrung muss von den autotrophen Pflanzen hergestellt werden. Die Chloroplasten produzieren also die Nahrung und den Sauerstoff für alle Organismen und beschaffen dadurch auch die Energie, die alle Lebewesen brauchen.

Zusammenfassung

Plastiden sind im LM sichtbare, 2–8 μm lange, meist ovale Zellorganellen mit einer Hülle aus zwei Membranen. Sie enthalten neben Plasma eigene DNA und Ribosomen. Plastiden kommen nur in Pflanzenzellen vor. Die drei Arten von Plastiden entstehen durch Differenzierung aus undifferenzierten Proplastiden, die sich bei Bedarf durch Teilung vermehren. Die verschiedenen Plastiden können sich z.T. auch ineinander umwandeln. Wir unterscheiden:

- die grünen Chloroplasten für die Fotosynthese,
- die farbigen Chromoplasten als Farbstoffträger und
- die farblosen Leukoplasten als Stärkespeicher.

Bei den Chloroplasten ist die innere Oberfläche durch Membranplatten, die sich als Einfaltungen der inneren Membran bilden, stark vergrössert. Die Membranplatten enthalten die Enzyme für die Fotosynthese und bilden stellenweise dichte Stapel (Grana), die das Chlorophyll tragen. Dazwischen liegt das Stroma

[1] Einzahl: *granum,* lat. «Korn».
[2] Lat. *stroma* «Lager».

> Das Chlorophyll in den Granabereichen absorbiert das Licht für die Fotosynthese, durch die Kohlenstoffdioxid und Wasser mithilfe von Lichtenergie in Glucose und Sauerstoff umgewandelt wird.
>
> Die Fotosynthese liefert die Nahrungsgrundlage, den Sauerstoff und die Energie für alle Lebewesen.

Aufgabe 63 Es gibt drei Sorten von Plastiden, die sich in der Funktion voneinander unterscheiden. Ergänzen Sie dazu die folgende Übersicht:

Name	Farbstoffe	Funktion
	Chlorophyll	
	Verschiedene	
	Keine	

Aufgabe 64 Die Blutbuche hat rote Blätter, die Fotosynthese machen. Warum ist das erstaunlich und was kann die Ursache sein?

Aufgabe 65 A] Was haben Chloroplasten im Bau mit dem Zellkern gemeinsam?

B] Wie kann eine Zelle, die keine Chloroplasten besitzt, solche bilden?

Aufgabe 66 Welche Bedeutung hat die Fotosynthese für das Leben auf der Erde?

Aufgabe 67 Welche Aussagen sind richtig? Kommentieren Sie die falschen.

1. Chloroplasten kommen nur in Pflanzenzellen vor.
2. Chloroplasten kommen in allen Pflanzenzellen vor.
3. Chloroplasten kommen in allen Zellen vor, die Fotosynthese machen können.
4. Chloroplasten kommen in allen Zellen vor, die Glucose brauchen.

7.8 Mitochondrien und die Zellatmung

7.8.1 Mitochondrien

Vorkommen

Die Mitochondrien sind mit einer Länge von etwa 0.5–2 μm kleiner als die Plastiden und im LM bei 1 000-facher Vergrösserung gerade noch zu erkennen. Sie kommen in allen Tier- und Pflanzenzellen in grosser Zahl vor. Besonders zahlreich sind sie in Zellen mit hohem Energieumsatz (z. B. in Muskelzellen). Hier kann ihr Anteil bis 20% der Zellmasse ausmachen.

Bau und Entstehung

Wie die Plastiden enthalten auch die Mitochondrien Plasma und sind durch eine Hülle aus zwei Membranen abgegrenzt. Auch sie besitzen ein kleines ringförmiges Stück DNA und Ribosomen und können darum einige ihrer Proteine selbst herstellen. Sie entstehen nur durch Teilung bestehender Mitochondrien.

Wie bei den Chloroplasten ist auch bei den Mitochondrien die innere Oberfläche durch Einstülpungen der inneren Membran stark vergrössert. Die Falten bleiben aber hier mit der Innenmembran verbunden und teilen das Innere einigermassen regelmässig auf. Sie können je nach Mitochondrientyp röhren- oder plattenförmig sein. Der Name Mitochondrium[1] bedeutet «Fadenkorn» und ist auf das fadenähnliche Aussehen der Falten zurückzuführen. Die innere Membran trägt zahlreiche Enzyme für die Reaktionen der Zellatmung. Die grosse innere Oberfläche ermöglicht einen hohen Stoffumsatz.

[Abb. 7-19] Mitochondrien

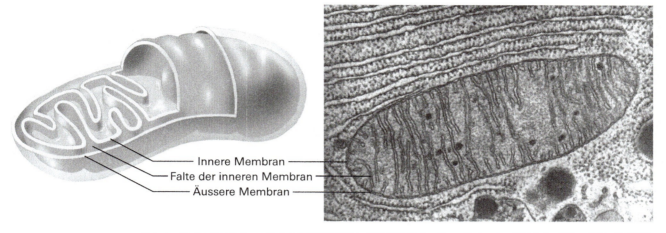

Innere Membran
Falte der inneren Membran
Äussere Membran

Schematische Darstellung (links) und EM-Bild bei 80 000-facher Vergrösserung. Bild links: Oliver Lüde © 2003, Compendio Bildungsmedien AG, Zürich

Aufgabe

Lebewesen brauchen Energie, um sich zu bewegen, um Stoffe zu transportieren und um energiereiche Stoffe herzustellen. Sie gewinnen diese Energie entweder durch Fotosynthese von der Sonne oder durch die Aufnahme von energiereichen organischen Stoffen aus der Nahrung und speichern sie in energiereichen Stoffen wie Kohlenhydraten und Fetten. Um die Energie dieser Stoffe für die verschiedenen Aktivitäten der Zelle zu nutzen, werden sie zu energiearmen Stoffen abgebaut (oxidiert). Die vollständige Oxidation mit Sauerstoff heisst Zellatmung. Die Veratmung von Kohlenhydraten und Fetten liefert Kohlenstoffdioxid und Wasser und setzt das Maximum an Energie aus diesen Stoffen frei.

7.8.2 Zellatmung

Die Zellatmung ist eine Kette von vielen Reaktionen, von denen jede ein Enzym benötigt. Diese Enzyme befinden sich zum grossen Teil in den Mitochondrien. Lediglich die ersten Schritte, durch die das Zucker-Molekül in zwei Teile gespalten wird, finden im Plasma statt. Die Veratmung der Glucose lässt sich durch die folgende Summengleichung zusammenfassen:

$$\text{Glucose} + \text{Sauerstoff} \xrightarrow{\text{Energie}} \text{Kohlenstoffdioxid} + \text{Wasser}$$

Energieübertragung

Das zentrale Problem bei der Nutzung der frei werdenden Energie ist die Übertragung auf die energieverbrauchenden Vorgänge. Die Energie der Glucose soll ja nicht primär als Wärme frei werden, denn die Zelle braucht Energie für Bewegungen, Transporte und endotherme chemische Reaktionen. Diese Vorgänge durch Erwärmung in Gang zu bringen, kommt (soweit es überhaupt möglich wäre) für die Zellen schon in Anbetracht ihrer Hitzeempfindlichkeit nicht infrage.

ATP

Zur Übertragung der Energie ist die Oxidation des Zuckers in der Zellatmung gekoppelt mit dem Aufbau einer anderen energiereichen Verbindung. Diese Verbindung heisst Adenosintriphosphat oder kurz ATP. ATP ist der universell einsetzbare Energieträger der Zelle. Der Bau dieses Moleküls ist aus seinem Namen herleitbar: Das ATP-Molekül ist zusammengesetzt aus einem Adenosin-Molekül und drei (lat. *tri* «drei») Phosphatgruppen. Diese werden in der Biologie mit dem Symbol P (das ansonsten eigentlich das Elementsymbol des Phosphors ist) abkürzt: ATP = Adenosin-P-P-P. Adenosin ist ein recht kompliziertes Molekül, das etwa doppelt so gross ist wie ein Glucose-Molekül.

[1] Gr. *mitos* «Faden», gr. *chondros* «Korn».

ATP-Bildung   Das Adenosintriphosphat wird in den Mitochondrien aus Adenosindiphosphat (ADP) hergestellt, indem eine dritte Phosphatgruppe an das ADP-Molekül gebunden wird. Dazu wird die Energie verwendet, die bei der Oxidation der Glucose frei wird.

Adenosin-P-P   +   P   ⇌ Energie   Adenosin-P-P-P
Glucose   +   Sauerstoff   Kohlenstoffdioxid + Wasser

Die exotherme Oxidation des Zuckers ist direkt gekoppelt mit der endothermen Bildung von ATP. Wärme entsteht ähnlich wie in einem Motor meist nur als «Abfall» (Abwärme).

ATP-Spaltung   Die Energie, die im ATP gespeichert ist, kann durch die Spaltung in ADP + P wieder freigesetzt und für energieverbrauchende Vorgänge genutzt werden.

[Abb. 7-20]   ATP als Energieüberträger

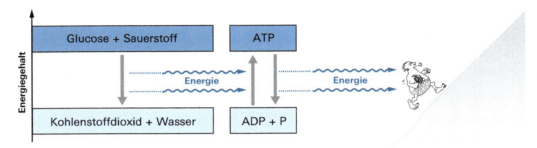

Die exotherme Oxidation der Glucose ist gekoppelt mit der endothermen Bildung von ATP aus ADP und P. Die Spaltung von ATP in ADP und P ist gekoppelt mit energieverbrauchenden Vorgängen.

Die Aufgabe der Mitochondrien besteht also darin, energiereiche Stoffe abzubauen und mit der frei werdenden Energie ATP aus ADP + P herzustellen. Die Energie des ATP kann dann auf energieverbrauchende Vorgänge wie Bewegung, Transport oder endotherme chemische Reaktionen übertragen werden. Das ATP wird dabei wieder in ADP + P umgewandelt.

7.8.3   Wozu ATP?

Warum können energiereiche Stoffe wie die Glucose ihre Energie nicht direkt auf die energieverbrauchenden Vorgänge übertragen?

Schnell   Ein Grund liegt darin, dass der Abbau der Glucose und anderer energiereicher organischer Stoffe viele Reaktionsschritte erfordert und einige Zeit dauert. Demgegenüber kann die Energie des ATP durch eine einzige Reaktion blitzschnell freigesetzt werden.

Einheitlich   Ein zweiter Grund ist die universelle Verwendbarkeit von ATP. Ein Beispiel aus der Technik soll das illustrieren. Haushaltgeräte wie Mixer, Waschmaschine, Toaster und Backofen werden meist mit elektrischem Strom betrieben. Nur selten werden andere Energieträger wie Gas oder Benzin genutzt und es wäre nicht sinnvoll, Geräte zu bauen, die mit jeder Form von Energie betrieben werden können. Zur Nutzung von Benzin, Gas oder Kohle wird deren Energie in einem Kraftwerk in elektrische Energie umgewandelt.

Kraftwerke der Zelle   Entsprechendes gilt für die «Geräte» der Zelle. «Sie laufen alle mit ATP.» ATP ist die Einheitswährung der Energie. Die Mitochondrien haben die Aufgabe, die Energie verschiedener Energieträger wie Kohlenhydrate und Fette in ATP-Energie umzuwandeln. Sie werden darum oft als Kraftwerke der Zelle bezeichnet. Beachten Sie aber bitte: Weder Kraftwerke noch Mitochondrien erzeugen Energie. Sie wandeln Energie lediglich um. In einem Wasserkraftwerk wird mechanische Energie in elektrische Energie umgewandelt. Mitochondrien wandeln die Energie von organischen Stoffen in ATP-Energie um.

Handlich — Ein dritter Grund für die Bildung von ATP ist die Aufteilung der Energie in handliche Portionen. Die Zelle braucht zwar gesamthaft viel Energie, aber die Portionen, die für die einzelnen Vorgänge benötigt werden, müssen kleiner sein als die Energie, die in einem Zucker-Molekül steckt. Bei der Veratmung von einem Glucose-Molekül werden 38 Moleküle ATP gebildet. Ein ATP-Molekül enthält also nur etwa 3% der Energie eines Glucose-Moleküls.

7.8.4 Warum nicht nur ATP?

Aber warum bauen Zellen überhaupt Fette und Kohlenhydrate auf und nicht direkt ATP, wenn sie ja letztlich ATP brauchen?

Die Antwort ist einfach. ATP eignet sich nicht als Energiespeicher für grosse Energiemengen, weil sein Energiegehalt mit 0.06 kJ/g viel geringer ist als der Energiegehalt von Fetten (39 kJ/g) oder von Kohlenhydraten (16 kJ/g). Um die Energie, die im Körperfett eines normalgewichtigen Menschen gebunden ist, zu speichern, wären etwa 10 000 kg ATP nötig.

Zusammenfassung

Mitochondrien sind im LM knapp sichtbare, meist ovale Organellen mit einer Länge von 0.5–2 μm. Sie kommen in allen Eucyten vor. Mitochondrien sind durch eine Hülle aus zwei Membranen abgegrenzte Organellen mit Plasma, DNA und Ribosomen. Sie entstehen durch Teilung bereits vorhandener Mitochondrien. Ihre innere Oberfläche ist durch Einstülpungen der inneren Membran stark vergrössert. Diese trägt die Enzyme für die Zellatmung.

Durch die Zellatmung werden energiereiche Stoffe wie Glucose mit Sauerstoff zu Kohlenstoffdioxid und Wasser abgebaut. Die frei werdende Energie dient zum Aufbau des energiereichen ATP (Adenosintriphosphat) aus ADP + P (Adenosindiphosphat und Phosphat). Mitochondrien wandeln die Energie energiereicher organischer Stoffe in ATP-Energie um.

Das ATP überträgt die Energie auf die energieverbrauchenden Vorgänge (Bewegungen, Transporte, endotherme Reaktionen) und wird dabei wieder in ADP + P umgewandelt.

Aufgabe 68 — Vergleichen Sie den Bau von Mitochondrien und Plastiden. Nennen Sie die Übereinstimmungen und die Unterschiede.

Aufgabe 69 — Was ist das Ziel der Zellatmung? Welche Rolle spielt dabei das ATP?

7.9 Cytoskelett und Bewegungen (in) der Zelle

7.9.1 Bauelemente des Cytoskeletts

Aufgaben — Das Cytoskelett ist ein Netzwerk von feinen Proteinfäden und Proteinröhrchen im Cytoplasma (vgl. Abb. 7-21). Es stützt die Zelle und stabilisiert ihre innere Struktur durch die Verankerung der Organellen. Bei Zellen ohne Zellwand bestimmt das Cytoskelett die Form und ermöglicht Formänderungen. Es dient auch der Bewegungen einzelner Organellen oder ganzer Zellen. Selbst die Fortbewegung vielzelliger Lebewesen wird durch Formänderung von Zellen verursacht.

[Abb. 7-21] Mikrotubuli in Zellen und Schema eines Mikrotubulus

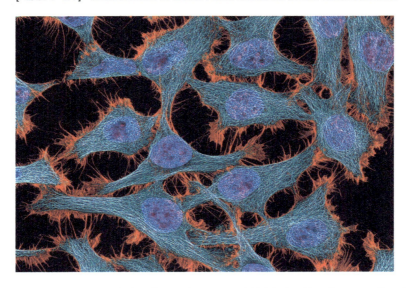

Im LM-Bild dieser tierischen Zellen sieht man bei 200-facher Vergrösserung die mit leuchtenden Farbstoffen angefärbten Mikrotubuli. Der violette Fleck in der Mitte jeder Zelle ist der Zellkern. Das Schema rechts zeigt: Ein Mikrotubulus ist ein Röhrchen aus kugeligen Protein-Molekülen.
Bild: KEYSTONE / Science Photo Library / NATIONAL INSTITUTES OF HEALTH

Bauelemente — Die Bauelemente des Cytoskeletts bestehen aus verschiedenen Proteinen und sind unterschiedlich gebaut. Wir beschränken uns auf die Mikrotubuli und Mikrofilamente.

Mikrofilamente — Mikrofilamente[1] sind Proteinstäbchen mit 5–7 nm Durchmesser. Sie bestehen aus dem Protein Actin und werden darum auch als Actinfilamente bezeichnet.

Mikrotubuli — Die Mikrotubuli[2] sind etwa 25 nm dicke, gerade Röhrchen. Ihre Wand besteht aus dem Protein Tubulin (vgl. Abb. 7-21).

7.9.2 Cytoskelett als Stütze

Äussere Form — Die Form tierischer Zellen, denen ja eine Zellwand fehlt, wird hauptsächlich durch das Cytoskelett bestimmt. Direkt unter der Zellmembran befindet sich ein dichtes Netzwerk von Actinfilamenten und Mikrotubuli, das in der Zellmembran verankert ist. Es gibt der Zelle ihre Form und eine gewisse mechanische Festigkeit.

Innere Form — Die Organellen sind durch die Befestigung am Cytoskelett an ihren Plätzen verankert.

Formänderungen — Die Form wandloser Zellen kann sich ändern, indem das Cytoskelett – ähnlich wie ein Baugerüst – in einem Bereich der Zelle in einzelne Elemente zerlegt und an einer anderen Stelle neu aufgebaut wird.

7.9.3 Bewegung durch Motorproteine

Das Cytoskelett dient auch der Bewegung. Ähnlich wie unser Knochenskelett zusammen mit den Muskeln die Bewegungen des Körpers möglich macht, ermöglicht das Cytoskelett zusammen mit den Motorproteinen Bewegungen von Zellen und Zellteilen. Die Bewegungen basieren darauf, dass sich die aktiven Motorproteine durch eine Formveränderung wie winzige Beinchen hin und her bewegen. Die Energie für die Bewegung wird in Form von ATP zugeführt. Das ATP bindet sich an die Beinchen und bringt sie zum Umklappen und wird dabei in ADP und P gespalten. Das ADP löst sich von den Beinchen und diese schnellen in die Ausgangsposition zurück.

[1] Lat. *filamentum* «Faden».
[2] Lat. *tubulus* «kleine Röhre».

Bei vielen Zellbewegungen sind die Motorproteine an Mikrofilamente oder Mikrotubuli gebunden und verschieben diese gegenüber anderen (vgl. Abb. 7-22).

[Abb. 7-22] Bewegung durch Motorproteine

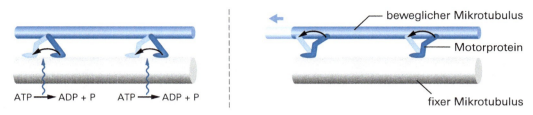

Die Motorproteine, die wie Beinchen drehbar am oberen Mikrotubulus befestigt sind, wandern auf dem unteren und verschieben dadurch den oberen gegenüber dem unteren. Die Energie für ihre Bewegung liefert die Spaltung von ATP.

Nach diesem Prinzip bewegen sich Muskelzellen und Geisseln.

7.9.4 Verschiebung von Organellen und Vesikeln

Organellen und Vesikel sind in der Zelle oft an Mikrotubuli fixiert. Sie können aber innerhalb der Zelle auch bewegt werden. Die Mikrotubuli dienen als Schienen, auf denen die Organellen von Motorproteinen mit ATP-Energie zu einem bestimmten Ziel geschoben werden. So fahren z. B. Vesikel von den Dictyosomen zur Zelloberfläche.

[Abb. 7-23] Verschiebung von Vesikeln und Organellen

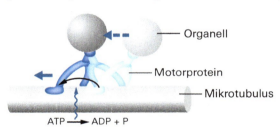

Vesikel und Organellen werden von Motorproteinen entlang von Mikrotubuli bewegt.

7.9.5 Bewegung mit Geisseln und Wimpern

Definition

Geisseln und Wimpern sind feine Ausstülpungen der Zelle, die der Bewegung oder der Fortbewegung dienen. Geisseln sind länger als die Zelle und meist einzeln oder in kleiner Zahl vorhanden. Sie können eine Zelle ziehen oder stossen. Wimpern sind kürzer als die Zelle und meist in grosser Zahl vorhanden. Ihre Schlagbewegungen sind koordiniert.

Bau

Erstaunlicherweise haben die Geisseln und Wimpern aller Lebewesen (mit Ausnahme der Bakterien) den gleichen inneren Bau. Sie enthalten, wie das EM-Bild in Abbildung 7-24 zeigt, neun im Kreis angeordnete Mikrotubuli-Paare und zwei einzelne Mikrotubuli im Zentrum. Man nennt diese Anordnung das 9+2-Schema.

[Abb. 7-24] Bau und Bewegung der Geissel

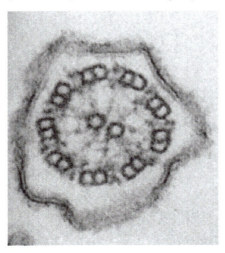 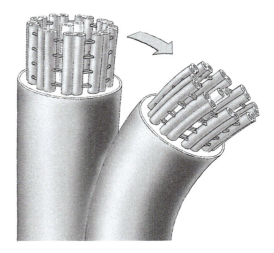

Links: Querschnitt durch eine Geissel im TEM bei 160 000-facher Vergrösserung. Rechts: schematische Darstellung der Bewegung. Bild links: © Prof. K. Hausmann, Berlin, Bild rechts: Oliver Lüde © 2003, Compendio Bildungsmedien AG, Zürich

Aufgabe

Die Mikrotubuli werden durch Motorproteine in Längsrichtung gegeneinander verschoben. Das führt zur Krümmung der Geissel bzw. Wimper, welche die Schlagbewegung verursacht. Auch hier wird bei der Bewegung ATP «verbraucht».

Einzelligen Lebewesen dienen Geisseln und Wimpern zur Fortbewegung (vgl. Abb. 15-1, S. 179). Auch die Spermien[1] der vielzelligen Tiere bewegen sich mit einer Geissel. Bei Vielzellern findet man Wimpern an Deckgeweben von inneren Organen. Sie dienen hier dem Transport. So befördern die Wimpern in der menschlichen Luftröhre (vgl. Abb. 7-25) kleine Schleimtröpfchen und Staubteilchen nach oben in den Rachenraum.

[Abb. 7-25] Zellen mit Wimpern auf der Innenseite der Luftröhre

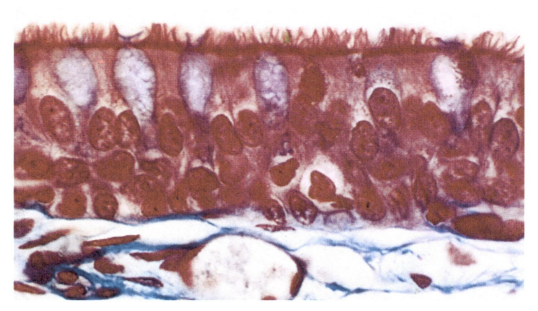

Bild: © Dr. J. Lieder

---

[1] Spermien (oft Samenzellen genannt) sind die Keimzellen, die in den männlichen Geschlechtsorganen produziert werden. Sie schwimmen aktiv mithilfe einer Geissel, um zu einer Eizelle zu gelangen.

7.9.6 Muskelbewegung

In den Muskelfasern, die bei Tieren die Bewegung des ganzen Körpers oder einzelner Teile ermöglichen, findet man besonders viele parallel ausgerichtete Actinfilamente. Zwischen ihnen liegen Myosinfilamente, die nach allen Seiten abstehende, bewegliche Molekülbeinchen besitzen (vgl. Abb. 7-26). Durch die Bewegung dieser Beinchen verschieben sich die Myosin- gegenüber den Actinfilamenten. Die Filamente gleiten tiefer ineinander hinein, wodurch sich die Muskelfaser verkürzt. Die Molekülbeinchen des Myosins wirken als Motorproteine. Die Energie für ihre Bewegung liefert die Spaltung von ATP in ADP + P.

[Abb. 7-26] Prinzip der Muskelbewegung

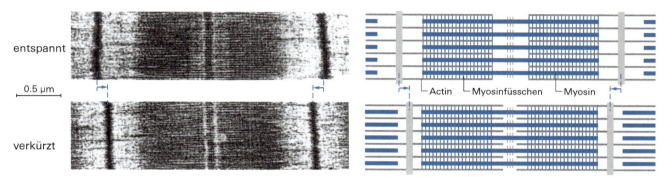

Die Verkürzung eines kleinen Abschnitts der Muskelfaser, links im EM-Bild bei 20 000-facher Vergrösserung und rechts in schematischer Darstellung. Die Myosin- und die Actinfilamente gleiten durch die Bewegung der Myosin-Beinchen tiefer ineinander.

7.9.7 Plasmafluss und Plasmaströmung

Plasmafluss

Gewisse tierische Zellen wie Amöben oder unsere weissen Blutkörperchen können sich durch Plasmafluss kriechend fortbewegen. Dabei ändern sie ihre Form ständig. Sie verschieben das Cytoplasma mithilfe von Actinfilamenten und Motorproteinen in die gewünschte Richtung.

[Abb. 7-27] Plasmafluss bei einem tierischen Einzeller (Amöbe)

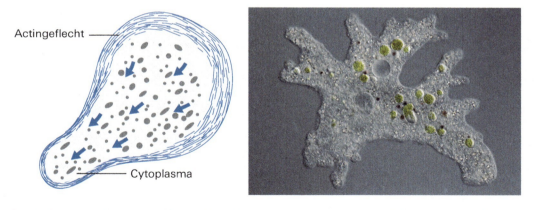

Die Amöbe bewegt sich durch Plasmafluss. Motorproteine verschieben das Cytoplasma gegenüber den Actinfasern. Schematische Darstellung (links) und LM-Bild einer Amöbe bei 200-facher Vergrösserung.
Bild rechts: © 2015, Thinkstock

Plasmaströmung

In grossen Pflanzenzellen ist oft eine mehr oder weniger gleichmässige Bewegung des Plasmas zu beobachten. Diese Plasmaströmung sorgt für eine schnellere Verteilung der Stoffe in der Zelle. Die innere Schicht des Plasmas bewegt sich gegenüber einer äusseren, die reich ist an Actinfilamenten. Es gibt Hinweise darauf, dass das Plasma von Organellen gestossen wird, die sich mit Myosinmotoren gegen die Actinschicht verschieben.

Zusammenfassung Das Cytoskelett besteht aus feinen Proteinröhrchen (Mikrotubuli) und -fäden (Mikrofilamenten) im Cytoplasma. Es stabilisiert die innere Struktur der Zellen und hält wandlose Zellen in Form.

Das Cytoskelett ermöglicht zusammen mit Motorproteinen sowohl die Bewegungen innerhalb der Zelle als auch die Verformung und die Bewegung der ganzen Zelle. Dabei verschieben sich die Motorproteine gegen fixe Elemente des Cytoskeletts. Die Energie für diese Bewegung liefert das ATP, das dabei in ADP + P gespalten wird.

Zellorganellen werden von Motorproteinen entlang von Mikrotubuli verschoben.

Bei der Verkürzung von Muskelzellen gleiten die Filamente des Motorproteins Myosin zwischen die Actin-Filamente hinein. ATP liefert die Energie.

Geisseln und Wimpern von Eucyten sind feine Plasmafortsätze mit der charakteristischen 9+2-Anordnung von Mikrotubuli. Die Schlagbewegung entsteht, indem Mikrotubuli von Motorproteinen mit ATP-Energie gegeneinander verschoben werden.

Auch die Plasmaströmung in Zellen und der Plasmafluss bei der Fortbewegung von Zellen werden durch die Verschiebung von Motorproteinen gegenüber Actinfilamenten mit ATP-Energie verursacht

Aufgabe 70 Bewegungen in der Zelle werden durch das Zusammenwirken von Motorproteinen und fixierten Elementen des Cytoskeletts ermöglicht.

A] Beschreiben Sie, wie die Bewegungen grundsätzlich zustande kommen.

B] Warum besitzen Muskelzellen besonders viele Mitochondrien?

Aufgabe 71 A] Nennen Sie die Aufgaben des Cytoskeletts.

B] Charakterisieren Sie zwei Bauelemente mit je einem Satz.

C] Wie können Vesikel in der Zelle bewegt werden?

7.10 Zellwand

7.10.1 Bau und Bildung

Vorkommen Fast alle pflanzlichen Zellen sind umgeben von einer relativ starren Zellwand, die hauptsächlich aus Cellulose besteht. Das Material dieses schützenden Gehäuses wird vom Protoplasten produziert und durch die Zellmembran nach aussen abgeschieden.

Bau Zellwände bestehen aus einer elastischen Grundsubstanz, in welche die weniger dehnbaren Cellulosefasern eingebettet sind. Sie kennen dieses Bauprinzip vielleicht von Faserkunststoffen, wo zugfeste Fasern (z. B. Kohle- oder Glasfasern) in eine elastische Grundmasse eingelagert sind.

Primärwand Die von jungen Zellen gebildete Primärwand ist etwa 0.1 μm dick. Sie enthält weniger als 10% Cellulosefasern und diese liegen kreuz und quer (vgl. Abb. 7-28). Die Primärwand ist darum dehnbar. Beim Wachstum der Zelle wird die Wand gedehnt. Weil dabei auch laufend neues Zellwandmaterial aufgelagert wird, nimmt die Wanddicke bei der Dehnung nicht ab. Im Gegenteil: Die Wand wird dicker und fester. Dazu trägt auch die Zunahme des Faseranteils und die Vernetzung der kreuz und quer liegenden Cellulosefasern bei.

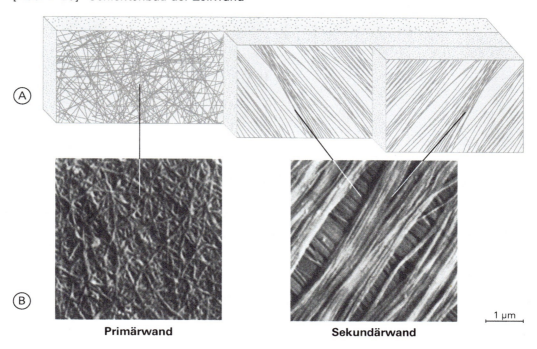

[Abb. 7-28] Schichtenbau der Zellwand

Primärwand **Sekundärwand**

A] Schema: Primärwand mit ungeordneten Cellulosefasern und Sekundärwand aus mehreren Schichten, in denen die Cellulosefasern jeweils parallel liegen. B] Aufsicht im EM bei 10 000-facher Vergrösserung.

Sekundärwand — Nach Abschluss des Zellwachstums kann die Wand durch die Auflagerung der Sekundärwand bis auf 15 µm verdickt werden. Die Schichten der Sekundärwand enthalten wesentlich mehr Cellulosefasern und diese sind innerhalb einer Schicht parallel angeordnet (vgl. Abb. 7-28). Die einzelnen Schichten unterscheiden sich in der Ausrichtung der Fasern. Sie kennen das Prinzip solcher Sandwichkonstruktionen z. B. vom Sperrholz.

Tüpfel — Die Protoplasten benachbarter Zellen sind durch die Zellwand nicht vollständig getrennt. Die Zellwände haben feine Poren, die man Tüpfel nennt. Durch die Tüpfel ziehen dünne Cytoplasmastränge (Plasmodesmen) mit Ausläufern des ER zu Nachbarzellen (vgl. Abb. 7-29). Über diese Cytoplasmastränge tauschen die Zellen Stoffe und Informationen aus.

Mittellamelle — Zwischen den Zellwänden von zwei benachbarten Zellen liegt die Mittellamelle, eine dünne klebrige Schicht, welche die benachbarten Zellen zusammenhält.

Interzellularen — Wo die Zellwände benachbarter Zellen nicht direkt aneinander liegen, sind Hohlräume, die man Interzellularen[1] nennt. Sie enthalten Luft und dienen dem Gastransport in der Pflanze.

Durchlässigkeit — Obwohl Zellwände mit einer Dicke von 0.1–15 µm bis 2 000-mal so dick sind wie die Membran, lassen sie, wenn sie nicht abdichtende Einlagerungen enthalten, kleine Moleküle wie Wasser oder Ionen passieren. Wasser kann sogar in den Zellwänden transportiert werden. Es wird – ähnlich wie bei saugfähigem Papier – in den Zellwänden von einer Zelle zur nächsten gesogen. Teilchen, welche die Wand nicht durchqueren können, gelangen über die Plasmafäden der Tüpfel von einer Zelle zur nächsten.

[1] Lat. *inter* «zwischen».

[Abb. 7-29] Verdickte Zellwände

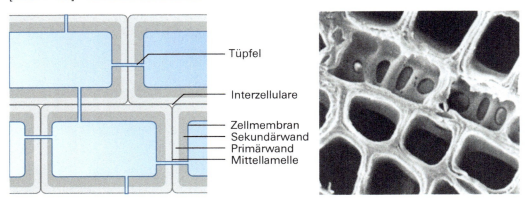

- Tüpfel
- Interzellulare
- Zellmembran
- Sekundärwand
- Primärwand
- Mittellamelle

Schematischer Schnitt durch die Zellwände benachbarter Zellen (links) und REM-Bild von Kieferholz bei 500-facher Vergrösserung (rechts).

7.10.2 Einlagerungen in die Zellwand

Die Eigenschaften der Zellwände können durch Einlagerungen spezifischen Anforderungen angepasst werden.

Festigung durch Verholzen

Durch die Einlagerung von Lignin[1] (Holzstoff) wird die Druckstabilität der Wand erhöht. Die Zellwände der Zellen von Festigungsgeweben, die z. B. Stängeln, Zweigen und Stämmen von Landpflanzen Halt geben, enthalten bis zu 30% Lignin und sind stark verdickt. Bei extremer Verdickung der Zellwand stirbt der Zellinhalt oft ab und von der Zelle bleibt wie im Holz eines Baumstamms (vgl. Abb. 7-29) nur das tote Gehäuse.

Abdichtung

Die Ein- oder Auflagerung von Korksubstanz oder Wachs (Cutin) macht Zellwände wasserdicht und gasdicht. Das geschieht vor allem bei Zellen des Abschlussgewebes in der «Aussenhaut» der Pflanze. Ein Baum würde ohne Verdunstungsschutz rasch verdursten, weil er über die grosse Oberfläche seiner Blätter viel mehr Wasser verlieren würde, als er aus dem Boden aufnehmen und nach oben transportieren kann.

Das Cutin kann in die Zellwand eingebaut oder als zusätzliche Schicht aussen aufgelagert werden. Der Schutzfilm, der sich durch die Auflagerung bildet, wird als Cuticula bezeichnet. Sie ist z. B. auf Äpfeln als wachsartiger Belag gut feststellbar. Bei extremer Abdichtung der Zellwände sterben die Zellen ab, wie die Zellen im Kork der Korkeiche.

Härtung

Die Härte von Pflanzenteilen kann durch Einlagerung von Kieselsäure oder Salzen in die Zellwände erhöht werden. Harte Blätter mit messerscharfen Kanten und spitzen Nadeln, Dornen oder Stacheln bewahren Pflanzen vor dem Gefressenwerden.

Bildung einer neuen Wand

Bei der Teilung einer Zelle in zwei Tochterzellen wird eine neue Trennwand gebildet. Die erste Schicht entsteht durch die Vereinigung von Golgi-Vesikeln, die von den beiden Tochterzellen angeliefert werden. Die Vesikel verschmelzen zu einer grossen membranumschlossenen Zellwandplatte. Diese wird dann mit den bestehenden Membranen und Zellwänden verbunden. Die Inhalte der Vesikel bilden die gemeinsame Mittellamelle, während ihre Membranen zu den beiden neuen Teilstücken der Zellmembranen verschmelzen (vgl. Abb. 7-30).

[1] Lat. *lignum* «Holz».

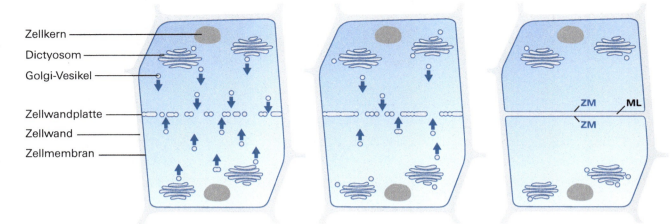

[Abb. 7-30] Bildung einer Zellwand bei der Zellteilung

Vesikel von beiden Zellen verschmelzen zu einer membranumschlossenen Zellwandplatte. Die Inhalte der Vesikel bilden die neue Mittellamelle (ML). Ihre Membranen verschmelzen zu den neuen Teilstücken der Zellmembranen (ZM) der beiden Tochterzellen.

7.10.3 Aufgaben der Zellwand

Stütze und Schutz

Die Aufgaben der Zellwand sind die Stabilisierung und der Schutz der Zelle. Pflanzen haben im Gegensatz zu Tieren kein stützendes und schützendes Skelett. Ihre Stabilität beruht auf der Festigkeit der einzelnen Zellen, zu der die Zellwände erheblich beitragen.

Gespannte Wände

Auch Zellen mit unverdickten Wänden haben eine gewisse Festigkeit. Diese ist aber im Gegensatz zur Festigkeit verholzter Zellen von der Wasserversorgung abhängig. Sie kennen das Phänomen von Pflanzen, die bei starkem Wasserverlust welken. Normalerweise saugt der Zellinhalt lebender Zellen Wasser auf und drückt von innen gegen die Zellwand, wodurch diese etwas gewölbt und gespannt wird. Ähnlich wie ein gut aufgepumpter Ball wird die Zelle durch diesen Innendruck und die Spannung der Wand stabilisiert. Bei Wassermangel verliert die Zelle Wasser, die Spannung geht verloren und die Pflanze «fällt zusammen»: Sie welkt (vgl. Kap 10.4.3, S. 133).

Wasseraufnahme

Eine weitere Aufgabe der Zellwand besteht darin, dass sie die Wasseraufnahme in die Zelle begrenzt, indem sie die Ausdehnung der Zelle verhindert.

Nachteile der Wand

Die Nachteile der festen Zellwand liegen in der Einschränkung der Beweglichkeit und des Stoffaustauschs.

Zusammenfassung

Die Zellwand wird vom Protoplasten durch Ausscheidung des Wandmaterials aufgebaut. Sie besteht aus einer Grundsubstanz und Cellulosefasern. Die Primärwand enthält wenig und zerstreut angeordnete Cellulosefasern und ist darum dehnbar. Sie wächst durch Dehnung und Auflagerung von Material. Die Sekundärwand besteht aus mehreren Schichten, die sich in der Richtung der jeweils parallel angeordneten Cellulosefasern voneinander unterscheiden. Durch Einlagerung von Lignin werden Zellwände härter, durch Ein- oder Auflagerung von Cutin und Suberin werden sie wasser- und gasdicht.

Tüpfel sind feine Poren in den Zellwänden, durch die dünne Cytoplasmastränge ziehen.

Bei der Zellteilung entsteht eine neue Trennwand, indem Golgi-Vesikel zu einer Zellwandplatte verschmelzen. Die Membranen der Vesikel bilden die neuen Teilstücke der Zellmembranen der beiden Tochterzellen, ihre Inhalte die gemeinsame Mittellamelle. Auf diese baut dann jede Zelle ihre Zellwand auf.

> Die Zellwand gibt der Zelle Form und Halt und schützt sie gegen mechanische Einwirkungen. Sie begrenzt auch die Wasseraufnahme in die Zelle.
>
> Interzellularen sind Hohlräume zwischen den Zellwänden benachbarter Zellen. Sie enthalten Luft und ermöglichen den Gastransport innerhalb der Pflanze.

Aufgabe 72   Was unterscheidet eine ausgewachsene Pflanzenzelle von einer jungen?

Aufgabe 73   A] Woraus besteht die Zellwand grundsätzlich?

B] Wie entsteht die Mittellamelle?

Aufgabe 74   Was sind Interzellularen bei Pflanzen? Wozu dienen sie?

8 Zelltypen

Lernziele	Nach der Bearbeitung dieses Kapitels können Sie ... • die Unterschiede in Bau und Funktion von pflanzlichen und tierischen Zellen nennen und ihre Bedeutung diskutieren. • den Bau der Procyte skizzieren und die Teile mit ihren Funktionen beschreiben. • die Unterschiede im Bau von Procyte und Eucyte darlegen.
Schlüsselbegriffe	Eucyte, Eukaryoten, Procyte, Prokaryoten

In diesem Kapitel beschäftigt uns die grundlegende Frage: Wodurch unterscheiden sich die Zellen von Pflanzen und Tieren und worin stimmen sie überein?

8.1 Eucyte von Tieren und Pflanzen

Die Eucyte der Eukaryoten

Die Zellen von Tieren und Pflanzen stimmen – trotz einiger Unterschiede – in vielen Merkmalen überein. Sie besitzen Organellen, die durch eine oder zwei Membranen begrenzt sind. Das Erbgut besteht aus mehreren Chromosomen und liegt im Kern in Form von Chromatinfasern vor. Man nennt solche Zellen Eucyten[1]. Lebewesen mit Eucyten heissen Eukaryoten[2].

8.2 Procyte der Bakterien

Kleiner und einfacher

Die Zellen der Bakterien sind etwa zehnmal kleiner als Eucyten und haben einen wesentlich einfacheren Bau (vgl. Abb. 8-1). Sie besitzen keine von Membranen umschlossenen Organellen und das Membransystem des Cytoplasmas fehlt.

Kernregion

Wie die Bezeichnung Prokaryoten[3] für die Lebewesen mit Procyten andeutet, haben die Procyten keinen echten Zellkern, sondern eine Kernregion. Die Kernregion enthält den grössten Teil des Erbmaterials, ist aber nicht durch Membranen vom Cytoplasma abgegrenzt. Die meisten Bakterien besitzen ein einziges stark geknäueltes DNA-Molekül. Obwohl die DNA-Menge etwa 1 000-mal kleiner ist als in einer Eucyte, ist das DNA-Molekül ausgestreckt etwa 1 000-mal länger als die Procyte (vgl. Abb. 7-16, S. 97).

Membrane

In der Procyte fehlt auch das Membransystem des Cytoplasmas. Procyten besitzen also kein ER und keinen Golgi-Apparat. Die Ribosomen liegen alle frei im Plasma. Die wenigen Membranen, die im Zellinneren vorkommen, sind Einfaltungen der Zellmembran.

Membrankörper

Procyten enthalten weder Mitochondrien noch Plastiden. Die Aufgabe der Mitochondrien erledigen Membrankörper, die als Einstülpungen der Zellmembran entstehen und die für die Zellatmung nötigen Enzyme tragen. Die relativ wenigen Bakterien, die zur Fotosynthese fähig sind, verfügen zudem über Membrankörper mit Chlorophyll und Enzyme für die Fotosynthese.

---

[1] Gr. *eu* «gut, schön».
[2] Gr. *karyon* «Kern».
[3] Lat. *pro* «vor», gr. *karyon* «Kern».

[Abb. 8-1] Eine Bakterienzelle (Procyte)

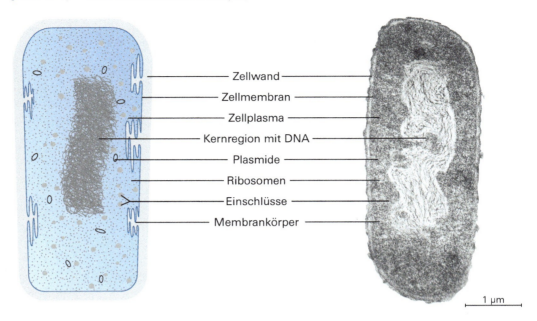

- Zellwand
- Zellmembran
- Zellplasma
- Kernregion mit DNA
- Plasmide
- Ribosomen
- Einschlüsse
- Membrankörper

1 µm

Schematische Darstellung (links) und TEM-Bild (rechts) bei 15 000-facher Vergrösserung.
Bild rechts: © G. Cohen-Bazir

Geisseln

Manche Bakterien tragen Geisseln. Diese sind etwa 10-mal dünner als die Geisseln der Eucyten und haben einen ganz anderen Bau als diese. Bakteriengeisseln sind keine Zellfortsätze mit Plasma und Membran, sondern nackte Proteinfäden. Beim Studium ihrer Funktionsweise stellte man mit grosser Verblüffung fest, dass sie rotieren. Es ist die einzige rotierende Bewegung, die man (bis heute) aus dem Reich der Lebewesen kennt.

Zellwand

Wie Pflanzenzellen besitzen auch Procyten eine feste Zellwand, die sie schützt und stützt. Sie enthält allerdings keine Cellulose.

Zusammenfassung

Man unterscheidet Procyten und Eucyten.

Procyten besitzen im Unterschied zu Eucyten keine Organellen, die durch eine Membran oder eine Hülle begrenzt sind.

- Anstelle eines Kerns haben sie eine Kernregion, mit einem einzigen stark geknäuelten DNA-Molekül.
- Anstelle von Mitochondrien und Plastiden besitzen sie Einstülpungen der Zellmembran, welche die Enzyme für die Zellatmung bzw. für die Fotosynthese tragen.
- Die Zellwand besteht nicht aus Cellulose.
- Allfällig vorhandene Geisseln sind Proteinfäden.

Lebewesen, die aus Procyten bestehen, heissen Prokaryoten. Zu ihnen zählen die Bakterien. Zu den aus Eucyten aufgebauten Eukaryoten gehören alle Pflanzen und Tiere.

Aufgabe 75 Die Diagramme in der folgenden Abbildung zeigen die Volumenanteile von sechs Zellbestandteilen in zwei verschiedenen Zellen. Flächen mit gleicher Nummer beziehen sich in beiden Diagrammen auf die gleichen Bestandteile. Hinweis: Die Leber baut grosse Mengen von Stoffen auf und ab.

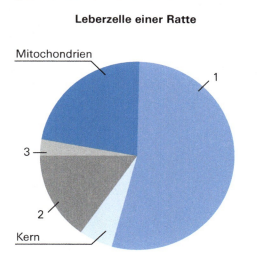
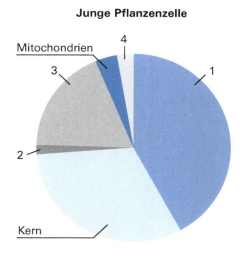

A] Ordnen Sie den folgenden Bestandteilen die richtige Nummer zu und begründen Sie Ihre Zuordnung: Plastiden – Grundplasma – ER und Golgi-Apparat – Vakuolen und Vesikel.

B] Erklären Sie, warum der Anteil des Kerns in der jungen Pflanzenzelle höher ist.

C] Was schliessen Sie aus der Tatsache, dass der Anteil der Mitochondrien in der tierischen Zelle höher ist?

Aufgabe 76 Was unterscheidet eine Procyte von einer pflanzlichen Eucyte?

Aufgabe 77 Wo finden folgende Vorgänge in der Procyte statt:
A] die Zellatmung B] die Verdoppelung des Erbguts C] die Proteinsynthese

Aufgabe 78 Kreuzen Sie alle Strukturen an, die in der Procyte (P) bzw. in der Eucyte (Eu) vorkommen: immer (××) oder manchmal (×).

	P	Eu		P	Eu		P	Eu
Chloroplasten			Zellwand			Dictyosomen		
Zellmembran			ER			Ribosomen		
Mitochondrien			Kernhülle			Cytoplasma		

Aufgabe 79 Erstellen Sie zu den beiden schematischen Darstellungen in Abb. 8-2 und Abb. 8-3 eine Legende in Form einer Tabelle mit den Namen und den Funktionen der nummerierten Zellstrukturen. Führen Sie die Strukturen nach ihren Nummern geordnet auf.

[Abb. 8-2]   Schema einer tierischen Zelle

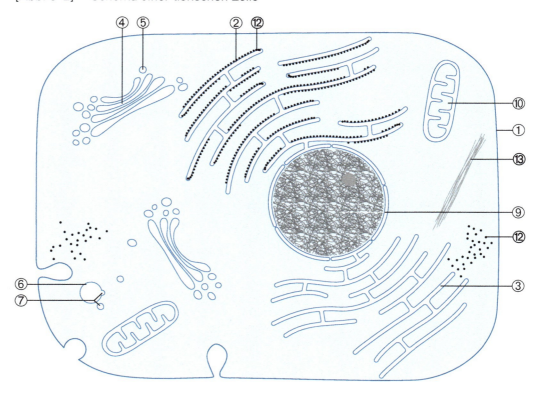

[Abb. 8-3]   Schema einer pflanzlichen Zelle

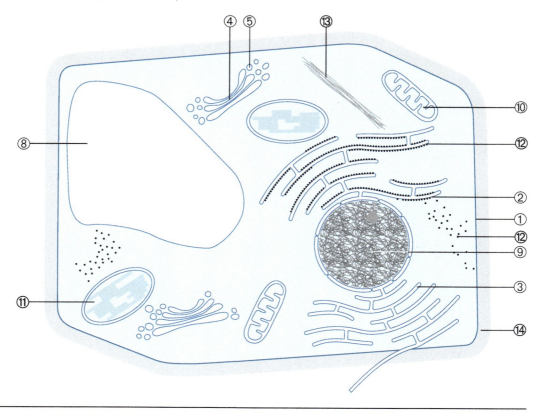

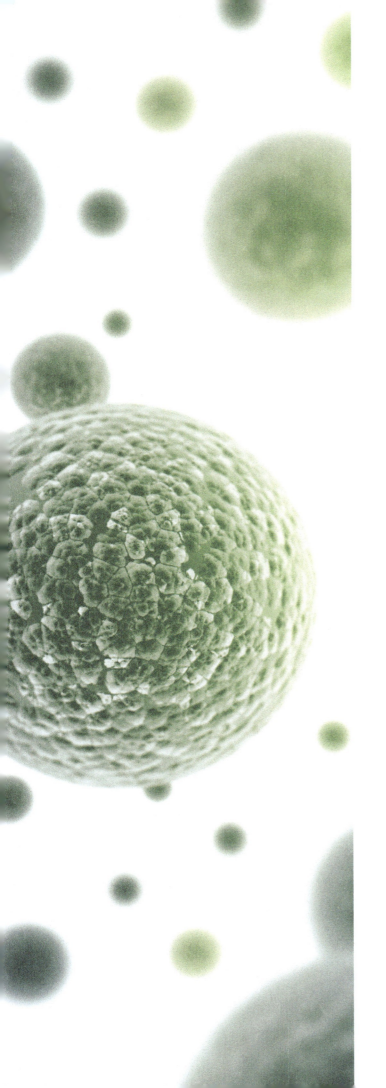

TEIL D
Zellstoffwechsel

Einstieg

In diesem Teil befassen wir uns vertieft mit dem Stoffwechsel der Zelle.

Übersicht über den Zellstoffwechsel

Der Zellstoffwechsel schafft die materielle Grundlage für das Wachstum, die Vermehrung und die Erneuerung der Zelle. Er liefert auch die Energie für alle Aktivitäten der Zelle.

Der Zellstoffwechsel umfasst neben den chemischen Vorgängen in der Zelle (Assimilation und Dissimilation) auch den Stoffaustausch mit der Umgebung (Stoffaufnahme und Stoffabgabe) sowie den Stofftransport in der Zelle.

Nach ihrer Ernährungsweise unterscheiden wir autotrophe Zellen, die nur anorganische Stoffe brauchen, und heterotrophe Zellen, die organische Stoffe aufnehmen müssen. Heterotrophe Zellen beziehen auch die Energie aus der energiereichen organischen Nahrung. Autotrophe Zellen stellen die energiereichen organischen Stoffe (meist) mithilfe von Lichtenergie selbst her.

Stoffaustausch

Der Stoffaustausch kann auf unterschiedlichen Wegen und durch verschiedene Mechanismen geschehen. Kleine Teilchen wandern durch die Zellmembran. Ganz kleine Moleküle schwimmen durch die Lipidschicht; Ionen und etwas grössere Moleküle benutzen die Proteintunnel oder werden von speziellen Protein-Molekülen (Carriern) transportiert.

Die Aufnahme in die Zelle geschieht spontan durch Diffusion, wenn die Konzentration des Stoffs ausserhalb höher ist als in der Zelle. Ist das nicht der Fall, müssen die Teilchen unter Energieaufwand aktiv transportiert werden. Der aktive Transport ist eine Leistung der Carrier und kann nur von lebenden Zellen erbracht werden.

Weil die Zellmembran nicht für alle Teilchen durchlässig ist, diffundiert oft mehr Wasser in die Zelle als hinaus oder umgekehrt. Eine solche Osmose verursacht eine Änderung des Innendrucks in der Zelle und hat grosse Bedeutung für den Wasserhaushalt der Zelle.

Nahrungsteilchen und Makromoleküle wie die Proteine können und sollen die Membran nicht durchqueren. Sie können es nicht, weil sie zu gross sind, und sie sollen es nicht, weil sie körperfremd sind. Sie werden an der Zelloberfläche in eine Nahrungsvakuole eingeschlossen und in dieser verdaut. Ihre Bestandteile werden dann durch die Membran der Nahrungsvakuole ins Plasma aufgenommen. Wir haben diesen Vorgang in Kapitel 7.4.3, S. 93 bereits behandelt.

Regulation des Zellstoffwechsels

Die Zelle kann ihre Zusammensetzung unabhängig von der Umgebung konstant halten oder gezielt verändern. Dazu muss sie ihren Stoffwechsel regulieren können. Der Stoffaustausch kann durch Öffnen und Schliessen der Proteintunnel oder durch Verändern der Carrieraktivität gesteuert werden. Die Reaktionen in der Zelle werden vom Kern aus über die Enzyme reguliert. Ein Enzym ist ein Protein, das als Katalysator eine bestimmte Reaktion ermöglicht. Je höher die Konzentration und die Aktivität eines Enzyms ist, umso schneller verläuft die von ihm katalysierte Reaktion. Der Kern reguliert die Enzymsynthese über die Herstellung der dafür als Bauanleitung erforderlichen mRNA.

Assimilationsvorgänge

Auf die Stoffaufnahme folgen die chemischen Umsetzungen in der Zelle. Sie dienen zur Herstellung von Baustoffen und zur Freisetzung der nötigen Energie.

Als Assimilation bezeichnet man den Aufbau körpereigener organischer Stoffe. Die Assimilation liefert der Zelle Baumaterial, Betriebs- und Reservestoffe sowie Wirkstoffe und Informationsträger.

Autotrophe Zellen können anorganische Stoffe assimilieren, d. h. in organische Stoffe umwandeln. Die wichtigste autotrophe Assimilation ist die Herstellung von Glucose, die man auch als Kohlenstoffassimilation bezeichnet. Die übliche Form der Kohlenstoffassimilation ist die Fotosynthese in den Chloroplasten. Wir werden uns mit ihrem Ablauf ausführlich befassen und auf eine weitere Kohlenstoffassimilation, die kein Licht braucht, kurz eingehen. Neben der Glucose, stellen autotrophe Zellen auch alle Aminosäuren selbst her. Dazu müssen sie auch noch das Element Stickstoff assimilieren (Stickstoffassimilation).

Heterotrophe Zellen bauen ebenfalls körpereigene Stoffe auf, d. h., sie assimilieren auch. Ihre Assimilation geht aber von organischen Stoffen aus, die sie als Nahrung aufnehmen und verdauen. Dabei werden die körperfremden Makromoleküle in die Bausteine zerlegt, aus denen die Zelle dann ihre eigenen Makromoleküle aufbaut.

Dissimilationsvorgänge

Zur Beschaffung der nötigen Energie bauen sowohl autotrophe als auch heterotrophe Zellen einen Teil der assimilierten Stoffe ab. Das nennt man Dissimilation. Die beim Abbau energiereicher Stoffe frei werdende Energie dient zum Aufbau von ATP aus ADP + P. Das ATP überträgt die Energie auf alle energieverbrauchenden Vorgänge und Aktivitäten der Zelle und wird dabei wieder gespalten in ADP + P.

Die wichtigste Dissimilation ist die Zellatmung. In diesem Teil werden Sie erfahren, wie andere Stoffe als Glucose abgebaut werden und wie Lebewesen ohne Sauerstoff dissimilieren können.

Durch die chemischen Reaktionen in der Zelle entstehen neben Bau- und Betriebsstoffen auch Abfälle. Ihre Ausscheidung geschieht durch die gleichen Mechanismen wie die Stoffaufnahme.

9 Stoffwechsel der Zelle im Überblick

Lernziele Nach der Bearbeitung dieses Kapitels können Sie …

- die Bedeutung des Zellstoffwechsels darlegen.
- die Teilvorgänge des Zellstoffwechsels nennen.
- Assimilation und Dissimilation definieren.
- die Unterschiede im Stoffwechsel von autotrophen und heterotrophen Zellen nennen und beschreiben.
- angeben, was ein autotropher Einzeller aufnimmt und was er abgibt.
- angeben, was ein heterotropher Einzeller aufnimmt und was er abgibt.

Schlüsselbegriffe Assimilation, autotroph, Dissimilation, heterotroph, Zellstoffwechsel

Der Zellstoffwechsel schafft die Voraussetzung für alle anderen Lebensäusserungen. Er liefert die nötigen Bau- und Reservestoffe und die Energie für alle Aktivitäten. Der Zellstoffwechsel umfasst folgende Vorgänge:

- Stoffaufnahme in die Zelle und Stofftransport in der Zelle
- Aufbau körpereigener Stoffe (Assimilation)
- Bereitstellung von Energie in Form von ATP durch den Abbau energiereicher organischer Verbindungen (Dissimilation)
- Abgabe der Abfallstoffe

9.1 Stoffwechsel eines autotrophen Einzellers

Stoffaufnahme

Weil ein autotropher Einzeller seine organischen Stoffe selbst aufbauen kann, muss er nur anorganische Stoffe wie Kohlenstoffdioxid, Wasser und Mineralstoffe aufnehmen. Diese Stoffe kommen im Wasser gelöst vor und ein wasserbewohnender Einzeller kann ihre kleinen Teilchen leicht durch die Zellmembran in die Zelle aufnehmen.

Assimilation

Nach der Aufnahme ins Plasma werden die Stoffe verarbeitet. Die Zelle baut aus ihnen die körpereigenen organischen Stoffe auf. Man nennt diesen Vorgang, bei dem aus «körperfremden» Stoffen «körpereigene» hergestellt werden, Assimilation[1]. Jede Zelle muss für ihr Wachstum und für die bei der Entwicklung nötigen Umbauten sowie für die permanente Erneuerung ihrer Teile laufend Stoffe assimilieren.

Autotrophe Zellen stellen bei der Assimilation aus anorganischen Stoffen organische her. Der zentrale Vorgang ist dabei der Aufbau von Glucose und Sauerstoff aus Kohlenstoffdioxid und Wasser. Die dafür erforderliche Energie bezieht die Zelle bei der Fotosynthese mit den Chloroplasten aus dem Licht.

Aus der Glucose stellt die Zelle alle anderen organischen Stoffe her. Zu den besonderen Leistungen autotropher Zellen gehört die Fähigkeit, alle Aminosäuren und alle Fettsäuren selbst aufzubauen.

Dissimilation

Einen Teil der aufgebauten energiereichen organischen Stoffe nutzt die Zelle als Betriebsstoffe. Die in ihnen gespeicherte Energie wird durch den Abbau zu energiearmen Produkten wie Kohlenstoffdioxid und Wasser freigesetzt. Man nennt diesen Teil des Zellstoffwechsels, bei dem energiereiche Stoffe abgebaut werden, Dissimilation.

---

[1] Lat. *assimilare* «angleichen».

Die freigesetzte Energie dient zur Herstellung von ATP aus ADP + P (vgl. Kap. 7.8, S. 102). Das ATP treibt alle energieverbrauchenden Aktivitäten der Zelle an. Die gängigste Form der Dissimilation ist die Zellatmung in den Mitochondrien, bei der die organischen Stoffe mithilfe von Sauerstoff zu Kohlenstoffdioxid und Wasser dissimiliert werden. Autotrophe Zellen produzieren den Sauerstoff, den sie dafür brauchen, bei der Fotosynthese.

Stoffabgabe

Beim Um- und Abbau der Stoffe in der Zelle entstehen schliesslich auch Abfallstoffe, die aus dem Plasma ausgeschieden werden. Der Stoffwechsel endet mit der Stoffabgabe.

[Abb. 9-1]   Schema des Stoffwechsels eines autotrophen Einzellers

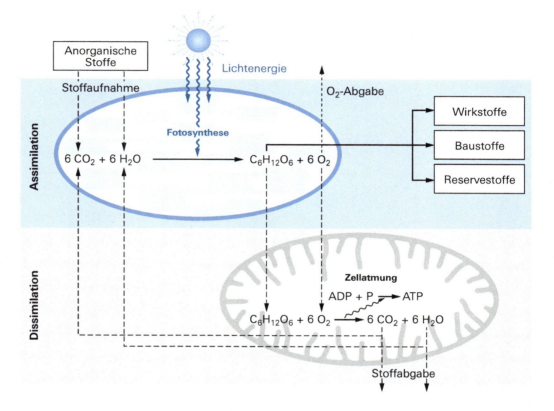

Zusammenfassung

Der Zellstoffwechsel produziert Bau- und Reservestoffe, die das Wachstum, die Erneuerung und die Fortpflanzung der Zelle ermöglichen. Er liefert auch die Energie für alle Aktivitäten der Zelle. Der Zellstoffwechsel umfasst neben den chemischen Umsetzungen in der Zelle auch den Stoffaustausch mit der Umgebung und den Stofftransport.

Aufgabe 80

Warum muss auch eine ausgewachsene Zelle noch Baustoffe herstellen?

9.2 Stoffwechsel eines heterotrophen Einzellers

Stoffaufnahme und Assimilation

Auch ein heterotropher Einzeller nimmt anorganische Stoffe auf. Er kann diese aber nicht in organische Stoffe umwandeln und muss darum hauptsächlich organische Moleküle wie Monosaccharide, Aminosäuren und Fettsäuren aufnehmen. Diese kommen in der Natur kaum frei vor, denn sie sind meist in den Makromolekülen der Polysaccharide, Proteine und Fette gebunden.

Weil die Makromoleküle zu gross und körperfremd sind, können und dürfen sie nicht ins Plasma aufgenommen werden. Die Zelle nimmt sie durch Endocytose in eine Nahrungsvakuole (vgl. Kap. 7.4.3, S. 93) auf und zerlegt sie hier durch Enzyme in ihre Bausteine. Proteine werden in Aminosäuren, Polysaccharide in Monosaccharide und Fette in Fettsäuren und Glycerin gespalten. Diese Bausteine werden ins Plasma aufgenommen und wie bei der autotrophen Zelle zur Herstellung der körpereigenen Stoffe verwendet. Auch heterotrophe Zellen assimilieren also: Sie verwandeln körperfremde Stoffe in körpereigene. Ihre Assimilation geht aber von organischen Stoffen aus.

Dissimilation

Ein Teil der aufgenommenen organischen Stoffe dient der Zelle als Treibstoff und wird wie in der autotrophen Zelle zur Herstellung von ATP dissimiliert. Weil die heterotrophen bei der Assimilation keinen Sauerstoff bilden, müssen sie den Sauerstoff, den sie für die Zellatmung benötigen, aus der Umgebung beziehen. Sie übernehmen also von den autotrophen neben den organischen Stoffen und der darin enthaltenen Energie indirekt auch den bei der Fotosynthese produzierten Sauerstoff.

Stoffabgabe

Heterotrophe Zellen geben neben den Produkten ihres Stoffwechsels auch die Stoffe ab, die sie nicht verdauen konnten. Diese kommen in der Nahrungsvakuole zur Membran und gelangen durch Exocytose nach aussen.

[Abb. 9-2]   Schema des Stoffwechsels eines heterotrophen Einzellers

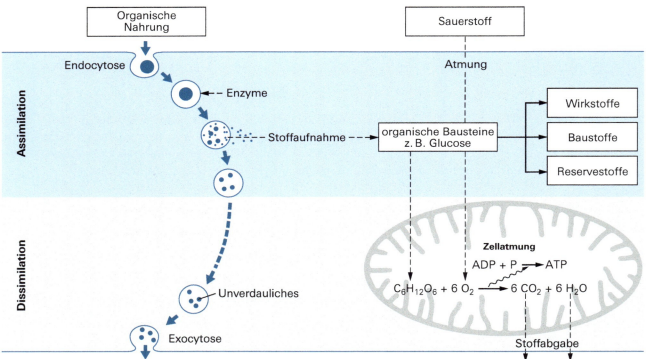

Tabelle 9-1 fasst die wesentlichen Besonderheiten des Stoffwechsels der beiden Zelltypen zusammen:

[Tab. 9-1] Stoffwechselbesonderheiten autotropher und heterotropher Zellen

	Autotrophe Zelle	Heterotrophe Zelle
Stoffaufnahme	Aufnahme anorganischer Stoffe durch die Membran ins Plasma.	
		Aufnahme organischer Nahrung in Vakuolen.
	Autotrophe Zellen geben (bei genügend Licht) mehr Sauerstoff ab, als sie aufnehmen.	Der zur Zellatmung nötige Sauerstoff muss aufgenommen werden.
Assimilation Aufbau körpereigener Stoffe	Aufbau organischer Stoffe aus anorganischen.	Zerlegung der Nahrung und Aufnahme der (organischen) Bausteine ins Plasma.
	Herstellung der körpereigenen Makromoleküle.	
Dissimilation Abbau organischer Stoffe zur Freisetzung von Energie	Abbau energiereicher org. Verbindungen zu energieärmeren. Die freigesetzte Energie dient zur Herstellung von ATP.	
	Die organischen Stoffe werden meist durch die Zellatmung in den Mitochondrien mit Sauerstoff zu Kohlenstoffdioxid und Wasser dissimiliert.	
Stoffabgabe	Die bei der Dissimilation anfallenden nicht weiter verwendbaren Endprodukte werden durch die Membran ausgeschieden.	
		Abgabe der nicht verdaubaren Stoffe aus der Nahrungsvakuole.
Energieversorgung	Autotrophe Zellen beziehen ihre Energie aus dem Licht (der Sonne).	Heterotrophe Zellen beziehen ihre Energie aus der energiereichen Nahrung.

Zusammenfassung

Bei den chemischen Umsetzungen in der Zelle kann zwischen Assimilations- und Dissimilationsvorgängen unterschieden werden:

- Durch die Assimilation werden körpereigene Stoffe aufgebaut.
  - Autotrophe Zellen assimilieren anorganische Stoffe und bauen aus diesen mithilfe von Lichtenergie energiereiche organische Stoffe auf.
  - Heterotrophe Zellen müssen energiereiche organische Stoffe aufnehmen. Diese werden in Nahrungsvakuolen eingeschlossen und darin in die aufnehmbaren Bausteine zerlegt (Proteine in Aminosäuren, Kohlenhydrate in Monosaccharide und Fette in Fettsäuren und Glycerin).
- Durch die Dissimilation werden energiereiche organische Stoffe abgebaut. Die freigesetzte Energie dient zur Bildung von ATP.

Aufgabe 81 Definieren Sie die Begriffe Assimilation und Dissimilation.

10 Stoffaustausch der Zelle

Lernziele

Nach der Bearbeitung dieses Kapitels können Sie ...

- den Ablauf der Endocytose und der Exocytose beschreiben.
- die Ursache und das Resultat der Diffusion und der Osmose erläutern.
- darlegen, wovon der osmotische Druck einer Lösung abhängt und wie man ihn misst.
- die Begriffe hypo-, hyper- und isotonisch erläutern.
- Ursache, Ablauf und Resultat der Osmose bei pflanzlichen Zellen erläutern.
- beschreiben, was in einer Pflanzenzelle in reinem Wasser geschieht und wie sich dabei Turgor, Wanddruck und osmotischer Druck verändern.
- Ursachen und Ablauf der Plasmolyse erläutern.
- erörtern, was eine tierische Zelle im Süsswasser zur Osmoregulation tun muss.
- ausgehend vom Flüssig-Mosaik-Modell beschreiben, wie Teilchen die Membran durchqueren können.
- die Unterschiede zwischen Diffusion und erleichterter Diffusion nennen.
- die Unterschiede zwischen aktivem und passivem Transport aufzählen.

Schlüsselbegriffe

Diffusion, Endocytose, Exocytose, hypertonisch, hypotonisch, isotonisch, Membrantransport, Osmose, Plasmolyse, Turgor

Der Stoffaustausch kann auf unterschiedlichen Wegen und durch verschiedene Mechanismen geschehen. In diesem Kapitel wird aufgezeigt, wie und wohin die Zelle Stoffe aufnimmt und was aktive und passive Transportvorgänge unterscheidet.

10.1 Überblick über den Stoffaustausch der Zelle

Stoffaustausch

Der Stoffwechsel der Zelle beginnt mit der Stoffaufnahme und endet mit der Stoffabgabe. Für diesen Stoffaustausch gibt es zwei grundsätzlich verschiedene Wege:

- Kleine Teilchen gelangen direkt durch die Membran ins Plasma und umgekehrt.
- Nahrungsteilchen und Makromoleküle können die Membran nicht durchqueren. Sie werden vom Cytoplasma umflossen und so in eine Vakuole eingeschlossen (Endocytose). Die Stoffe bleiben in der Nahrungsvakuole durch eine Membran vom Plasma getrennt. Sie werden hier in kleine Moleküle zerlegt, die dann durch die Membran ins Plasma gelangen. Die Reste bleiben in der Nahrungsvakuole und werden durch Exocytose ausgeschieden.

Transport durch die Membran

Für den Transport durch die Membran gibt es verschiedene Möglichkeiten. Nach dem Energieaufwand unterscheiden wir passive und aktive Transporte.

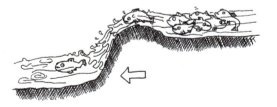

Der passive Transport braucht keine Energie. Er folgt dem Konzentrationsgefälle. Wie eine Kugel auf einer Strasse mit Gefälle ohne Energieaufwand immer abwärts rollt, wandern Teilchen passiv immer in den Bereich, wo ihre Konzentration tiefer ist.

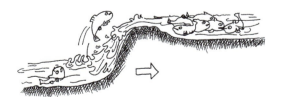

Beim aktiven Transport werden Teilchen unter Energieaufwand gegen ihr Konzentrationsgefälle transportiert, also dorthin, wo ihre Konzentration bereits grösser ist.

Zusammenfassung Der Zellstoffwechsel beginnt und endet mit dem Stoffaustausch, der an der Zelloberfläche oder über eine Vakuole stattfinden kann. Der Transport durch die Membran kann dem Konzentrationsgefälle folgend (passiv) ablaufen oder unter Energieaufwand (aktiv) gegen das Konzentrationsgefälle erfolgen.

10.2 Endocytose und Exocytose

Endocytose Zellen ohne Zellwand können Nahrungsteilchen mit körperfremden Stoffen durch Endocytose[1] in Vakuolen aufnehmen. Sie umschliessen die Teilchen an der Zelloberfläche mit ihrem Cytoplasma und nehmen sie dadurch in ein Membranbläschen auf, das man als Nahrungsvakuole bezeichnet.

Zerlegung In der Nahrungsvakuole ist die körperfremde Nahrung durch die Membran vom Plasma getrennt. Die Zelle zerlegt die Makromoleküle der Nahrung mit Verdauungsenzymen aus den Lysosomen und nimmt dann die Bausteine durch die Membran ins Plasma auf.

Exocytose Stoffe, die von den Enzymen nicht zerlegt werden können, bleiben in der Nahrungsvakuole zurück und werden durch Exocytose[2] ausgeschieden. Dabei kommt das Bläschen von innen zur Zellmembran und öffnet sich an der Kontaktstelle. Der Inhalt der Nahrungsvakuole gelangt nach aussen und ihre Membran fügt sich in die Zellmembran ein (vgl. Kap. 7.4.3, S. 93).

[Abb. 10-1] Endocytose, Verdauung und Exocytose (Schema)

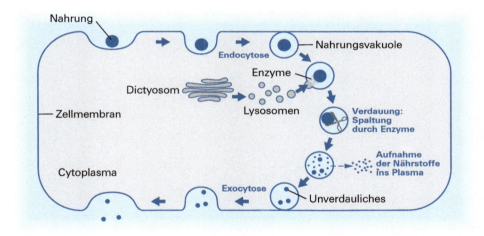

Zusammenfassung Zellen ohne Zellwand können Nahrung mit körperfremden Stoffen durch Endocytose in eine Nahrungsvakuole aufnehmen. Die Makromoleküle werden in der Vakuole durch Verdauungsenzyme aus Lysosomen verdaut und die Bausteine werden ins Plasma aufgenommen. Unverdaubare Reste werden durch Exocytose ausgeschieden.

[1] Gr. *endon* «innen».
[2] Gr. *exo* «aussen».

Aufgabe 82 Warum bilden autotrophe Zellen meist keine Nahrungsvakuolen?

Aufgabe 83 Nennen Sie zwei Unterschiede zwischen aktivem und passivem Transport.

10.3 Diffusion

Ein Stoff verteilt sich beim Lösen mit der Zeit gleichmässig im Lösungsmittel. Man nennt diesen Vorgang Diffusion[1]. Die Diffusion wird, wie alle passiven Transportvorgänge, durch die ständige Bewegung der Teilchen verursacht. Sie können die Diffusion mit dem folgenden Experiment leicht selbst beobachten.

Experiment

Geben Sie in ein schlankes, hohes Glas etwas möglichst farbigen Sirup (etwa 1 cm hoch) und füllen Sie es dann sehr vorsichtig mit Wasser auf, ohne den Sirup aufzuwirbeln. Lassen Sie das Glas einige Tage ganz ruhig stehen. Beobachten Sie es zuerst alle Stunden und später dreimal täglich.

Resultat

In den ersten Stunden verwischt sich die Grenze zwischen dem Sirup und dem Wasser und nach einigen Tagen hat die Lösung eine fast einheitliche Farbe. Der Sirup bzw. seine Farbstoffe verteilen sich im Wasser. Diese Diffusion wird durch die Bewegung der Teilchen verursacht. Die Farbstoff- und die Wasser-Teilchen bewegen sich ständig und in alle Richtungen. So durchmischen sie sich mit der Zeit völlig gleichmässig.

[Abb. 10-2] Versuch zur Diffusion

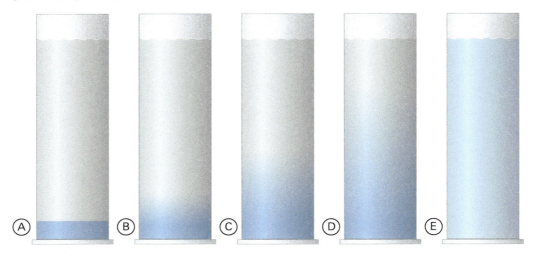

A] Sirup ist mit Wasser überschichtet. B]–E] Die Eigenbewegung der Teilchen führt zur Durchmischung der beiden Flüssigkeiten. Diese ist nach einigen Tagen nahezu vollständig.

Definition

Diffusion ist die Durchmischung von Stoffen durch die Bewegung der Teilchen.

Die Bewegung der Teilchen wird durch die Anziehungskräfte zwischen den Teilchen beschränkt. In Gasen und Flüssigkeiten sind die Anziehungskräfte zwischen den Teilchen so schwach, dass sich ihre Teilchen sehr gut bewegen können. Auch Teilchen von gelösten Stoffen können sich gut durch Gase oder Flüssigkeiten bewegen. Ihre Eigenbewegung führt dazu, dass sie sich gleichmässig verteilen.

[1] Lat. *diffundere* «ausbreiten».

| Experiment 2 | Ein weiteres Experiment verdeutlicht den Ablauf der Diffusion etwas genauer: |

[Abb. 10-3] Weiteres Experiment zur Diffusion

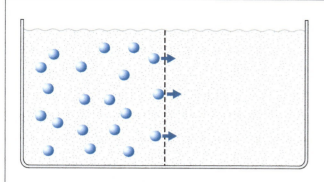

Wir füllen in einem Gefäss, das durch eine poröse Wand in zwei Hälften getrennt ist, die rechte Kammer mit Wasser und die linke mit der wässrigen Lösung eines blauen Farbstoffs. Die Poren der Wand lassen sowohl die Teilchen des Farbstoffs als auch die Wasser-Moleküle durchtreten. Zu Beginn kommen die Moleküle des Farbstoffs nur links vor. Sie wandern darum nach rechts. Dafür wandern mehr Wasser-Moleküle nach links, so bleibt der Pegel der Flüssigkeiten auf beiden Seiten gleich hoch.

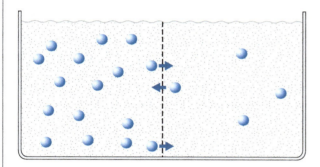

Sobald auch rechts Farbstoff-Teilchen vorkommen, beginnt ihre (Rück-)Wanderung nach links.

Solange rechts weniger Farbstoff-Teilchen sind, gibt es aber eine Nettodiffusion der Farbstoff-Teilchen nach rechts.

Dadurch steigt die Konzentration der Farbstoff-Teilchen rechts, während sie links sinkt. Das Konzentrationsgefälle wird kleiner.

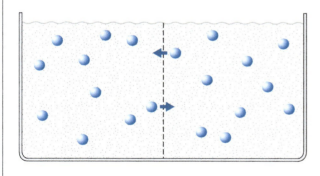

Die Nettodiffusion der Farbstoff-Teilchen nach rechts endet, wenn die Zahl der Farbstoff-Teilchen rechts gleich gross ist wie links.

Jetzt wandern in einem bestimmten Zeitraum gleich viele Farbstoff-Teilchen in beide Richtungen durch die Membran.

Das Gleiche gilt auch für die Wasser-Teilchen.

Diffusionsgeschwindigkeit und Konzentrationsunterschied

Die Diffusionsgeschwindigkeit ist vom Konzentrationsunterschied des diffundierenden Stoffs abhängig. Wie das Experiment mit dem Sirup gezeigt hat, nimmt die Diffusionsgeschwindigkeit mit der Zeit ab. Der Grund dafür ist die Abnahme des Konzentrationsunterschieds durch die Verteilung des Sirups. Ähnlich wie ein Bach umso langsamer fliesst, je kleiner sein Gefälle ist, diffundiert ein Stoff umso langsamer, je kleiner sein Konzentrationsgefälle ist. Darum spielt z. B. die Sauerstoffkonzentration in der Luft für uns eine entscheidende Rolle. Der Sauerstoff diffundiert nämlich in unseren Lungen umso schneller ins Blut, je höher der Konzentrationsunterschied zwischen der Luft in der Lunge und dem Blut ist.

Beachten Sie, dass die Diffusionsgeschwindigkeit eines Stoffs nur von seinem Konzentrationsgefälle abhängig ist. Andere Stoffe haben keinen Einfluss. So würden die Teilchen des blauen Farbstoffs im oben beschriebenen Experiment genau gleich diffundieren, wenn rechts statt Wasser eine Lösung mit einer hohen Konzentration anderer Teilchen wäre.

Diffusionsgeschwindigkeit u. Temperatur	Die Geschwindigkeit der Diffusion nimmt mit der Temperatur zu, weil sich die Teilchen mit steigender Temperatur immer schneller bewegen (vgl. Kap. 2.2, S. 32). Man nennt die Bewegung der Teilchen darum auch Wärmebewegung.
Bewegung des Mediums	Die Diffusion ist, wie das Experiment mit dem Sirup gezeigt hat, ein sehr langsamer Vorgang. Sie werden darum bei der Herstellung eines Drinks oder beim Süssen Ihres Kaffees kaum die Diffusion abwarten, sondern die Durchmischung mit Schütteln oder Rühren beschleunigen. Auch in der Natur wird die Verteilung von Stoffen meist durch Bewegungen des Mediums beschleunigt. Wenn Sie z. B. riechen, dass im Restaurant am Nebentisch ein Käseliebhaber speist oder dass in der Eisenbahn ein stark parfümierter Fahrgast im Nachbarabteil seinem Rendezvous entgegenduftet, ist das primär auf die Verteilung der Duftstoffe durch Luftbewegungen zurückzuführen. Die Diffusion bei völliger Windstille würde wesentlich langsamer vor sich gehen.
Zusammenfassung	Diffusion ist die Durchmischung von Stoffen durch die ungerichtete Wärmebewegung der Teilchen. Die Diffusion gleicht Konzentrationsunterschiede aus. Jeder Stoff diffundiert unabhängig von anderen Stoffen seinem Konzentrationsgefälle folgend zum Bereich, in dem seine Konzentration tiefer ist. Die Diffusionsgeschwindigkeit ist umso grösser, je höher das Konzentrationsgefälle ist. Sie nimmt mit steigender Temperatur zu, weil die Bewegung der Teilchen schneller wird.

Aufgabe 84 Warum diffundiert ein Gas in der Luft rascher als eine Flüssigkeit im Wasser?

Aufgabe 85 In einem Gefäss, das durch eine poröse Wand in zwei Hälften getrennt ist, befindet sich rechts eine verdünnte Lösung eines schwarzen und links eine etwas konzentriertere Lösung eines blauen Farbstoffs. Die Poren der Wand sind grösser als die Teilchen der beiden Farbstoffe. Im folgenden Diagramm sind die vier Kurven für die Bewegung der Teilchen der beiden Farbstoffe nach links und nach rechts dargestellt.

Welche Kurve zeigt welchen Vorgang? Ordnen Sie jeder Kurve die richtige Ziffer zu.

blaue nach rechts: .... schwarze nach rechts: ....

blaue nach links: .... schwarze nach links: ....

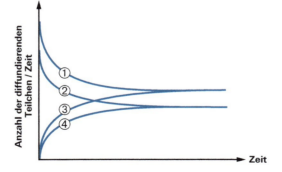
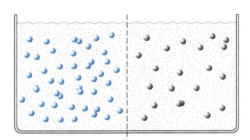

Aufgabe 86 In der Lunge diffundiert Sauerstoff von der Luft ins Blut. Die eingeatmete Luft enthält etwa 21% Sauerstoff, die ausgeatmete immer noch etwa 16%. Warum behalten wir die Luft nicht in der Lunge, bis ein grösserer Teil des Sauerstoffs ins Blut diffundiert ist?

10.4 Osmose

10.4.1 Grundlagen

Selektiv permeable Membran

Die Diffusion spielt beim Stoffaustausch der Zellen eine zentrale Rolle. Die Zellmembran ist aber im Unterschied zur Trennwand, die wir bei den Beispielen zur Diffusion verwendet haben, nicht für alle Teilchen durchlässig. Sie ist selektiv permeabel[1]. Was das für Folgen hat, zeigt das folgende Experiment.

[Abb. 10-4] Experiment zur Osmose

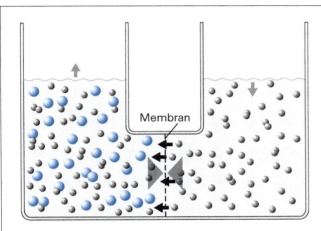

Für dieses Experiment verwenden wir ein U-förmiges Gefäss, das durch eine selektiv permeable, elastische Kunststoff-Membran unterteilt ist. In die linke Hälfte geben wir eine Lösung eines blauen Farbstoffs und in die rechte Wasser, bis der Pegel gleich hoch steht. Der Druck beider Flüssigkeiten auf die Membran (in der Darstellung symbolisiert durch das graue Dreieck) ist gleich gross.

Die Poren der Membran lassen die Wasser-Moleküle durchtreten, die Farbstoff-Teilchen aber nicht.

Weil rechts keine Farbstoff-Teilchen vorkommen, ist hier die Konzentration der Wasser-Moleküle höher. Folglich werden mehr Wasser-Moleküle nach links diffundieren als umgekehrt. Man nennt diese einseitige Diffusion von Wasser Osmose. Wie bei der Diffusion nimmt auch bei der Osmose das Konzentrationsgefälle ab. Dies geschieht aber bei der Osmose allein durch die Wanderung von Wasser-Molekülen. Darum nimmt das Volumen der Lösung durch die Osmose zu, während es beim Wasser abnimmt. Der Flüssigkeitspegel steigt links und sinkt rechts.

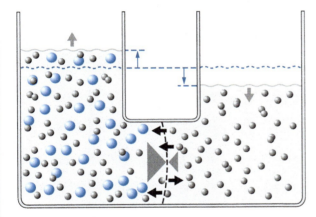

Das hat zur Folge, dass die Lösung von links stärker auf die Membran drückt. Dieser Druck behindert die Diffusion der Wasser-Moleküle nach links und begünstigt die Diffusion nach rechts immer stärker, je grösser er wird.

Schliesslich diffundieren die Wasser-Moleküle in beide Richtungen gleich schnell. Der Nettotransport von Wasser nach links kommt zum Stillstand.

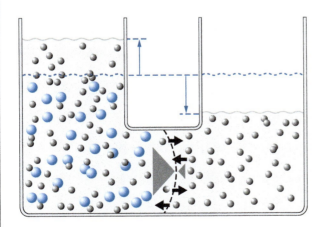

Den Überdruck in der Kammer mit der Lösung nennt man osmotischen Druck. Er ist umso höher, je grösser die Konzentration der gelösten Stoffe zu Beginn gewesen ist. Dabei ist allein die Teilchenzahl massgebend. Die Art der Teilchen spielt keine Rolle.

[1] Lat. *permeare* «durchwandern».

Resultat	Bei der Osmose verhindert eine selektiv permeable Membran die Diffusion der gelösten Teilchen. Darum diffundieren Wasser-Moleküle von der Seite, wo ihre Konzentration höher ist, zur Lösung, wo die Konzentration des gelösten Stoffs höher ist. In dieser steigt dadurch der Druck. Der osmotische Druck, den eine Lösung erreicht, ist zur Konzentration der gelösten Teilchen proportional.
Isotonisch	Zwischen zwei Lösungen mit der gleichen Gesamtkonzentration an gelösten Teilchen diffundieren Wasser-Moleküle in beide Richtungen gleich schnell. Es findet also kein Nettotransport von Wasser statt und der Druck bleibt in beiden Lösungen gleich. Man nennt solche Lösungen mit gleicher Gesamtkonzentration gelöster Teilchen darum isotonisch[1].
Hypertonisch und hypotonisch	Bei Lösungen mit unterschiedlichen Konzentrationen diffundiert Wasser von der Lösung mit der tieferen Konzentration gelöster Teilchen zur Lösung mit der höheren Konzentration. In dieser steigt darum der Druck. Man nennt sie hypertonisch[2]. In der Lösung mit der tieferen Konzentration sinkt der Druck. Man nennt sie hypotonisch[3].

[Abb. 10-5] Isotonische, hyper- und hypotonische Lösungen

Zwischen isotonischen Lösungen gibt es keinen Wasser-Nettotransport. Der Druck bleibt in beiden Lösungen gleich.	Das Wasser diffundiert zur Lösung mit der höheren Konzentration gelöster Teilchen. Der Druck in der hypertonischen Lösung steigt, in der hypotonischen sinkt er.

Osmotischer Druck	Der osmotische Druck einer Lösung kann im Osmometer (vgl. Tab. 10-1) gemessen werden. Je höher die Konzentration gelöster Teilchen in der Lösung ist, umso mehr Wasser nimmt sie auf und umso höher steigt das Wasser im Steigrohr. Tabelle 10-1 zeigt die osmotischen Werte einiger Zellsäfte.

[Tab. 10-1] Osmotische Werte verschiedener Zellsäfte

Osmotische Werte verschiedener Zellsäfte in bar*	
Blätter von Landpflanzen	10–40
Pflanzenwurzeln	3–7
Wurzeln von Wüstenpflanzen	100
Wurzeln von Salzpflanzen	>160
Schimmelpilze auf Marmelade	bis 200

*1 bar entspricht etwa dem Druck einer 10 m hohen Wassersäule.

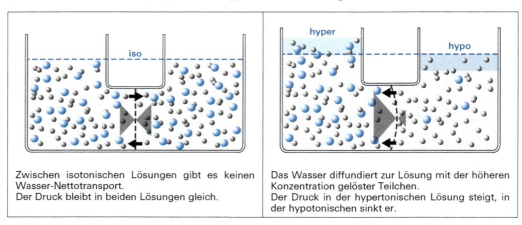

[1] Gr. *iso* «gleich», gr. *tonos* «Spannung».
[2] Gr. *hyper* «über» wie z. B. in «hypermodern» (übermodern).
[3] Gr. *hypo* «darunter» wie z. B. in «Hypothese» (Unterstellung).

10.4.2 Osmose bei Zellen ohne Zellwand

In isotonischer Umgebung

Am einfachsten haben es Zellen in isotonischer Umgebung, wie z. B. im Meer oder im Blut. Da die Konzentration in den Zellen gleich gross ist wie in der Umgebung, findet keine Nettodiffusion von Wasser statt. Zwar diffundieren ständig Wasser-Moleküle in die Zelle hinein und aus ihr heraus, aber diese Diffusion läuft in beide Richtungen gleich schnell. Zellen in isotonischer Umgebung haben also keine osmotischen Probleme.

In hypotonischer Umgebung

Einzeller, die im Süsswasser leben, haben eine höhere Konzentration an gelösten Teilchen als das Wasser, das sie umgibt: Die Umgebung ist hypotonisch. Darum diffundiert Wasser schneller in die Zelle als hinaus. Zellen ohne feste Wand schwellen durch die Wasseraufnahme an und können schliesslich platzen. Um dies zu verhindern, beeinflussen wandlose Einzeller im Süsswasser ihren Wasserhaushalt aktiv, z. B. mit einer pulsierenden Vakuole, die das eingedrungene Wasser sammelt und nach aussen pumpt. Man nennt das Osmoregulation.

[Abb. 10-6] Osmose bei Zellen ohne Zellwand

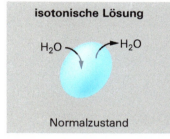
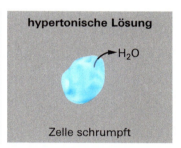

In hypotonischer Umgebung strömt Wasser in die Zelle.

In isotonischer Umgebung bleibt der Wassergehalt der Zelle unverändert.

In hypertonischer Umgebung verliert die Zelle Wasser.

In hypertonischer Umgebung

Befindet sich die Zelle in einer hypertonischen Lösung, diffundiert Wasser aus der Zelle. Der Wasserverlust lässt die Zelle schrumpfen und kann zu ihrem Tod führen. Darum gefährdet z. B. die Zufuhr von Salzen in Flüsse und Seen die dort lebenden, auf Süsswasser eingerichteten Tiere. Lebewesen, die dem Leben im Salzwasser angepasst sind, können entweder den Wasserverlust vermeiden, indem sie sich durch eine hohe Innenkonzentration mit der Umgebung isotonisch machen oder sie nehmen ständig aktiv Wasser auf. Diese Osmoregulation verbraucht Energie, weil Wasser aktiv transportiert wird. Das Salinenkrebschen, das in Salzseen mit sehr hoher Salzkonzentration lebt, verbraucht 30% seiner Energie für die Osmoregulation.

10.4.3 Osmose bei Zellen mit Zellwand

Wirkung der Wand

Die Zellen von Prokaryoten, Pflanzen und Pilzen besitzen eine feste Zellwand. Diese ist zwar für Wasser durchlässig, wenn sie nicht durch spezielle Einlagerungen abgedichtet ist, ihre Festigkeit verhindert aber eine übermässige Dehnung der Zelle und damit auch die Wasseraufnahme. Betrachten wir das etwas genauer.

Saugkraft, Turgor und Wanddruck

Auch in eine Zelle mit Zellwand dringt im Süsswasser Wasser ein, weil die Wasserkonzentration ausserhalb grösser ist als in der Zelle. Der Zellinhalt schwillt an und drückt zunehmend von innen auf die Zellwand. Man nennt diesen Innendruck der Zelle Turgor. Die Zellwand wird durch den Turgor etwas gedehnt wie die Lederhülle eines Fussballs beim Aufpumpen des Balls. Und wie beim Fussball führt die zunehmende Dehnung zu einem wachsenden Gegendruck der Hülle. Dieser Wanddruck behindert die weitere Wasseraufnahme und bringt die Osmose schliesslich zum Stillstand. Die Zelle ist prall gefüllt (turgeszent).

Osmoregulation

Wenn Pflanzenzellen durch Fotosynthese Glucose herstellen, steigt ihre Saugkraft an. Um eine übermässige Wasseraufnahme zu vermeiden, wird die hergestellte Glucose in Stärke umgewandelt. Weil dabei Tausende von Zucker-Molekülen zu einem Stärke-Molekül verknüpft werden (vgl. Kap. 4.5.4, S. 57), vermindert sich die Zahl der Teilchen durch diese Umwandlung drastisch. Mit der Konzentration der Teilchen sinkt der osmotische Wert der Lösung. Stärke ist osmotisch praktisch unwirksam. Deshalb wird Glucose zur langfristigen Speicherung von den Leukoplasten in Stärke umgewandelt.

Bewegung durch Turgoränderung

Zellen können ihren Turgor durch gezielte Veränderungen der Innenkonzentration ändern. Manche Pflanzen nutzen das, um Teile zu bewegen. So stellen Bohnen tagsüber bei Besonnung die Blätter waagrecht und senken sie in der Nacht. Das Gelenk für diese Bewegung liegt am Übergang von der Blattfläche zum Blattstiel. Am Morgen nehmen die Zellen an der Unterseite des Gelenks aktiv Ionen auf. Durch Osmose strömt dann Wasser nach und erhöht den Turgor. Die Zellen dehnen sich etwas und das Blatt wird angehoben. Am Abend geschieht das Umgekehrte. Die Zellen auf der Unterseite geben aktiv Ionen ab, was zur osmotischen Wasserabgabe führt. Ihr Turgor sinkt und das Blatt senkt sich.

[Abb. 10-7] Bewegung durch gezielte Turgoränderung

Die Bohne stellt tagsüber die Blätter waagrecht und senkt sie in der Nacht durch gezielte Turgoränderungen in den Gelenken am Übergang vom Blattstiel zur Blattfläche.

Plasmolyse

Der Turgor einer Zelle sinkt, wenn die Zelle z. B. bei grosser Trockenheit oder durch Osmose Wasser verliert. Letzteres geschieht, wenn die Zelle von einer Lösung mit höherer Konzentration gelöster Stoffe umgeben ist. Die Zelle verliert Wasser, der Druck im Inneren sinkt, die Spannung der Zellwand lässt nach: Die Zelle verliert ihre Turgeszenz. Bei weiterer Wasserabgabe schrumpft der Protoplast und löst sich zuerst stellenweise und schliesslich ganz von der Zellwand. Man spricht von Plasmolyse[1].

Besonders gut lässt sich die Plasmolyse in Zellen mit farbigem Zellinhalt beobachten. Wie Sie aus Abbildung 10-8 ersehen, bleibt der Protoplast zu Beginn der Plasmolyse an den Tüpfeln noch mit den Nachbarzellen verbunden. Beim Fortschreiten der Plasmolyse kugelt er sich ab. Die Farbe des Zellinhalts wird durch die Wasserabgabe dunkler, die Konzentration des Farbstoffs in der Zelle nimmt zu.

---

[1] Gr. *lysis* «Auflösung».

[Abb. 10-8] Plasmolyse in Pflanzenzellen

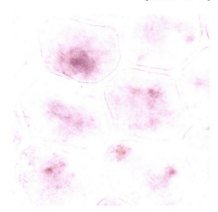
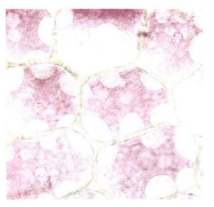
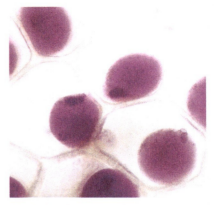

Normaler Zustand der Zellen. Der Protoplast (violett) füllt die Zelle bis zur Zellwand aus.

Die Zellen haben Wasser verloren. Der Protoplast hat sich stellenweise von der Wand gelöst. Die Lösung ist in die Zellen eingedrungen.

Der Protoplast hat sich ganz von der Wand gelöst. Durch den Wasserverlust ist die Konzentration des Farbstoffs gestiegen.

Beachten Sie, dass die selektiv permeable Barriere für die Osmose nicht die Zellwand, sondern die Zellmembran ist. Zwischen Zellmembran und Zellwand befindet sich darum nach der Plasmolyse die Salzlösung aus der Umgebung (vgl. Abb. 10-8).

Deplasmolyse

Bringt man plasmolysierte Zellen ins Wasser, bevor sie geschädigt sind, erholen sie sich wieder. Sie nehmen Wasser auf und der Protoplast legt sich wieder an die Zellwand. Der Turgor steigt und die Zellwand wird gespannt. Man bezeichnet dies als Deplasmolyse.

Welken

Krautige Pflanzen und Pflanzenteile mit unverholzten Zellwänden werden durch den Turgor und die Spannung der Wand aufrecht gehalten. Bei Wassermangel lässt der Turgor nach, die Zellwände entspannen sich, die Gewebe werden schlaff: Die Pflanzen welken. Sie können das z. B. an einem Salatblatt beobachten. Legen Sie es zuerst einige Zeit ins Wasser. Hier wird es schön knackig, weil das Wasser in die Zellen eindringt und den Turgor erhöht. Die Zellen werden prall gefüllt. Bringen Sie das Blatt nun ins Salzwasser. Die Zellen verlieren Wasser, ihr Turgor sinkt und die Spannung der Zellwände verschwindet. Die Gewebe erschlaffen und vorbei ist es mit der Knackigkeit: Das Blatt wird welk.

Überdüngung

Bei Nutzpflanzen kann starke Düngung Probleme mit dem Wasserhaushalt verursachen. Normalerweise nimmt die Wurzel mit feinen Wurzelhaaren Wasser für die Versorgung der ganzen Pflanze aus dem Boden auf. Weil normalerweise der Zellinhalt der Wurzelhaare die höhere Konzentration hat als das Bodenwasser, dringt Wasser aus dem Boden in die Wurzel. Wenn nun aber durch übermässige Düngung die Konzentration gelöster Teilchen im Bodenwasser höher wird als in den Zellen der Wurzel, diffundiert mehr Wasser aus den Zellen hinaus als hinein. Die Wurzel verliert Wasser und die Pflanze kann eingehen.

Zusammenfassung

Osmose ist eine einseitige Diffusion von Wasser durch eine selektiv permeable Membran. Das Wasser diffundiert zur Lösung mit der höheren Konzentration gelöster Teilchen. In dieser steigt dadurch der Druck, sie heisst darum hypertonisch. In der Lösung mit der tieferen Konzentration sinkt der Druck, sie heisst hypotonisch.

Lösungen mit gleicher Konzentration gelöster Teilchen nennt man isotonisch. Zwischen isotonischen Lösungen diffundiert das Wasser in beide Richtungen gleich schnell.

Der osmotische Druck einer Lösung ist der Druck, den sie in einem Osmometer durch die Wasseraufnahme erreicht. Er ist ein Mass für ihre Tendenz, Wasser aufzunehmen. Der osmotische Druck ist abhängig von der Konzentration der gelösten Teilchen. Die Art der Teilchen spielt keine Rolle.

Bei Zellen in wässriger Lösung führt die Osmose je nach dem Konzentrationsunterschied zwischen innen und aussen zur Wasseraufnahme oder zur Wasserabgabe:

- Zellen in Wasser oder hypotonischen Lösungen nehmen durch Osmose Wasser auf.
  - Zellen ohne Zellwände müssen das eindringende Wasser z. B. durch pulsierende Vakuolen nach aussen befördern (Osmoregulation).
  - Bei Zellen mit Zellwänden wird die Wasseraufnahme durch den Gegendruck der Wand beendet. Der Innendruck der Zelle (Turgor) und die gespannte Zellwand verleihen der Zelle Stabilität.
  - Zur Vermeidung einer übermässigen Wasseraufnahme in die Zellen trägt der Umbau von Glucose zur osmotisch fast unwirksamen Stärke bei.

- Zellen in einer Umgebung mit höherer Konzentration geben Wasser ab.
  - Wandlose Zellen schrumpfen. Sie können sich nur durch aktive Wasseraufnahme oder durch Erhöhen der Innenkonzentration schützen.
  - Bei Zellen mit Zellwänden sinkt der Turgor, der Zellinhalt schrumpft und kann sich von der Wand lösen (Plasmolyse). Die Zellwand verliert ihre Spannung. Nicht verholzte Pflanzenteile werden durch den Wasserverlust schlaff und welk.

Pflanzen sind fähig, durch gezielte Änderungen der Konzentration gelöster Teilchen den Turgor bestimmter Zellen zu verändern und dadurch Teile zu bewegen. So können z. B. Blätter am Tag gehoben und in der Nacht gesenkt werden.

Weil Meerwasser und Zellsaft isotonisch sein können, haben viele Meeresbewohner weniger osmotische Probleme als Süsswasserbewohner.

Aufgabe 87

Das nebenstehende Diagramm zeigt die Wassermenge, die ein Einzeller bei verschiedenen Salzkonzentrationen in der Umgebung mit der pulsierenden Vakuole nach aussen pumpt. Erklären Sie den Verlauf der Kurve.

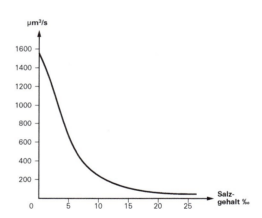

Aufgabe 88

Ein Landschaftsgärtner beobachtet, dass die immergrünen Sträucher, die er entlang der Strasse gepflanzt hat, im Frühjahr gefleckte und abgestorbene Blätter haben. Er vermutet, dass die Schäden durch das Streusalz auf der Strasse verursacht wurden. Kann das sein? Warum?

Aufgabe 89

Erklären Sie, warum reife Kirschen bei Regen Risse bekommen und aufplatzen.

10.5 Stofftransport durch die Membran

10.5.1 Übersicht

Selektiv permeabel Die Biomembran lässt nur bestimmte Teilchen durchtreten: Sie ist selektiv permeabel. Zudem kann sie bestimmte Teilchen aktiv transportieren.

Drei Wege Es gibt drei verschiedene Wege durch die Membran:

- Durch die Lipidschicht: Ganz kleine Moleküle wie Wasser- oder Sauerstoff-Moleküle durchqueren die Lipid-Doppelschicht, indem sie zwischen den Lipid-Molekülen hindurchschlüpfen.
- Durch Proteintunnel: Ionen und grössere hydrophile Moleküle passieren die Membran durch Proteintunnel mit hydrophilen Wänden.
- Durch Carrier: Grosse und kleine Teilchen können von spezifischen Transportproteinen, sogenannten Carriern, durch die Membran bewegt werden. Carrier können Stoffe auch gegen das Konzentrationsgefälle transportieren.

[Abb. 10-9] Transportmöglichkeiten durch die Membran

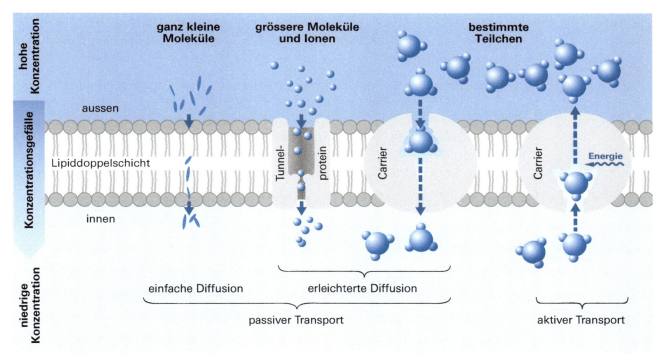

10.5.2 Passiv: einfache Diffusion und erleichterte Diffusion

Diffusion Der passive Transport geschieht durch Diffusion und setzt ein Konzentrationsgefälle voraus. Die Teilchen wandern durch die Membran auf die Seite, wo ihre Konzentration tiefer ist. Wir unterscheiden zwischen der einfachen Diffusion durch die Lipid-Doppelschicht und der erleichterten Diffusion durch Proteintunnel oder Carrier. Beide laufen umso schneller, je höher der Konzentrationsunterschied des betreffenden Stoffs ist. Diffusion und erleichterte Diffusion unterscheiden sich aber in der Selektivität.

Einfache

Für die einfache Diffusion ist neben der Grösse der Teilchen auch entscheidend, ob sie lipophil oder hydrophil sind.

Ganz kleine Moleküle wie Wasser-Moleküle schlüpfen zwischen den Lipid-Molekülen hindurch. Von den grösseren Teilchen können das nur die lipophilen. Das zeigt, dass die lipophile Innenschicht der Membran die entscheidende Barriere darstellt.

Erleichterte

Durch die Proteintunnel können vor allem Ionen und hydrophile Teilchen die Membran passieren. Die Tunnel sind mit hydrophilen Protein-Molekülen ausgekleidet. Viele können sich öffnen und schliessen, indem die Moleküle der Kanalproteine ihre räumliche Struktur ändern. Die erleichterte Diffusion durch die Proteintunnel ist also regelbar und wesentlich selektiver als die einfache Diffusion.

10.5.3 Carrier

Carrierproteine

Beim Transport durch Carrier wird das Teilchen, das transportiert werden soll, auf der einen Seite der Membran vom Carrier-Molekül gebunden und durch die Membran transportiert. Carrier sind Protein-Moleküle, die meist durch die ganze Membran durchreichen. Sie binden ein Teilchen an eine spezifische Bindungsstelle und befördern es durch eine Änderung ihrer Molekülstruktur auf die andere Membranseite. Das Carrier-Molekül ist ja nicht ein kompaktes Klümpchen. Es besteht aus vielen Atomen und besitzt innere Hohlräume. Es kann den Passagier in seinem Inneren auf die andere Seite bringen.

Selektiv

Ein Carrier befördert nur eine Art von Teilchen, weil nur diese in der Form genau an seine Bindungsstelle passen. Carrier arbeiten darum ebenso selektiv wie Enzyme.

Aktiv oder passiv

Der Transport durch Carrier kann passiv oder aktiv sein. Beim passiven Transport wird das Teilchen wie bei jeder Diffusion auf die Seite befördert, wo seine Konzentration tiefer ist. Der aktive Transport erfolgt gegen das Konzentrationsgefälle auf die Seite mit der höheren Konzentration des Teilchens. Dieser Transport «bergauf» braucht Energie in Form von ATP.

[Abb. 10-10] Modell für den Transport durch ein Membranprotein (Carrier)

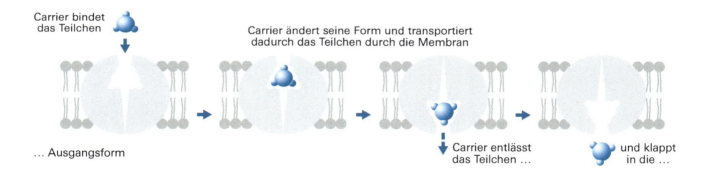

Carrier bindet das Teilchen
Carrier ändert seine Form und transportiert dadurch das Teilchen durch die Membran
... Ausgangsform
Carrier entlässt das Teilchen ...
und klappt in die ...

Zusammenfassung

Für den Stofftransport durch die Membran gibt es drei Wege:

- Durch die Lipidschicht diffundieren ganz kleine Teilchen wie Wasser und etwas grössere lipophile Moleküle. Diese einfache Diffusion ist wenig selektiv und passiv.
- Durch Proteintunnel diffundieren bestimmte Ionen und hydrophile Teilchen. Diese erleichterte Diffusion ist auch passiv, aber regelbar und selektiver als die einfache.
- Carrier transportieren Teilchen sowohl passiv als auch aktiv. Carrier sind Protein-Moleküle, die meist durch die ganze Membran hindurchreichen. Sie binden ein bestimmtes Teilchen auf der einen Seite der Membran und schleusen es durch die Membran, indem sie ihre Gestalt ändern. Der aktive Transport braucht Energie in Form von ATP. Der Transport durch Carrier ist sehr selektiv und regelbar.

Aufgabe 90 Ergänzen Sie die folgende Tabelle zum Transport durch die Membran.

	Aktiver Transport	Erleichterte Diffusion	Diffusion
Transportweg			
Transportrichtung			
Selektivität			
Energieaufwand			

Aufgabe 91 Das folgende Diagramm zeigt die Transportgeschwindigkeit in Abhängigkeit vom Konzentrationsunterschied für zwei verschiedene Transportvorgänge. Welche Kurve beschreibt eine einfache Diffusion und welche einen aktiven Transport? Begründen Sie Ihre Antwort.

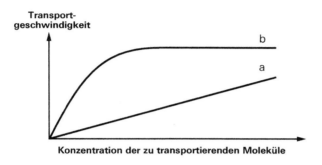

Aufgabe 92 Bei welcher (oder welchen) Transportart(en)

A] nimmt die Geschwindigkeit mit dem Konzentrationsgefälle «unbeschränkt» zu?

B] wird ATP benötigt?

C] werden lipophile Moleküle leichter transportiert als hydrophile?

D] bewegen sich die Teilchen direkt durch die Lipidschicht?

E] ist die Selektivität am höchsten?

F] ist ein Transport gegen das Konzentrationsgefälle möglich?

G] sind Membranproteine beteiligt?

11 Regulation des Zellstoffwechsels

Lernziele Nach der Bearbeitung dieses Kapitels können Sie ...

- die Bedeutung und Wirkungsweise der Enzyme im Stoffwechsel erklären.
- die Begriffe substratspezifisch und wirkungsspezifisch definieren.
- Faktoren nennen, welche die Geschwindigkeit einer Reaktion in der Zelle beeinflussen.
- darlegen, wodurch sich der Stoffwechsel der gleichwarmen Lebewesen vom Stoffwechsel der wechselwarmen unterscheidet und die Konsequenzen diskutieren.
- die Regulation der Enzymsynthese durch das Produkt erklären.
- erklären, wie ein Stoff in der Zelle seine eigene Konzentration beeinflussen kann.
- den Begriff Fliessgleichgewicht erörtern.
- die Vorgänge nennen, die reguliert werden müssen, um die Konzentration eines Stoffs in der Zelle konstant zu halten.
- die Begriffe Wechselzahl, aktive Stelle und Denaturierung definieren.

Schlüsselbegriffe aktive Stelle, Denaturierung, Enzyme, Enzymsynthese, Fliessgleichgewicht, Stoffwechsel, substratspezifisch, Wechselzahl, wirkungsspezifisch

Jede Zelle passt ihren Stoffumsatz laufend dem Bedarf an, indem sie sowohl den Stoffaustausch als auch die chemischen Vorgänge in der Zelle regelt.

11.1 Regulation des Stoffaustauschs

Der Stoffaustausch zwischen der Zelle und ihrer Umgebung muss dem Bedarf entsprechen. Es ist darum wichtig, dass die Zelle den Transport durch die Membran steuern kann. Wie das geschieht, hängt vom Transportmechanismus ab.

Einfache Diffusion Die Diffusion durch die Lipidschicht kann nur indirekt geregelt werden, indem die Zelle ihre Innenkonzentration aktiv verändert. Dies wird vor allem zur Osmoregulation genutzt. Pflanzliche Zellen regeln ihren Turgor über die Konzentration gelöster Stoffe im Zellsaft (vgl. Kap. 10.4.3, S. 133). Durch Umbau von Glucose zu Stärke wird der osmotische Wassereinstrom gedrosselt. Durch Bildung von Glucose oder durch aktive Aufnahme von Ionen kann die Wasseraufnahme erhöht werden.

Erleichterte Diffusion Die erleichterte Diffusion wird durch Öffnen und Schliessen der Proteintunnel geregelt. So können bestimmte Ionen nach dem Öffnen spezifischer Kanäle die Membran schnell passieren, wenn ein entsprechendes Konzentrationsgefälle vorliegt. Da Ionen eine Ladung tragen, verändert ihre Wanderung die Ladungsverteilung zwischen innen und aussen. Das ermöglicht z. B. die Bildung und die Weiterleitung von Erregungen durch Nervenzellen.

Carrier Alle Transportvorgänge durch Carrier sind regelbar, indem die Leistung des betreffenden Carriers verändert wird. So kann ein Einzeller die Stoffaufnahme seinem Bedarf anpassen. Bei Vielzellern wird der Stoffaustausch der verschiedenen Zellen koordiniert und von einer Zentrale aus gesteuert.

Hormone Dabei spielen Hormone eine zentrale Rolle. Hormone sind Botenstoffe, die in speziellen Zellen oder Organen produziert und dann im Körper verteilt werden. Ihre Moleküle lagern sich an Zellen mit passenden Rezeptoren an und bewirken dadurch ein Änderung der Carrieraktivität und / oder des Zellstoffwechsels. Wird z. B. in einem arbeitenden Muskel Glucose verbraucht, schickt der Körper ein Hormon, das die Transportleistung des Glucose-Carriers erhöht. Dadurch gelangt mehr Glucose vom Blut in die Zellen des Muskels und deckt die erhöhte Nachfrage.

Zusammenfassung

Der Zellstoffwechsel wird durch die Regulation des Stoffaustauschs und der chemischen Vorgänge geregelt.

Der Stofftransport durch die Membran wird durch Öffnen und Schliessen von Proteinkanälen und durch die Regulation der Carrieraktivität (z. B. über Hormone) gesteuert.

Die einfache Diffusion lässt sich nur indirekt durch Verändern der Innenkonzentration beeinflussen.

Aufgabe 93 Wie kann der Stofftransport durch die Membran reguliert werden? Nennen Sie drei Möglichkeiten.

11.2 Enzyme als Katalysatoren

Bedeutung In jeder Zelle laufen Tausende von verschiedenen chemischen Reaktionen ab. Jede Reaktion wird durch ein Enzym katalysiert und ihre Geschwindigkeit kann über die Menge dieses Enzyms geregelt werden. Weil die meisten Enzyme nur in bestimmten Kompartimenten der Zelle vorkommen, finden viele Reaktionen nur in diesen statt.

Wirkung Um eine chemische Reaktion in Gang zu bringen, muss Aktivierungsenergie zugeführt werden. Im Labor geschieht dies meist durch Erwärmen. In der Zelle ist eine ausreichende Aktivierung durch Erwärmen allein nicht möglich, weil die zur Auslösung der Reaktion nötige Wärme die Zelle zerstören würde. In Lebewesen findet eine Reaktion nur statt, wenn ein Enzym als Katalysator die nötige Aktivierungsenergie so stark senkt, dass die Reaktion bei Körpertemperatur abläuft. Aber wie ist das möglich? Wie wirkt das Enzym?

Wirkungsweise Enzyme sind Proteine und ihre Moleküle haben eine bestimmte Form. Sie besitzen eine aktive Stelle, die das meist wesentlich kleinere Molekül des Substrats bindet. Das Substrat ist der Stoff, der durch die Reaktion verändert wird. Das Substrat-Molekül passt in die aktive Stelle des Enzyms wie der Schlüssel ins Schloss. Im Unterschied zum Schlüssel wird das Substrat-Molekül aber durch die Bindung ans Enzym verändert. Diese Veränderung ermöglicht dann eine bestimmte Reaktion. Sie kann z. B. eine Bindung im Substrat-Molekül so lockern, dass das Molekül gespalten wird (vgl. Abb. 11-1). Die Produkt-Moleküle lösen sich anschliessend vom Enzym. Das Enzym wird also durch die Reaktion nicht verbraucht.

[Abb. 11-1] Schema zur Wirkung eines Enzyms

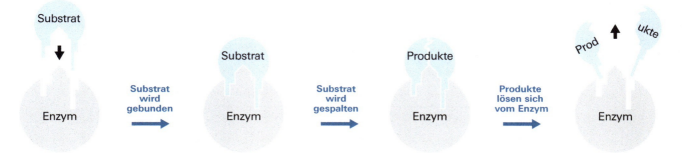

Das Substrat-Molekül wird durch die Bindung an die aktive Stelle des Enzyms verändert (hier gespalten).

Spezifität	Weil das Enzym nur Moleküle mit passender Form an die aktive Stelle bindet und weil an diesen Molekülen nur eine bestimmte Veränderung ausgelöst wird, katalysiert ein Enzym nur eine Reaktion eines einzigen Substrats: Enzyme sind wirkungsspezifisch und substratspezifisch.
Aktivität	Die Aktivität eines Enzyms zeigt sich in seiner Wechselzahl, d. h. in der Zahl der Substrat-Moleküle, die ein Enzym-Molekül in einer Sekunde bearbeitet. Ein mittelschnelles Enzym-Molekül setzt in einer Sekunde 10 000 Substrat-Moleküle um. Turbo-Enzyme erreichen Wechselzahlen von 600 000.
Temperatur-abhängigkeit	Chemische Reaktionen verlaufen umso schneller, je wärmer es ist. Als Faustregel gilt: Bei einer Erhöhung der Temperatur um 10 °C steigt die Geschwindigkeit auf das 2- bis 3-Fache. Das gilt auch für enzymatisch katalysierte Vorgänge. Das Ausmass der Temperaturschwankungen im Inneren eines Lebewesens hängt davon ab, ob die Körpertemperatur konstant gehalten wird oder nicht.
Wechselwarme	Die meisten Lebewesen sind wechselwarm. Ihre Körpertemperatur ändert sich mit der Aussentemperatur und ihr Stoffwechsel kann darum je nach Klima starken Schwankungen unterworfen sein. Die chemischen Reaktionen in ihrem Körper verlaufen z. B. bei 30 °C mindestens 8-mal schneller als bei 0 °C. Bei Temperaturen unter 0 °C findet fast kein Stoffumsatz mehr statt. Darum kann z. B. ein Wasserfrosch im Teich unter der Eisschicht überwintern, ohne zu fressen. Er ist starr und sein Stoffumsatz ist sehr gering.
Gleichwarme	Im Gegensatz zu den wechselwarmen Lebewesen halten die gleichwarmen ihre Körpertemperatur konstant und vermeiden so starke Schwankungen ihres Stoffwechsels. Das Heizen und Kühlen kostet aber sehr viel Energie. Gleichwarm sind nur die Vögel und die Säugetiere. Ihr Körper ist zur Verminderung von Wärmeverlusten durch Federn oder Haare und Fettschichten isoliert.
Denaturierung	Enzymatisch katalysierte Reaktionen lassen sich durch Erwärmen nicht beliebig beschleunigen (vgl. Abb. 11-2). Bei Temperaturen über 40–50 °C verlieren die meisten Proteine ihre physiologische Wirkung, weil sich die Form der Protein-Moleküle ändert. Sie werden denaturiert, d. h., sie verlieren ihre natürliche räumliche Struktur (vgl. Kap. 4.7, S. 60). Hier zeigt sich, wie wichtig die Form der Moleküle für ihre Funktion ist. Nur Moleküle mit der «richtigen» räumlichen Struktur können ihre Aufgabe in der Zelle erfüllen. Wenn die aktive Stelle eines Enzyms ihre Gestalt ändert, kann sie das Substrat-Molekül nicht mehr binden, weil es in der Form nicht mehr passt. Das Enzym verliert seine katalytische Wirkung. Auch Stoffe wie Säuren können Enzyme inaktivieren, weil sie Proteine denaturieren.

[Abb. 11-2] Einfluss der Temperatur auf die Aktivität eines Enzyms

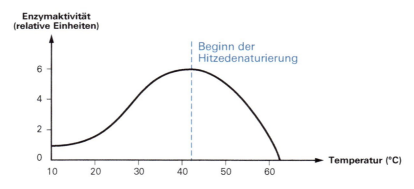

Zusammenfassung

Jede chemische Reaktion in der Zelle wird durch ein Enzym katalysiert. Das Enzym vermindert die zur Auslösung der Reaktion nötige Aktivierungsenergie so stark, dass die Reaktion auch bei der relativ niederen Temperatur in der Zelle stattfindet.

Ein Enzym katalysiert nur eine Reaktion eines einzigen Substrats: Es ist wirkungsspezifisch und substratspezifisch.

Enzyme sind Proteine und ihre Moleküle haben eine bestimmte Form. Sie binden das Substrat-Molekül an die aktive Stelle und verändern es dadurch so, dass die Reaktion stattfindet. Die Zahl der Substrat-Moleküle, die ein Enzym-Molekül in einer Sekunde umsetzt, heisst Wechselzahl. Sie liegt je nach Enzym zwischen 1 und 600 000.

Die Geschwindigkeit chemischer Reaktionen steigt bei einer Erwärmung um 10 °C auf das 2- bis 3-Fache. Enzyme verlieren aber ab etwa 40–50 °C ihre Wirkung, weil sich die Form ihrer Moleküle ändert. Sie werden denaturiert, d. h., sie verlieren ihre natürliche Faltung. Auch Stoffe wie Säuren können Enzyme inaktivieren, weil sie Proteine denaturieren.

Aufgabe 94 Lebensmittel verderben hauptsächlich durch die Tätigkeit von Bakterien und Pilzen. Warum sind sie im Kühlschrank wesentlich länger haltbar als bei Raumtemperatur?

Aufgabe 95 Was bedeutet die Aussage: Enzyme sind substratspezifisch und wirkungsspezifisch?

11.3 Regulation der Enzyme

Was ist regelbar?

Der Kern reguliert die chemischen Reaktionen der Zelle über die Enzyme. Eine Reaktion kommt nur in Gang, wenn das entsprechende Enzym vorhanden ist, und sie läuft umso schneller ab, je aktiver das Enzym ist und je mehr Enzym vorliegt. Die Geschwindigkeit einer Reaktion kann also über die Enzymaktivität und über die Enzymkonzentration reguliert werden.

11.3.1 Regulation der Enzymaktivität

Enzymaktivität

Die Aktivität eines Enzyms ist von den Bedingungen wie der Temperatur abhängig. Sie kann durch das Substrat und durch Aktivatoren erhöht und durch das Produkt und Hemmstoffe reduziert werden. Aktivatoren, die für die Aktivität des Enzyms unerlässlich sind, nennt man Cofaktoren. Cofaktoren können Ionen (häufig Zink-, Eisen- oder Kupfer-Ionen) oder organische Moleküle sein. Sie werden fest oder lose an das Enzym gebunden.

11.3.2 Regulation der Enzymkonzentration

Enzymkonzentration

Die Enzymkonzentration wird über die Synthese und den Abbau der Enzyme reguliert. Solange das Enzym gebraucht wird, muss es dauernd produziert werden, weil es auch laufend abgebaut wird. Das erscheint auf den ersten Blick wenig sinnvoll, ist aber unbedingt nötig, um die Reaktion auch wieder verlangsamen oder stoppen zu können. Enzyme wirken ja katalytisch und verlieren ihre Wirkung nicht von selbst. Würden sie nicht durch Hemmstoffe inaktiviert oder durch andere Enzyme abgebaut, wären sie nicht zu bremsen.

Enzymsynthese

Weil jedes Enzym eine definierte Aminosäuren-Sequenz aufweist, brauchen die Ribosomen für die Synthese ein Rezept, das beschreibt, welche der 20 verschiedenen Sorten von Aminosäuren in welcher Reihenfolge verknüpft werden müssen. Dieses Rezept ist ein mRNA-Molekül, das der Kern, der die Information für den Bau aller Proteine in der DNA enthält, liefert. Der Kern bildet die mRNA, indem er das Gen mit der Information für das betreffende Protein abschreibt. Die Enzymsynthese wird also vom Kern ausgelöst, indem er die mRNA mit dem Rezept für den Aufbau des betreffenden Enzyms produziert und an die Ribosomen liefert. Diese stellen dann das Enzym durch die Verknüpfung von vielen Aminosäure-Molekülen zu langen unverzweigten Ketten her.

Da sich der Stoffwechsel der Zelle laufend den Gegebenheiten anpassen muss, werden natürlich nicht immer die gleichen Enzyme gebraucht. Der Kern erhält darum laufend Informationen über die aktuellen Konzentrationen der Stoffe im Cytoplasma und produziert dann die mRNA für die nötigen Enzyme.

11.3.3 Regulierende Wirkung des Produkts

Meist wirken die Konzentrationen der Reaktionsteilnehmer regulierend auf die Geschwindigkeit einer Reaktion. Wir beschränken uns hier auf die Wirkung des Produkts.

In der Regel hemmt das Produkt seine eigene Bildung. Das heisst, eine steigende Konzentration des Produkts verlangsamt dessen Synthese durch die Hemmung der Enzymsynthese oder der Enzymaktivtät. So wird weniger Produkt gebildet, die Produktkonzentration sinkt wieder. Wir betrachten das an einer Reaktion, bei der das Enzym E das Edukt A in das Produkt B umwandelt:

$$A \xrightarrow{\text{Enzym E}} B$$

Hemmung der Enzymsynthese

1. Bei tiefer Konzentration des Produkts stellt der Kern die mRNA für das Enzym E her und schickt sie zu den Ribosomen.
2. Die Ribosomen produzieren das Enzym E und dieses katalysiert die Reaktion von A zu B. Die Konzentration von B steigt.
3. Das wird dem Kern gemeldet und er stellt die Produktion der mRNA für das Enzym ein. Das Produkt hemmt also die Bildung der mRNA für das Enzym, das zu seiner Synthese nötig ist. Der Stoff B wird nicht mehr gebildet.
4. Sinkt die Konzentration von B, setzt die Enzymbildung wieder ein.

[Abb. 11-3] Hemmung der Enzymbildung durch das Produkt

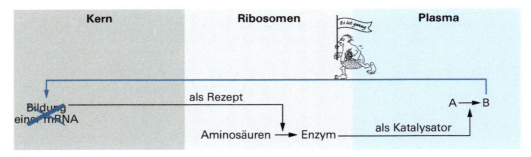

Regelkreis

Durch dieses Feedback (Zurückmelden) an den Kern schliesst sich der Kreis, der die Konzentration von B regelt. Man spricht darum von einem Regelkreis. In unserem Beispiel hemmt das Produkt B seine eigene Herstellung, indem es die Bildung des Enzyms E bzw. der dafür nötigen mRNA verhindert.

Hemmung der Enzymaktivität

Neben der Enzymmenge kann auch die Enzymaktivität verändert werden. So vermindert ein Ansteigen der Konzentration des Produkts die Aktivität des Enzyms (vgl. Abb. 11-4). Dann wird weniger Produkt gebildet, seine Konzentration sinkt und die Aktivität des Enzyms steigt wieder.

[Abb. 11-4] Hemmung der Enzymaktivität durch das Produkt

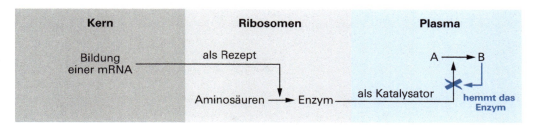

Das Produkt B hemmt die weitere Herstellung von B, indem es die Aktivität des dafür erforderlichen Enzyms vermindert.

Zusammenfassung

Enzyme werden wie alle Proteine an den Ribosomen durch die Verknüpfung von Aminosäuren hergestellt. Der Kern steuert die Enzymsynthese, indem er das Rezept für das Enzym in Form der mRNA an die Ribosomen liefert. Die mRNA wird als Abschrift des entsprechenden Gens im Kern hergestellt.

Die Bildung der mRNA und damit die Enzymsynthese kann durch das Edukt der Reaktion ausgelöst bzw. durch das Produkt gehemmt werden (Feedback). Man spricht von einem Regelkreis.

Die Geschwindigkeit einer Reaktion wird auch über die Enzymaktivität reguliert. Die Wechselzahl eines Enzyms wird von Aktivatoren und Hemmstoffen beeinflusst. Eine Zunahme der Edukte und eine Abnahme der Produkte erhöhen die Enzymaktivität.

Aufgabe 96 Nennen Sie die drei Grössen, welche die Geschwindigkeit einer Reaktion in der Zelle in erster Linie beeinflussen.

Aufgabe 97 Nennen Sie die Vorgänge, die ablaufen, wenn in einer Zelle die Konzentration des Stoffs X, der aus dem Stoff U durch eine Reaktion hergestellt werden kann, unter den Sollwert sinkt.

Aufgabe 98 Welche der folgenden Aussagen sind korrekt? Korrigieren Sie die falschen.

A] Ein Enzym erniedrigt die Energie, die bei einer Reaktion benötigt wird.

B] Ein Enzym verändert sich bei der Reaktion nicht.

C] Ein Enzym wird aus einer mRNA hergestellt.

D] Enzyme werden nur an den Ribosomen hergestellt.

E] Enzyme arbeiten bei steigender Temperatur immer schneller, bis sie durch die Hitze gespalten werden.

F] Das Substrat-Molekül wird an das Ende des Enzym-Moleküls gebunden.

G] Alle Enzyme werden aus Aminosäuren hergestellt.

11.4 Stoffwechselketten und Fliessgleichgewicht

Reaktionsketten

Die Herstellung eines Stoffs in der Zelle verläuft meist über mehrere Reaktionsschritte, von denen jeder ein eigenes Enzym braucht.

$$A \xrightarrow{Enzym\ E_1} B \xrightarrow{Enzym\ E_2} C \xrightarrow{Enzym\ E_3} D \xrightarrow{Enzym\ E_4} E$$

Fliessgleichgewicht

Die Mengen der Zwischenprodukte B, C und D bleiben unverändert, solange ihre Herstellung gleich schnell geschieht wie ihre Umwandlung in den nächsten Stoff. Sie können das mit einem römischen Brunnen vergleichen, bei dem in einem bestimmten Zeitraum jeder Schale gleich viel Wasser zugeführt wird, wie abfliesst (vgl. Abb. 11-5). Man spricht darum von einem Fliessgleichgewicht.

[Abb. 11-5] Schema zum Fliessgleichgewicht

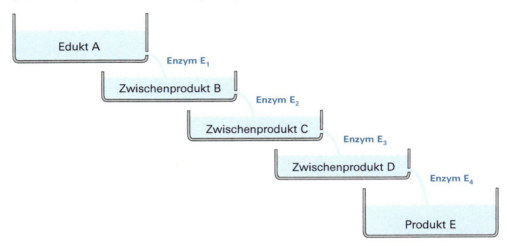

Die Mengen der Zwischenprodukte B und C und D bleiben unverändert, solange sich Zu- und Abfluss die Waage halten.

Koordination der Enzyme

Bei der Regulation des Stoffwechsels müssen die Mengen und die Aktivitäten der verschiedenen Enzyme koordiniert werden. Ist von einem Enzym zu wenig vorhanden, häuft sich sein Substrat an und das Produkt fehlt. Beides kann fatale Folgen haben. Die Regelung und die Koordination des Stoffwechsels wird noch dadurch kompliziert, dass sich viele Reaktionswege kreuzen (vgl. Abb. 11-6).

[Abb. 11-6] Schema des Zellstoffwechsels

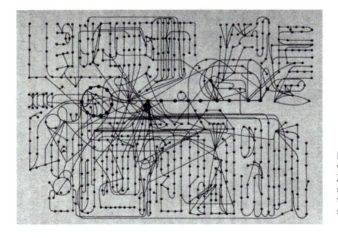

In diesem Diagramm sind einige Hundert von mehreren Tausend Reaktionen des Zellstoffwechsels dargestellt. Die Punkte stehen für Stoffe, die Linien für Reaktionen. Das Diagramm zeigt Stoffwechselketten und ihre Verknüpfungen.

Weil viele Stoffe durch mehrere Reaktionen gebildet bzw. verarbeitet werden und weil sich ihre Konzentrationen auch durch die Aufnahme oder die Abgabe aus der Zelle ändern können, ist eine zentrale Koordination aller Stoffwechselvorgänge durch den Kern unerlässlich. Der Zellkern erhält Informationen über die Mengen der vorhandenen Stoffe und entscheidet mithilfe der Erbinformationen, welche Reaktionen in Gang gebracht oder beschleunigt werden müssen. Er produziert die mRNA-Moleküle für die fehlenden Enzyme und schickt diese zu den Ribosomen, wo die Enzyme hergestellt werden.

Zusammenfassung

Selbst wenn sich die Konzentrationen der Stoffe in der Zelle nicht verändern, finden Tausende von chemischen Reaktionen statt. Die Zelle steht im Fliessgleichgewicht. Die Konzentration eines Stoffs ist konstant, solange sich Abbau und Ausscheidung auf der einen Seite und Synthese bzw. Aufnahme auf der anderen Seite die Waage halten.

Der Kern koordiniert die vielen Reaktionen des Zellstoffwechsels. Er erhält Informationen über die Konzentration der Stoffe in der Zelle und entscheidet mithilfe der Erbinformation und im Hinblick auf die geplanten Aktivitäten der Zelle, welche Reaktionen durch die Bildung der zuständigen Enzyme beschleunigt werden müssen. Er produziert die entsprechenden mRNA-Moleküle und schickt diese zu den Ribosomen, wo sie die Information für den Aufbau der Enzyme liefern.

Aufgabe 99

Der Stoff B wird in der Zelle als Zwischenprodukt bei der Herstellung von C und D hergestellt. Er kommt in geringer Konzentration auch in der Umgebung der Zelle vor.

$$A \xrightarrow{E_1} B \begin{array}{c} \xrightarrow{E_2} C \\ \xrightarrow{E_3} D \end{array}$$

Durch welche vier Vorgänge kann die Konzentration von B in der Zelle erhöht werden und welche Wirkung haben diese Vorgänge auf die Konzentrationen von A, C und D?

12 Assimilationsvorgänge

Lernziele Nach der Bearbeitung dieses Kapitels können Sie ...

- den Begriff Assimilation definieren.
- die möglichen Verwendungen der Assimilate nennen.
- die Unterschiede und die Übereinstimmungen zwischen der Assimilation autotropher und heterotropher Zellen darlegen.
- die Summengleichung der Fotosynthese formulieren und die Verwendung der Produkte erörtern.
- Umfang und Bedeutung der Fotosynthese diskutieren.
- die Vorgänge der Lichtreaktion und der Dunkelreaktion summarisch beschreiben.
- erörtern, wie der Sauerstoff als Produkt der Fotosynthese entsteht.
- beschreiben, mit welcher Methode der Weg bestimmter Atome im Stoffwechsel verfolgt werden kann.
- erklären, wodurch sich die Chemosynthese von der Fotosynthese unterscheidet.

Schlüsselbegriffe Assimilation, Chemosynthese, Dunkelreaktionen, Fotosynthese, Lichtreaktionen

Auf die Stoffaufnahme folgen die chemischen Umsetzungen in der Zelle. Sie dienen zur Herstellung von Baustoffen und zur Freisetzung der nötigen Energie.

12.1 Übersicht

Definition

Assimilation[1] ist der Aufbau körpereigener Stoffe.

Ziele

Die Assimilate dienen als

- Baustoffe: ermöglichen Wachstum, Erneuerung und Fortpflanzung der Zelle.
- Betriebsstoffe: liefern die für die Aktivitäten der Zelle nötige Energie.
- Reservestoffe: dienen als Vorräte.
- Wirkstoffe: katalysieren den Stoffwechsel (Enzyme) und steuern Lebensvorgänge (Hormone).
- Informationsträger: speichern und übertragen Erbinformation.

Bei der Assimilation bestehen grosse Unterschiede zwischen autotrophen und heterotrophen Zellen (vgl. Kap. 9, S. 122).

12.1.1 Assimilation der Autotrophen

Was assimilieren die Autotrophen?

Autotrophe Zellen bzw. Lebewesen können alle organischen Stoffe, die sie brauchen, aus anorganischen Stoffen aufbauen. Dabei müssen grundsätzlich alle Elemente, die in den organischen Stoffen vorkommen, aus anorganischen Stoffen assimiliert werden. Wir konzentrieren uns auf die Assimilation der vier mengenmässig dominierenden Elemente Kohlenstoff, Wasserstoff, Sauerstoff und Stickstoff (C, H, O, N).

C-Assimilation

Die bekannteste Assimilation ist die Fotosynthese, bei der aus Kohlenstoffdioxid und Wasser mit Lichtenergie Glucose und Sauerstoff hergestellt wird. Weil die Glucose als Ausgangsstoff zur Herstellung anderer organischer Verbindungen dient, ist ihre Synthese die Basis aller autotrophen Assimilationen. Wie aus der Formel der Glucose ($C_6H_{12}O_6$) ersichtlich, werden bei der Fotosynthese die Elemente Kohlenstoff (C), Wasserstoff (H) und Sauerstoff (O) assimiliert. Man bezeichnet diese Assimilation aber einfach als Kohlenstoff-Assimilation oder C-Assimilation.

---

[1] Lat. *assimilatio* «Angleichung».

Chemosynthese

Eine wesentlich seltenere Form der C-Assimilation ist die Chemosynthese gewisser Bakterien, die zum Aufbau von Glucose anstelle von Lichtenergie Energie aus chemischen Vorgängen nutzen.

N-Assimilation

Die Moleküle von Aminosäuren und Nucleotiden enthalten neben C-, H- und O-Atomen auch Stickstoff-Atome (N-Atome). Diese werden bei der Stickstoff-Assimilation eingebaut. Da die Luft zu fast 80% aus Stickstoff besteht, scheint dessen Beschaffung kein Problem. Aber das täuscht. Nur wenige Bakterien sind nämlich fähig, den Stickstoff, der in der Luft in Form von N_2-Molekülen vorkommt, zu assimilieren. Die autotrophen Pflanzen verwenden anorganische Stickstoffverbindungen (Ammoniumsalze und Nitrate) aus dem Wasser oder aus dem Boden als Stickstoffquelle.

12.1.2 Assimilation der Heterotrophen

Was assimilieren die Heterotrophen?

Heterotrophe Zellen bzw. Lebewesen nehmen die organischen Bausteine, die sie für den Aufbau ihrer körpereigenen Stoffe brauchen, mit der Nahrung auf. Sie assimilieren körperfremde organische Stoffe von anderen Lebewesen. Die Heterotrophen beziehen auch die Energie, die sie brauchen, aus der Nahrung (vgl. Kap. 9, S. 122). Bei Vielzellern findet die Verdauung der Nahrung ausserhalb der Zellen z. B. im Darm statt. Die Zellen der Darmwand scheiden die Enzyme in den Darm aus und nehmen dann die Bausteine, die bei der Zerlegung der Makromoleküle entstehen, durch die Membran ins Plasma auf.

12.1.3 Aufbau körpereigener Stoffe

In allen Zellen

Auf die Beschaffung der Bausteine, die bei autotrophen und heterotrophen Zellen unterschiedlich verläuft, folgen Assimilationsvorgänge, die in allen Zellen gleich ablaufen. So bauen alle Zellen an den Ribosomen Proteine und im glatten ER Lipide auf. Auch der Aufbau der Nucleinsäuren im Kern bei der Verdoppelung des Erbguts und bei der Bildung von Boten-RNA findet in allen Zellen statt.

[Abb. 12-1] Assimilationsvorgänge bei Autotrophen und bei Heterotrophen (Übersicht)

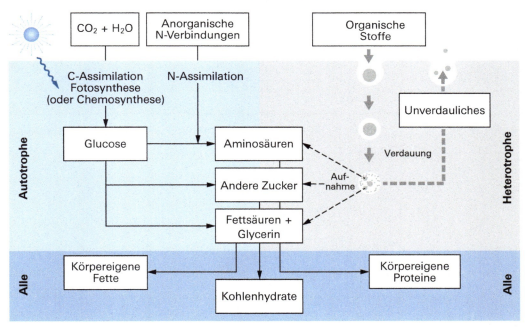

Zusammenfassung Assimilation bedeutet Aufbau körpereigener organischer Stoffe.

Autotrophe Zellen und Lebewesen können ihre organischen Stoffe aus anorganischen aufbauen. Die dazu nötige Energie liefert ihnen meist das Licht. Bei der C-Assimilation (C: Kohlenstoff) wird primär Glucose hergestellt, bei der N-Assimilation (N: Stickstoff) entstehen hauptsächlich die Aminosäuren.

Bei der C-Assimilation stellen die autotrophen Zellen aus Kohlenstoffdioxid und Wasser Glucose ($C_6H_{12}O_6$) und Sauerstoff her, d. h., es werden die Elemente Kohlenstoff, Wasserstoff und Sauerstoff (C, H, O) assimiliert. Nach der dabei verwendeten Energie unterscheiden wir zwei Möglichkeiten:

- Die Fotosynthese der grünen Pflanzen, welche die Energie mit dem Chlorophyll in ihren Chloroplasten aus dem Licht gewinnen.
- Die Chemosynthese einiger Bakterien, welche die Energie durch die Oxidation anorganischer Verbindungen gewinnen.

Zur Herstellung der Aminosäuren, aus denen die Proteine bestehen, und für die Nucleotide der Nucleinsäuren, muss auch das Element Stickstoff assimiliert werden, weil die Moleküle dieser Stoffe Stickstoff-Atome enthalten. Autotrophe Zellen verwenden als Stickstoffquelle anorganische Stoffe (z. B. Nitrate) aus dem Wasser oder aus dem Boden. Den gasförmigen Stickstoff aus der Luft können nur ganz wenige Bakterien nutzen.

Heterotrophe Lebewesen müssen die organischen Bausteine, die sie für den Aufbau ihrer körpereigenen Stoffe und als Energieträger brauchen, als Nahrung aufnehmen. Da die kleinen organischen Moleküle, die sie ins Plasma aufnehmen können, in der Natur kaum frei vorkommen, müssen sie die körperfremden organischen Stoffe, die sie von anderen Lebewesen übernehmen, zuerst verdauen. Heterotrophe Lebewesen zerlegen die organischen Makromoleküle der Nahrung mit Verdauungsenzymen in die organischen Bausteine, die sie dann aufnehmen können:

- Proteine in Aminosäuren,
- Kohlenhydrate in Monosaccharide,
- Fette in Fettsäuren und Glycerin.

Die Verdauung findet ausserhalb des Plasmas statt: bei Einzellern in Nahrungsvakuolen, bei Vielzellern meist in speziellen Verdauungsorganen (Magen, Darm).

Aufgabe 100 Meinen die Begriffe Assimilation und Fotosynthese das Gleiche?

12.2 Fotosynthese

Weil sie die Grundlage aller Assimilationsprozesse darstellt, befassen wir uns in diesem Kapitel noch eingehender mit der C-Assimilation durch die Fotosynthese.

12.2.1 Summengleichung

In Chloroplasten

Die fotosynthetisch autotrophen Zellen benutzen zur C-Assimilation Lichtenergie. Sie verfügen über Chloroplasten, die mit dem Chlorophyll Lichtenergie auffangen und für die endothermen Reaktionen der Fotosynthese nutzen. Die Fotosynthese besteht aus einer grossen Zahl von Reaktionen, von denen jede ein Enzym braucht. Diese Enzyme befinden sich wie das Chlorophyll auf der inneren Membran der Chloroplasten (vgl. Kap. 7.7.2, S. 100).

Summengleichung

Das Resultat der ganzen Reaktionskette lässt sich durch die folgende Summengleichung zusammenfassen:

$$6\ CO_2 + 6\ H_2O \xrightarrow{+\ Lichtenergie} C_6H_{12}O_6 + 6\ O_2$$

In Worten: Aus 6 Molekülen Kohlenstoffdioxid und 6 Molekülen Wasser werden mithilfe von Lichtenergie 1 Molekül Glucose und 6 Moleküle Sauerstoff hergestellt.

Energieaufwand

Zur Herstellung von 100 g Glucose werden 1 570 kJ Energie benötigt.

Edukte

Die Moleküle der anorganischen Edukte Kohlenstoffdioxid und Wasser sind klein und werden durch Diffusion aufgenommen.

Produkte

Die Glucose bildet die Grundlage des Bau- und des Betriebsstoffwechsels. Wir fassen ihre Verwendung kurz zusammen:

- Glucose wird als Ausgangsstoff zur Herstellung von anderen Zuckern wie Rohrzucker und von Polysacchariden wie Cellulose verwendet.
- Glucose ist Ausgangsstoff zur Herstellung anderer Verbindungen wie z. B. Aminosäuren und Fettsäuren.
- Glucose wird in Form von Stärke gespeichert.
- Glucose wird als Betriebsstoff zur Herstellung von ATP dissimiliert.

Der Sauerstoff, der als zweites Produkt entsteht, ist ein Gas, auf das die meisten Lebewesen angewiesen sind. Er wird in den Mitochondrien für die Zellatmung gebraucht (vgl. Kap. 7.8, S. 102). Die Fotosynthese liefert also neben dem Energieträger Glucose auch den Sauerstoff, der zu dessen Oxidation benötigt wird. Zur Oxidation der Glucose, die durch Fotosynthese hergestellt wurde, wird insgesamt gleich viel Sauerstoff verbraucht, wie bei ihrer Bildung durch die Fotosynthese hergestellt wurde.

12.2.2 Bedeutung der Fotosynthese

Die Fotosynthese ist die wichtigste chemische Reaktionskette auf der Erde. Sie liefert die Nahrung und den Sauerstoff für fast alle Lebewesen. In der Fotosynthese wird die Energie, die für die biologischen Aktivitäten der Lebewesen erforderlich ist, von der Sonne bezogen.

[Abb. 12-2] Die Fotosynthese liefert Glucose und Sauerstoff

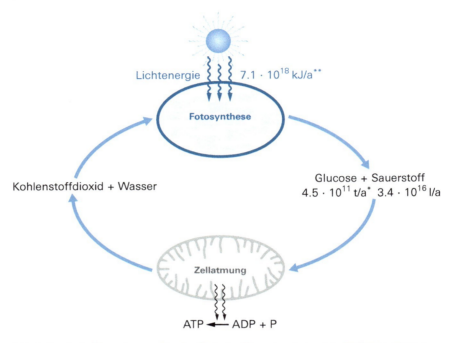

* Verteilt auf alle Menschen ergäbe das für jeden Menschen jedes Jahr 75 000 kg Glucose.
** Das ist 20-mal mehr als der gesamte technische Energieverbrauch.

Der von den Pflanzen bei der Fotosynthese bewerkstelligte Energieumsatz ist 20-mal höher als der vom Menschen organisierte Energieumsatz in allen Kraftwerken, Heizungen und Motoren zusammen, der ja auch schon gigantisch ist. Bei der Belastung der Umwelt durch Lärm, Abgase und Strahlung «leisten» wir allerdings wesentlich mehr als die Pflanzen.

12.2.3 Ablauf der Fotosynthese

Im Ablauf der Fotosynthese lassen sich zwei Phasen unterscheiden. Für die ersten Reaktionen, die man als Lichtreaktionen bezeichnet, wird Licht benötigt. Die anschliessenden lichtunabhängigen Reaktionen benötigen kein Licht.

A Lichtreaktionen

Wasserspaltung

Der zentrale Vorgang der Lichtreaktionen ist die Spaltung des Wassers mithilfe von Lichtenergie. Man nennt eine solche Zersetzung durch Licht Fotolyse. Bei der Fotolyse eines Wasser-Moleküls entstehen zwei Wasserstoff-Atome und ein Sauerstoff-Atom.

Die Wasserstoff-Atome, werden zur Übertragung auf die folgenden Reaktionen an ein Trägermolekül gebunden (vgl. Abb. 12-3).

Das Sauerstoff-Atom, bildet mit einem Artgenossen ein O_2-Molekül. So entsteht der gasförmige Sauerstoff, der als Endprodukt abgegeben wird.

[Abb. 12-3] Schema der Fotolyse des Wassers am Chlorophyll

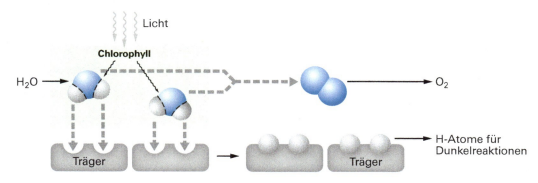

Das Chlorophyll befindet sich im Granabereich der Chloroplasten (vgl. Kap. 7.7.2, S. 100) auf der inneren Membran, die hier dichte Stapel bildet. Sie besitzt dadurch eine grosse Oberfläche für das Chlorophyll, das hier Licht auffängt.

[Abb. 12-4] Bei der Fotosynthese entsteht Sauerstoff durch die Spaltung von Wasser

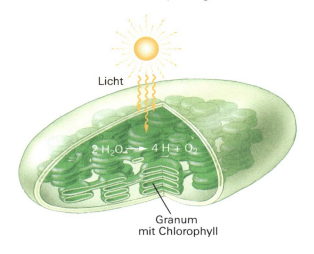

Die Wasserpflanze *Elodea* gibt bei Belichtung Sauerstoff in Form von Gasbläschen ab. Der Sauerstoff entsteht durch Fotolyse des Wassers am Chlorophyll in den Grana der Chloroplasten.

Woher kommt der Sauerstoff?

Der Sauerstoff, der bei der Fotolyse entsteht, ist bereits ein Endprodukt der Fotosynthese. Betrachten Sie nun aber noch einmal die Summengleichung und achten Sie dabei auf die Zahl der Sauerstoff-Atome:

$$6\ CO_2 + 6\ H_2O \xrightarrow{+\ Lichtenergie} C_6H_{12}O_6 + 6\ O_2$$

6 Wasser-Moleküle enthalten 6 O-Atome. Das reicht nur zur Bildung von 3 O_2-Molekülen. Wo kommen die anderen 3 O_2-Moleküle her?

Die Fotosynthese der Purpurbakterien

Einen interessanten Hinweis zu dieser Frage geben die Purpurbakterien, die eine spezielle Art von Fotosynthese machen. Sie benutzen statt Wasser die Verbindung Diwasserstoffsulfid (H_2S). Die Summengleichung für ihre Fotosynthese lautet:

$$6\ CO_2 + 12\ H_2S \xrightarrow{+\ Lichtenergie} C_6H_{12}O_6 + 12\ S + 6\ H_2O$$

Der Sauerstoff aus dem CO_2 wird also nicht als O_2 abgespalten. Er landet je zur Hälfte im Zucker und im Wasser, das als drittes Produkt entsteht. Die analoge Reaktionsgleichung für die normale Fotosynthese wäre:

$$6\ CO_2 + 12\ H_2O \xrightarrow{+\ Lichtenergie} C_6H_{12}O_6 + 6\ O_2 + 6\ H_2O$$

Nach dieser Gleichung ist es mengenmässig möglich, dass der produzierte Sauerstoff ausschliesslich aus der Spaltung des Wassers stammt. Bei der Spaltung von 12 H_2O-Molekülen werden 12 O-Atome frei, was 6 O_2-Moleküle ergibt.

Nachweis mit Isotopen

Dass der Sauerstoff tatsächlich zu 100% aus dem Wasser stammt, konnte 1941 mithilfe der Isotopentechnik nachgewiesen werden. Isotope sind Atome desselben Elements, die sich in der Neutronenzahl und damit in der Atommasse unterscheiden, chemisch aber die gleichen Eigenschaften besitzen (vgl. Kap. 2.3.1, S. 34). Beim Sauerstoff gibt es neben den «normalen» O-16-Atomen mit 8 Protonen und 8 Neutronen auch die viel selteneren O-18-Atome mit 8 Protonen und 10 Neutronen. Man kann sie an der höheren Atommasse erkennen. Züchtet man z. B. Grünalgen in Wasser, dessen Moleküle die schweren O-18-Atome enthalten, findet man diese später im Sauerstoff, den die Algen abgeben.

$$6\ CO_2 + 12\ H_2O \xrightarrow{+\ \text{Lichtenergie}} C_6H_{12}O_6 + 6\ O_2 + 6\ H_2O$$

Füttert man den Zellen CO_2 mit O-18, findet man die O-18-Atome zur Hälfte im Zucker und im Wasser, das entsteht.

$$6\ CO_2 + 12\ H_2O \xrightarrow{+\ \text{Lichtenergie}} C_6H_{12}O_6 + 6\ O_2 + 6\ H_2O$$

Zwei Formen der Summengleichung

Kürzt man die obige Gleichung, indem man auf beiden Seiten je 6 Wasser-Moleküle subtrahiert, erhält man die bekannte Summengleichung:

$$6\ CO_2 + 12\ H_2O \xrightarrow{+\ \text{Lichtenergie}} C_6H_{12}O_6 + 6\ O_2 + 6\ H_2O$$

$$6\ CO_2 + 6\ H_2O \xrightarrow{+\ \text{Lichtenergie}} C_6H_{12}O_6 + 6\ O_2$$

Es handelt sich also lediglich um zwei verschiedene Darstellungen derselben Gleichung. Die erweiterte Form wird verwendet, wenn gezeigt werden soll, dass Wasser nicht nur ein Edukt, sondern auch ein Produkt der Fotosynthese ist, und dass der gebildete Sauerstoff ausschliesslich aus dem Wasser stammt.

Die Bildung von ATP

Neben der Spaltung von Wasser findet am Chlorophyll noch eine zweite lichtabhängige Reaktion statt. Das Chlorophyll kann die Lichtenergie zur Herstellung von ATP aus ADP + P nutzen. Das ATP bleibt im Chloroplasten und liefert die Energie für die folgenden endothermen Reaktionen der Zuckersynthese.

B Lichtunabhängige Reaktionen

Ohne Licht

Die an die Lichtreaktionen anschliessenden lichtunabhängigen Reaktionen benötigen kein Licht und werden darum auch als Dunkelreaktionen bezeichnet. Das heisst aber nicht, dass sie nur im Dunkeln stattfinden. In den lichtunabhängigen Reaktionen wird in einer langen Reihe von vielen Reaktionen aus Kohlenstoffdioxid und Wasserstoff Glucose hergestellt. Der Wasserstoff stammt aus der Fotolyse des Wassers. Die nötige Energie liefert das ebenfalls in der Lichtreaktion bereitgestelle ATP (zur Herstellung eines Zucker-Moleküls werden 18 Moleküle ATP benötigt). Wir können die komplizierte Folge von Reaktionen durch die folgende Summengleichung darstellen:

$$6\ CO_2 + 24\ H \xrightarrow{+\ \text{Energie}} C_6H_{12}O_6 + 6\ H_2O$$

Sie sehen, dass zur Herstellung von einem Glucose-Molekül 24 H-Atome gebraucht werden. 12 davon sind nachher im Zucker und 12 bilden zusammen mit 6 O-Atomen 6 Wasser-Moleküle. Das Wasser ist also sowohl Edukt als auch Produkt der Fotosynthese. Abbildung 12-5 fasst die Vorgänge der Fotosynthese zusammen:

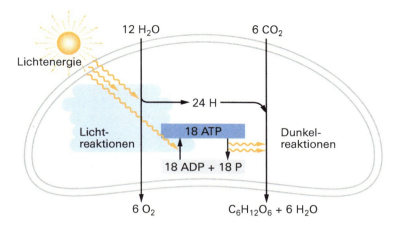

[Abb. 12-5] Schema der Fotosynthese

Zusammenfassung

Die Fotosynthese ist die Form der C-Assimilation, zu der die mit Chloroplasten ausgerüsteten Zellen fähig sind. In einer langen Folge von Reaktionen werden mithilfe von Lichtenergie aus je 6 Molekülen Kohlenstoffdioxid und Wasser und 1 Molekül Glucose und 6 Moleküle Sauerstoff hergestellt. Die Summengleichung lautet:

$$6\ CO_2 + 6\ H_2O \xrightarrow{+\ Lichtenergie} C_6H_{12}O_6 + 6\ O_2$$

Zur Herstellung von 100 g Glucose werden 1 570 kJ Energie benötigt.

Die Fotosynthese bildet die Grundlage des Baustoffwechsels und versorgt die Lebewesen mit der nötigen Energie. Die Glucose dient zur Herstellung organischer Baustoffe und ihre Dissimilation liefert der Zelle die nötige Betriebsenergie. Der Sauerstoff wird zur Oxidation der organischen Stoffe in den Mitochondrien benötigt.

Die grünen Pflanzen nehmen aus dem Sonnenlicht 7.1×10^{18} kJ/a Energie auf, das ist etwa 20-mal so viel wie der technische Energieumsatz. Die jährliche Glucoseproduktion aller Pflanzen beträgt etwa 450 Milliarden Tonnen.

In den Lichtreaktionen der Fotosynthese wird am Chlorophyll im Granabereich der Chloroplasten Wasser fotolysiert. Der Sauerstoff wird als O_2 frei, der Wasserstoff wird an ein Träger-Molekül gebunden. Isotopenuntersuchung haben bewiesen, dass der freigesetzte Sauerstoff durch die Spaltung von Wasser entsteht. Zur Herstellung von einem Glucose-Molekül werden 12 Wasser-Moleküle in 6 Moleküle O_2 und 24 H-Atome gespalten. Das Chlorophyll verwendet die Lichtenergie auch zur Herstellung von ATP aus ADP+P. Das ATP bleibt im Chloroplasten und wird für die endothermen Reaktionen benötigt.

$$12\ H_2O \xrightarrow{+\ Lichtenergie} 24\ H + 6\ O_2$$

In den lichtunabhängigen Reaktionen wird aus Kohlenstoffdioxid und Wasserstoff Glucose hergestellt. Gleichzeitig entsteht Wasser.

$$6\ CO_2 + 24\ H \xrightarrow{+\ Energie} C_6H_{12}O_6 + 6\ H_2O$$

Die Energie für diese Reaktionen liefert das in den Lichtreaktionen bereitgestellte ATP.

Dass Wasser sowohl Edukt als auch Produkt der Fotosynthese ist, kann durch die erweiterte Summengleichung ausgedrückt werden:

$$6\ CO_2 + 12\ H_2O \xrightarrow{+\ Lichtenergie} C_6H_{12}O_6 + 6\ O_2 + 6\ H_2O$$

Aufgabe 101 A] Formulieren Sie die Summengleichungen für die Fotosynthese.

B] Warum steigt der Sauerstoffgehalt in der Luft durch die Fotosynthese nicht?

C] Warum sind auch Tiere auf die Fotosynthese angewiesen?

Aufgabe 102 Warum produzieren Pflanzen in der Fotosynthese überhaupt Glucose und nicht nur ATP? Nennen Sie möglichst viele Gründe.

Aufgabe 103 A] Eine Wasserpflanze wird mit CO_2 versorgt, dessen Moleküle O-18-Atome enthalten. Wo findet man die O-18-Atome nach einigen Stunden?

B] Nach längerer Zeit findet man O-18-Atome auch im Sauerstoff (O_2), den die Pflanze abgibt. Wie kommen sie dorthin?

12.3 Chemosynthese

Chemische Energie

Die Fotosynthese ist die wichtigste, aber nicht die einzig mögliche Form der C-Assimilation. Einige Bakterien stellen ihre Glucose durch Chemosynthese her. Die Chemosynthese unterscheidet sich von der Fotosynthese lediglich in der Herkunft der Energie. Anstelle von Lichtenergie wird die chemische Energie von anorganischen Stoffen aus der Umgebung genutzt. Die Chemosynthese führt zum gleichen Ziel wie die Fotosynthese und folgt, abgesehen von den Schritten zur Gewinnung der Energie, dem gleichen Weg. Auch die Summengleichung ist dieselbe wie bei der Fotosynthese:

$$6\,CO_2 + 6\,H_2O \xrightarrow{+\text{Energie}} C_6H_{12}O_6 + 6\,O_2$$

Schwefelbakterien

Chemosynthese kommt ausschliesslich bei Bakterien vor. Ein Beispiel für chemosynthetische Bakterien sind Schwefelbakterien, die das für viele Lebewesen giftige Gas Schwefelwasserstoff (H_2S), das beim Abbau von organischen Stoffen in Gewässern oder in Kläranlagen entstehen kann, zu Schwefel und Wasser oxidieren. Die Energie, die bei dieser Reaktion frei wird, dient den Schwefelbakterien zur Herstellung von Glucose. Sie sind nicht mit heterotrophen Bakterien zu verwechseln, denn chemosynthetische Bakterien stellen im Gegensatz zu den heterotrophen die Glucose aus Kohlenstoffdioxid und Wasser selbst her. Die Stoffe, die sie zur Gewinnung der Energie nutzen, sind anorganisch.

Chemosynthetische Lebewesen produzieren zwar insgesamt viel weniger Zucker als die fotosynthetisch-autotrophen. Sie spielen aber in den Stoffkreisläufen der Natur eine wichtige Rolle. So verwandeln die chemosynthetischen Nitrit- und Nitratbakterien das Ammoniak, das beim Abbau organischer Stoffe entsteht, in das stabile Nitrat, das im Boden bleibt, bis es wieder von den Pflanzen als Nährstoff aufgenommen wird. Sie verhindern so, dass Stickstoff als Ammoniakgas in die Luft entweicht und aus dem Kreislauf verloren geht.

Zusammenfassung

Die Chemosynthese ist eine spezielle Form der C-Assimilation gewisser Bakterien. Die Summengleichung ist dieselbe wie bei der Fotosynthese. Die Energie wird aber nicht aus dem Licht, sondern durch die Oxidation von anorganischen Stoffen aus der Umgebung (z. B. Ammoniak und Schwefelwasserstoff) gewonnen.

Aufgabe 104 Was ist der Unterschied zwischen Chemosynthese und Fotosynthese?

13 Dissimilationsvorgänge

Lernziele	Nach der Bearbeitung dieses Kapitels können Sie ... • den Begriff Dissimilation definieren und die Bedeutung der Dissimilation erklären. • die Rolle des ATP in der Zelle erörtern. • den Ablauf der Zellatmung beschreiben und angeben, welche Vorgänge in den Mitochondrien ablaufen. • Vor- und Nachteile der Gärungen darlegen. • die Bedeutung der Milchsäuregärung in tierischen Zellen beschreiben. • Vorkommen und Bedeutung der alkoholischen Gärung beschreiben.
Schlüsselbegriffe	ATP, Gärungen, Milchsäuregärung, Zellatmung

Zur Beschaffung der nötigen Energie bauen sowohl autotrophe als auch heterotrophe Zellen einen Teil der assimilierten Stoffe ab. Das nennt man Dissimilation.

13.1 Übersicht

Ziel

Bei der Dissimilation wird die in den energiereichen Betriebsstoffen gespeicherte Energie freigesetzt. Sie ermöglicht dann endotherme Reaktionen und biologische Arbeiten wie Transport und Bewegung.

Energieübertragung

Das zentrale Problem bei der Dissimilation ist die Übertragung der Energie aus Betriebsstoffen auf die energieverbrauchenden Vorgänge. Es wird gelöst durch die Bildung des Energieüberträgers ATP aus ADP + P (vgl. Kap. 7.8, S. 102).

[Abb. 13-1] Herstellung von ATP aus ADP + P durch Dissimilation

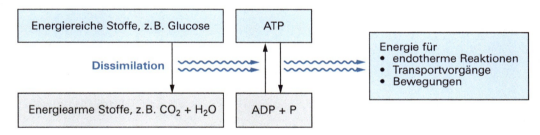

Hetero- und Autotrophe

Für die Dissimilation spielt es keine Rolle, ob die organischen Stoffe, die abgebaut werden, von der Zelle aufgenommen oder hergestellt worden sind. Die Dissimilation verläuft bei heterotrophen und bei autotrophen Zellen gleich.

Betriebsstoffe

Der wichtigste Betriebsstoff der Zelle ist die Glucose. Ihre vollständige Oxidation zu Kohlenstoffdioxid und Wasser in der Zellatmung ist eine lange Kette aus vielen Reaktionen. Neben Glucose können aber auch die anderen organischen Stoffe der Zelle dissimiliert werden. Sie werden dazu entweder in Glucose umgewandelt oder über ein Zwischenprodukt in die Reaktionskette der Zellatmung eingeschleust.

Energiespeicher

Glucose wird nur in kleinen Mengen gelagert. Hohe Glucosekonzentrationen würden zu einer starken osmotischen Wasseraufnahme in die Zelle führen. Die Glucose wird darum zur Speicherung in Stärke, Glykogen oder Fette umgewandelt.

Stärke, Glykogen

Zur Herstellung der Polysaccharide Stärke oder Glykogen werden Tausende von Glucose-Molekülen zu langen, teilweise verzweigten Ketten verknüpft (vgl. Kap. 4.5.4, S. 57). Stärke und Glykogen sind osmotisch praktisch unwirksam und können bei Bedarf sehr schnell in Glucose gespalten werden.

Fette	Für die Umwandlung in Fette müssen die Glucose-Moleküle völlig umgebaut werden. Die Fette haben aber den Vorteil, dass sie noch energiereicher sind als die Kohlenhydrate. 1 g Fett liefert bei der Dissimilation 39 kJ (1 g Kohlenhydrate 16 kJ/g) Energie. Fette eignen sich vor allem zur langfristigen Speicherung von Energie.
Zwei Möglichkeiten	Für die Dissimilation der Glucose gibt es zwei verschiedene Möglichkeiten: • Bei der Zellatmung wird die ganze Energie, die bei der Fotosynthese in der Glucose gespeichert wurde, frei und zur Herstellung von ATP verwendet. Die Zellatmung ist aerob[1], d. h., sie braucht Sauerstoff. Ihre Produkte sind Kohlenstoffdioxid und Wasser. • Gärungen brauchen keinen Sauerstoff, sie verlaufen anaerob[2]. Beim Abbau durch Gärungen entstehen (auch) organische Produkte. Weil diese energiereicher sind als Kohlenstoffdioxid und Wasser, wird bei Gärungen weniger Energie frei als bei der Zellatmung. Es gibt verschiedene Arten von Gärungen, die sich in den Produkten unterscheiden, wie z. B. die Milchsäuregärung (vgl. Kap. 13.3.1, S. 160) oder die alkoholische Gärung (vgl. Kap. 13.3.2, S. 161).

Zusammenfassung

Dissimilation ist der Abbau energiereicher organischer Stoffe zu energieärmeren und der damit gekoppelte Aufbau von ATP aus ADP + P.

Im Zentrum der Dissimilationen steht der aerobe Abbau von Glucose durch die Zellatmung, der über viele Reaktionsschritte zu Kohlenstoffdioxid und Wasser führt.

Gärungen verlaufen anaerob, führen zu organischen Produkten und setzen nur wenig Energie frei.

Glucose ist der wichtigste Betriebsstoff der Zelle. Zur Speicherung wird sie durch Verkettung ihrer Moleküle in die osmotisch praktisch unwirksame Stärke umgewandelt. Die Stärke kann bei Energiebedarf rasch wieder in Glucose gespalten werden. Zur langfristigen Speicherung wird aus Glucose Fett aufgebaut. Auch Kohlenhydrate können in Fette umgewandelt werden (1 g Fett speichert 39 kJ, 1 g Kohlenhydrat 16 kJ).

13.2 Zellatmung

Summengleichung	Beim aeroben Abbau der Glucose durch die Zellatmung entstehen Kohlenstoffdioxid und Wasser. Die Summengleichung lautet: $$C_6H_{12}O_6 + 6\,O_2 \xrightarrow{\text{Energie}} 6\,CO_2 + 6\,H_2O$$ Ein Vergleich mit der Summengleichung der Fotosynthese zeigt: Die Gleichung der Zellatmung ist die Umkehrung der Fotosynthese-Gleichung. Daraus folgt: • Der bei der Fotosynthese gebildete Sauerstoff reicht gerade aus, um die produzierte Glucose wieder zu veratmen. • Bei der Zellatmung entsteht gleich viel Kohlenstoffdioxid, wie bei der Herstellung der veratmeten Glucose verbraucht wurde. • Weil der Energieunterschied zwischen Edukten und Produkten konstant ist, wird bei der Veratmung des Zuckers gleich viel Energie freigesetzt, wie für seine Herstellung in der Fotosynthese investiert wurde. Es sind etwa 16 kJ/g Glucose.
Glykolyse im Plasma	Die Zellatmung verläuft über viele Reaktionsschritte. Die ersten finden im Cytoplasma statt und führen zu einer Spaltung des Glucose-Moleküls in zwei Moleküle Brenztraubensäure.

[1] Gr. *aer* «Luft».
[2] Gr. *an* «ohne», gr. *aer* «Luft»

Sie brauchen noch keinen Sauerstoff und liefern nur ganz wenig ATP (2 Moleküle ATP pro Molekül Glucose). Man nennt diesen Teil der Zellatmung Glykolyse.

Abbau in den Mitochondrien

Die Brenztraubensäure wird dann in die Mitochondrien aufgenommen und mit Sauerstoff zu Kohlenstoffdioxid und Wasser abgebaut. Die Energie, die dabei frei wird, dient zur Herstellung von ATP aus ADP + P. Beim vollständigen Abbau von einem Molekül Glucose werden hier 38 Moleküle ATP gebildet.

Dissimilation anderer Stoffe

Auch die Dissimilation von Fetten und Proteinen beginnt im Plasma. Sie liefert Zwischenprodukte, die in die Mitochondrien aufgenommen und in den Abbauweg der Glucose eingeschleust werden. Abbildung 13-2 soll das illustrieren.

[Abb. 13-2] Dissimilation der wichtigsten Zellinhaltsstoffe

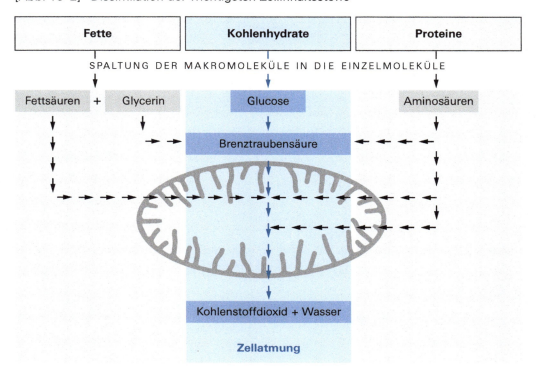

Zusammenfassung

Bei der Zellatmung wird Glucose mit Sauerstoff zu Kohlenstoffdioxid und Wasser abgebaut:

$$C_6H_{12}O_6 + 6\ O_2 \xrightarrow{\text{Energie}} 6\ CO_2 + 6\ H_2O$$

Die Zellatmung verläuft unter Sauerstoffverbrauch (aerob) und setzt die ganze Energie frei, die bei der Fotosynthese in der Glucose gespeichert wurde. Ihre Summengleichung entspricht der Umkehrung der Fotosynthese. Bei der Bildung von 100 g Glucose entsteht also gleich viel Sauerstoff, wie bei deren Veratmung wieder verbraucht wird. Die freigesetzte Energie dient zum Aufbau des energiereichen ATP aus ADP + P. Das ATP überträgt die Energie auf die energieverbrauchenden Vorgänge (Bewegungen, Transporte, endotherme Reaktionen) und wird dabei wieder in ADP + P gespalten.

Die Zellatmung beginnt mit der Glykolyse im Plasma: Das Glucose-Molekül wird gespalten in zwei Moleküle Brenztraubensäure. Diese werden in die Mitochondrien aufgenommen und zu Kohlenstoffdioxid und Wasser abgebaut. Beim Abbau eines Glucose-Moleküls werden 38 Moleküle ATP gebildet.

Auch die Dissimilation von Fetten und Proteinen beginnt im Plasma. Sie liefert Zwischenprodukte, die in die Mitochondrien aufgenommen und in den Abbauweg der Glucose eingeschleust werden.

Aufgabe 105   Wie lautet die chemische Gesamtgleichung

A] für die Fotosynthese?

B] für die Zellatmung?

13.3 Gärungen

Merkmale

Zur Veratmung der Glucose wird Sauerstoff benötigt. Wenn dieser fehlt, arbeiten die Mitochondrien nicht und die Zellatmung kann nicht ablaufen. Die einzige Möglichkeit zur Dissimilation ohne Sauerstoff sind Gärungen. Gärungen verlaufen anaerob. Die Produkte von Gärungen sind z. T. organisch und wesentlich energiereicher als Kohlenstoffdioxid und Wasser. Darum wird viel weniger Energie frei als bei der Zellatmung. Aus einem Molekül Glucose werden statt 38 Molekülen ATP nur 2 gebildet.

Im Plasma

Gärungen laufen im Plasma ab. Sie beginnen wie die Zellatmung mit der Glykolyse, bei der das Glucose-Moleküle in zwei Moleküle Brenztraubensäure gespalten wird.

Arten

Es gibt verschiedene Arten von Gärungen. Sie unterscheiden sich im Hauptprodukt und werden nach diesem benannt. Wir besprechen hier die Milchsäuregärung und die alkoholische Gärung.

13.3.1 Milchsäuregärung

Merkmal

Bei der Milchsäuregärung wird die Brenztraubensäure, die bei der Glykolyse der Glucose entsteht, zu Milchsäure umgewandelt. Die Summengleichung lautet:

Summengleichung

$$2\ ADP + 2\ P \xrightarrow{\text{Energie}} 2\ ATP$$
$$C_6H_{12}O_6 \longrightarrow 2\ C_3H_6O_3$$
Glucose → Milchsäure

Milchsäurebakterien

Zu den Milchsäureproduzenten gehören die Milchsäurebakterien. Sie verursachen das Sauerwerden der Milch und werden seit Jahrtausenden biotechnologisch genutzt. Milchsäurebakterien scheiden die produzierte Milchsäure aus und diese gibt den Produkten einen besonderen Geschmack. Sie erhöht auch deren Haltbarkeit, indem sie die Entwicklung anderer Bakterien und Pilze behindert. Milchsäurebakterien werden zur Herstellung von Joghurt und anderen Sauermilchprodukten eingesetzt. Auch bei der Herstellung von Sauerkraut arbeiten Milchsäurebakterien.

Tierische Zellen

Viele tierische Zellen können bei Sauerstoffmangel vorübergehend anaerob arbeiten, indem sie Glucose zu Milchsäure abbauen. Im Unterschied zu den Milchsäurebakterien, die «hauptberuflich» Milchsäure herstellen und diese dann ausscheiden, können die tierischen Zellen nur für kurze Zeit anaerob arbeiten. Tiere scheiden die Milchsäure auch nicht aus, sondern bauen sie – sobald sie wieder mehr Sauerstoff zur Verfügung haben – vollständig zu Kohlenstoffdioxid und Wasser ab. Die Milchsäuregärung dient ihnen nur zur Überbrückung einer Zeit mit schlechter Sauerstoffversorgung.

Muskelzellen

Besonders nützlich ist das in Muskelzellen. Diese erhalten im Moment, wo ihre Arbeit beginnen soll, noch zu wenig Sauerstoff, weil die Muskeln in Ruhe nur spärlich durchblutet sind. Sie arbeiten also zu Beginn anaerob und produzieren Milchsäure. Diese anaerobe Phase ist aber nur von kurzer Dauer, denn schon nach wenigen Sekunden behindert die Milchsäure die weitere Arbeit der Muskeln. Das spüren Sie, wenn Sie mit maximaler Geschwindigkeit lossprinten. Schon nach wenigen Sekunden verursacht die Anhäufung von Milchsäure Schmerzen und vermindert die Leistung. Um die Muskeln länger als ein paar Sekunden arbeiten zu lassen, muss die Leistung so dosiert werden, dass die Muskelzellen genügend Sauerstoff erhalten, um den Zucker aerob abzubauen. Eine Anhäufung von Milchsäure kann zu Schäden in den Muskelzellen führen.

Der Nachteil der Milchsäuregärung gegenüber der Zellatmung ist, neben der Anhäufung von Milchsäure, die geringe Energieausbeute (2 statt 38 ATP).

13.3.2 Alkoholische Gärung

Ablauf

Die alkoholische Gärung ist eine Dissimilation, zu der nur die Hefezellen fähig sind. Hefen sind einzellige Pilze, die in der Natur fast überall vorkommen. Sie wandeln bei Sauerstoffmangel Glucose in Ethanol und Kohlenstoffdioxid um. Ethanol gehört zur Stoffklasse der Alkohole und wird umgangssprachlich einfach als Alkohol bezeichnet. Es ist der Alkohol, der in alkoholischen Getränken wie Wein und Bier vorkommt. Er entsteht bei der Vergärung von zuckerhaltigen Säften durch die Arbeit der Hefepilze. Das Glucose-Molekül wird wie bei der Zellatmung in zwei Moleküle Brenztraubensäure gespalten. Die Brenztraubensäure wird dann unter Abspaltung von Kohlenstoffdioxid zu Ethanol umgewandelt.

Weil bei dieser Reaktion keine Energie mehr frei wird, liefert die alkoholische Vergärung eines Glucose-Moleküls nur 2 ATP aus der Glykolyse.

Die Reaktionen der alkoholischen Gärung lassen sich durch die folgende Summengleichung zusammenfassen:

Summengleichung

$$2\ ADP + 2\ P \xrightarrow{Energie} 2\ ATP$$
$$C_6H_{12}O_6 \longrightarrow 2\ C_2H_5OH + 2\ CO_2$$
$$Glucose \qquad\qquad Alkohol + Kohlenstoffdioxid$$

Weil Ethanol wesentlich energiereicher ist als Kohlenstoffdioxid und Wasser, wird bei der alkoholischen Gärung viel weniger Energie frei als bei der Veratmung.

Zusammenfassung

Bei Gärungen wird der Zucker ohne Sauerstoff (anaerob) im Plasma abgebaut. Der Abbau beginnt wie die Zellatmung mit der Glykolyse zu Brenztraubensäure. Diese wird dann in Milchsäure oder Ethanol umgewandelt. Weil diese Produkte wesentlich energiereicher sind als Kohlenstoffdioxid und Wasser, setzen Gärungen viel weniger Energie frei als die Zellatmung (nur 2 ATP aus einem Glucose-Molekül statt 38). Die Milchsäuregärung treffen wir bei gewissen Pilzen und Bakterien. Tierische Zellen benutzen sie bei Sauerstoffmangel zur ATP-Beschaffung. Zur alkoholischen Gärung sind nur Hefepilze fähig.

Aufgabe 106 Bei der Veratmung von 180 g Glucose werden 19 273 g ATP gebildet. Wie viel Energie (in %) geht bei der Umwandlung als Wärme «verloren»? (Der Energiegehalt von Glucose beträgt 16 kJ/g, derjenige von ATP 0.06 kJ/g.)

Aufgabe 107 Kann eine Zelle ohne Mitochondrien leben? Begründen Sie Ihre Antwort.

Aufgabe 108 Wenn man Hefepilze züchtet, bläst man Luft in die Nährlösung. Die Hefezellen machen dann keinen Alkohol. Sie wachsen und vermehren sich rascher, als wenn man sie ohne Luftzufuhr kultiviert. Was kann der Grund für die schnellere Entwicklung sein?

Aufgabe 109 Warum speichern Zellen Fette und Stärke und nicht ATP oder Glucose?

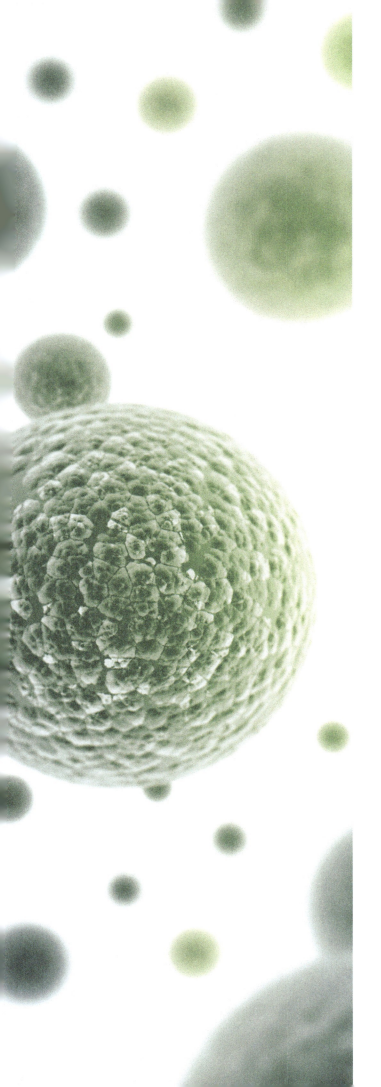

TEIL E
Vermehrung und Entwicklung der Zelle

Einstieg

Zellwachstum und Zellvermehrung

Zellen vermehren sich durch die Teilung in zwei Tochterzellen. Die Knacknuss bei der Zellteilung ist die Teilung des Kerns, die man Mitose nennt. Der Kern enthält ja das Erbgut und kann nicht einfach halbiert werden, weil beide Tochterzellen alle Informationen erhalten müssen. Das Erbgut wird darum vor der Kernteilung verdoppelt und bei der Mitose so verteilt, dass beide Kerne die ganze Information erhalten. Das ist nicht einfach, weil das Erbgut im Kern in Form der sehr langen dünnen Chromatinfasern vorliegt. Um diese bewegen und aufteilen zu können, werden sie durch mehrfaches Aufspiralisieren zu kurzen, dickeren Würstchen, die man Chromosomen nennt.

Da die meisten Eucyten mehrere Chromatinfasern besitzen, muss auch für eine zuverlässige Aufteilung der Fäden gesorgt sein. Sie werden erfahren, wie dies bei der Mitose geschieht.

Die Chromosomen einer Zelle unterscheiden sich in Grösse und Gestalt. Sie bilden einen Chromosomensatz. Alle Zellen eines Lebewesens haben den gleichen Chromosomensatz und das gleiche Erbgut. Auch die Chromosomensätze von verschiedenen Lebewesen der gleichen Art sehen gleich aus: Zahl, Grösse und Gestalt der Chromosomen sind arttypisch.

Einen Chromosomensatz, der aus n verschiedenen Chromosomen besteht, nennt man einfach. n ist je nach Lebewesen eine Zahl zwischen zwei und über Tausend. Zellen und Kern mit einfachem Chromosomensatz werden haploid genannt.

In der Natur sind haploide Zellen relativ selten. Die Zellen der meisten Vielzeller sind diploid. Sie besitzen einen doppelten Chromosomensatz, in dem je zwei Chromosomen gleich aussehen. Der Grund dafür liegt in ihrer Entstehung. Die meisten Vielzeller entwickeln sich aus einer Zelle, die bei der Fortpflanzung durch die Verschmelzung von zwei haploiden Keimzellen entsteht. Weil dabei zwei Kerne verschmelzen, entsteht eine diploide Zelle. Wenn ein Vielzeller Keimzellen bildet, wird der Chromosomensatz durch eine Reduktionsteilung (Meiose) wieder halbiert.

Zelldifferenzierung und Spezialisierung

Bei Einzellern führt die Zellteilung zur Fortpflanzung. Weil sich die Zellen meist gleichmässig teilen, entstehen in der Regel zwei gleiche Lebewesen.

Wenn sich die Tochterzellen nach der Zellteilung nicht voneinander lösen, entstehen mehrzellige Lebewesen. Im einfachsten Fall sind es Kolonien aus identischen Zellen, die selbstständig lebensfähig bleiben. Echte Vielzeller bestehen dagegen aus verschiedenartigen Zellen. Diese entstehen, indem sich die Zellen nach der Teilung unterschiedlich entwickeln: Sie differenzieren sich, d. h., sie werden verschieden. Ihre Form und ihre Innenausstattung richten sich auf bestimmte Leistungen aus: Sie spezialisieren sich auf bestimmte Aufgaben. Differenzierte Zellen können nicht mehr alles, aber was sie können, können sie gut.

Die Aufteilung der Arbeit auf Spezialisten ermöglicht – wie Sie aus anderen Bereichen wissen – eine höhere Leistung des Ganzen. Sie setzt aber eine leistungsfähige Steuerung und Koordination voraus und führt zur gegenseitigen Abhängigkeit. Differenzierte Zellen können nicht mehr alles und sind darum nicht mehr selbstständig. Oft verlieren sie auch ihre Teilungsfähigkeit. Darum brauchen Vielzeller neben den differenzierten Körperzellen auch teilungsfähige Zellen für den Ersatz abgestorbener Zellen und für die Fortpflanzung.

14 Zellwachstum und Zellvermehrung

Lernziele   Nach der Bearbeitung dieses Kapitels können Sie …

- die Phasen des Zellzyklus nennen und charakterisieren.
- die Bedeutung der Zellteilung für Einzeller und für Vielzeller erörtern.
- die Aufgaben des Interphasenkerns erläutern.
- die Bedeutung und das Resultat der Mitose darlegen.
- Chromatinfaser, Chromatid und Chromosom definieren.
- die vier Phasen der Mitose beschreiben.
- den Unterschied zwischen haploiden und diploiden Zellen darlegen.
- den Begriff homologe Chromosomen definieren.
- erklären, warum die Zellen der meisten Vielzeller diploid sind.
- am Karyogramm erkennen, ob eine Zelle haploid oder diploid ist.
- die Bedeutung und das Resultat der Meiose darlegen.

Schlüsselbegriffe   Chromatid, Chromatinfaser, Chromosom, diploid, haploid, Interphasenkern, Karyogramm, Meiose, Mitose, Zellteilung, Zellzyklus

Zellen vermehren sich durch Teilung. Weshalb und wie dies geschieht, ist Thema dieses Kapitels.

14.1 Bedeutung der Zellteilung

Nur aus Zellen

«Wo eine Zelle ist, da muss eine frühere Zelle gewesen sein, genau wie ein Tier stets aus einem Tier und eine Pflanze stets aus einer Pflanze hervorgeht.» Mit diesem Satz hielt der Arzt Rudolph Virchow 1855 fest, dass Zellen nur aus Zellen entstehen: *«Omnis cellula e cellula.»* Daraus folgt: Zellen müssen sich teilen können. Bei der Zellteilung teilt sich eine Mutterzelle in zwei meist gleiche Tochterzellen.

[Abb. 14-1] Bedeutung der Zellteilung bei Einzellern

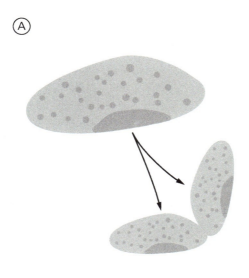
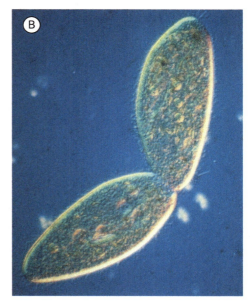

A] Bei Einzellern entstehen durch die Zellteilungen zwei «neue» Lebewesen. B] Die Teilung eines Pantoffeltierchens im LM bei 100-facher Vergrösserung.
Bild rechts: KEYSTONE / Science Photo Library / ERIC GRAVE

Bei Einzellern	Bei den Einzellern führt die Zellteilung immer zur Fortpflanzung und zur Vermehrung. Die meisten Einzeller teilen sich so, dass zwei «junge» Zellen entstehen. Sie kennen darum keinen Alterstod. Ob man Einzeller deshalb als «unsterblich» bezeichnen darf, ist aber umstritten, denn bei der Teilung eines Einzellers verschwindet das ursprüngliche Individuum. Sein Material findet sich zwar in den Nachkommen und diese haben auch dasselbe Erbgut, sind aber doch neue Individuen.
Ungeschlechtlich	Weil die Nachkommen nicht aus Geschlechtszellen gebildet werden, nennt man eine solche Fortpflanzung ungeschlechtlich. Bei der ungeschlechtlichen Fortpflanzung haben die Nachkommen das gleiche Erbgut wie der Elter (sie haben nur einen).
Bei Vielzellern	Bei Vielzellern ermöglichen Zellteilungen primär das Wachstum des Körpers sowie den Ersatz und die Reparatur alter oder verletzter Teile. Von den Zellen eines Vielzellers verlieren aber viele ihre Teilungsfähigkeit. Sie altern und sterben über kurz oder lang. Weil nicht alle ersetzt werden, ist die Lebensdauer der Vielzeller beschränkt. Vielzeller altern.

[Abb. 14-2] Bedeutung der Zellteilung bei Vielzellern

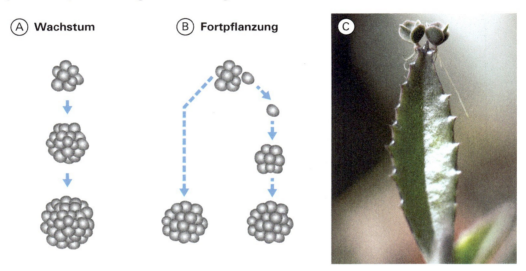

Beim Vielzeller ermöglichen Zellteilungen Wachstum und Erneuerung (A) oder (wenn sich Tochterzellen ablösen) Fortpflanzung (B). Das Brutblatt (C) bildet an den Blatträndern Tochterpflänzchen.
Bild rechts: © Markus Bütikofer

Fortpflanzung	Zur Fortpflanzung führt die Zellteilung bei Vielzellern nur, wenn sich Zellen vom Körper abtrennen und ein neues Lebewesen bilden. Im einfachsten Fall entwickeln sich Zellen des Körpers durch wiederholte Teilungen zu Nachkommen. So können sich an den Blatträndern des Brutblatts durch Teilung von Blattzellen vollständige kleine Tochterpflänzchen bilden (vgl. Abb. 14-2 C). Weil sich die Nachkommen aus den Körperzellen eines Lebewesens entwickeln, haben sie dasselbe Erbgut wie dieses. Es handelt sich also um eine ungeschlechtliche Fortpflanzung. Ungeschlechtliche Fortpflanzung ist allerdings bei Vielzellern eher selten. Wesentlich häufiger pflanzen sie sich mit speziellen Fortpflanzungszellen fort.
Zusammenfassung	Bei der Zellteilung teilt sich eine Zelle in zwei Tochterzellen mit gleichem Erbgut. Die Zellteilung führt zur Zellvermehrung.
	Bei Einzellern dient die Zellteilung der ungeschlechtlichen Fortpflanzung. Aus einem Lebewesen entstehen zwei «neue» mit gleichem Erbgut. Das ursprüngliche Lebewesen «verschwindet», ohne eine Leiche zu hinterlassen. Einzeller kennen keinen Alterstod.
	Bei Vielzellern kann die Zellteilung dem Wachstum und der Erneuerung oder der Fortpflanzung dienen. Zellen, die sich nicht mehr teilen, haben eine beschränkte Lebensdauer. Vielzeller altern.

Aufgabe 110 Wozu dient die Zellteilung im Allgemeinen sowie im Speziellen bei den Einzellern und bei den Vielzellern?

14.2 Zellzyklus

In den folgenden Abschnitten über den Ablauf der Zellteilung beschränken wir uns auf die Eucyte. Die Teilung der Procyte, die ja meist nur eine Chromatinfaser besitzt, ist wesentlich einfacher (vgl. Kap. 15.1, S. 178).

Im Leben teilungsfähiger Zellen folgt auf jede Zellteilung eine Interphase[1], in der die Zellen wachsen und das Erbgut verdoppeln. Die regelmässige Abfolge von Teilungen und Interphasen heisst Zellzyklus.

14.2.1 Interphase

Interphasenkern

In der Interphase hat der Zellkern (Interphasenkern oder Arbeitskern genannt) der Eucyte das folgende Aussehen (vgl. Abb. 7-15, S. 96): Er ist durch eine Hülle aus zwei Membranen begrenzt und enthält das Kernplasma, die Kernkörperchen und die Chromatinfasern. Die Chromatinfasern bestehen aus DNA und Proteinen.

Leistung

In der Interphase wächst die Zelle und verdoppelt ihr Erbgut. Der Interphasenkern steuert die Aktivitäten der Zelle durch die Bildung von mRNA. Er bewahrt das Erbgut in Form der DNA und verdoppelt es vor der nächsten Teilung. Dabei wird jede Chromatinfaser verdoppelt.

Die Verdoppelung der Chromatinfasern findet in der sogenannten S-Phase der Interphase statt und dauert im Mittel etwa 8 Stunden. Das S steht für Synthese und weist darauf hin, dass zur Verdoppelung des Erbguts DNA synthetisiert wird. Das Intervall vor der Verdoppelung heisst G_1-Phase (G von engl. *gap* «Lücke»), das auf die S-Phase folgende, nennt man G_2-Phase.

[Abb. 14-3] Zellzyklus

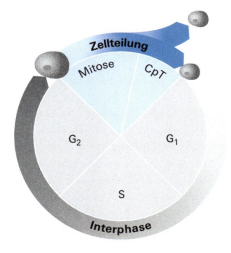

Zelltyp (Mensch)	Dauer (in Stunden)			
	G_1	S	G_2	ZT
Knochenmark	2	8	2	1
Darm	6	8	2	1
Haut	1 000	8	2	1
Leber	10 000	8	2	1

In einer sich teilenden Zelle wechseln Teilungsphasen und Interphasen ab. In der Interphase wächst die Zelle und verdoppelt die DNA in der S-Phase.

CpT: Cytoplasmateilung

---

[1] Lat. *inter* «zwischen».

14.2.2 Zellteilung

Die Zellteilung beginnt mit der Kernteilung, die Mitose genannt wird, und endet mit der Teilung des Cytoplasmas. Sie dauert je nach Lebewesen etwa 30 Minuten bis 24 Stunden.

Mitose

In der Mitose werden die in der Interphase verdoppelten Chromatinfasern so verteilt, dass jeder Tochterkern je ein Exemplar erhält.

Chromatinfasern werden Chromosomen

Bei der Aufteilung der verdoppelten Chromatinfasern muss dafür gesorgt sein, dass nie zwei identische Fäden in einen Tochterkern gelangen. Weil die Chromatinfasern extrem lang und ineinander verknäuelt sind, ist ihre Verteilung nicht ganz einfach. Sie werden darum in eine besser transportierbare Form gebracht. Die langen Fäden werden kürzer und dicker, indem sie sich mehrfach aufspiralisieren. Dadurch entstehen die im Lichtmikroskop sichtbaren Chromosomen, nach denen die Mitose[1] benannt ist.

Chromatiden

Die Chromosomen bestehen in dieser Phase aus je zwei Chromatiden. Man bezeichnet sie darum als Zweichromatiden-Chromosom. In jedem Chromatid ist einer von den zuvor verdoppelten Chromatinfasern spiralisiert. Die beiden Chromatiden eines Chromosoms, die auch Schwesterchromatiden genannt werden, sind am Centromer verbunden. Sie werden im Verlauf der Mitose voneinander gelöst und auf zwei Tochterkerne verteilt. Dazu wird die Kernhülle aufgelöst und ein spezieller Teilungsapparat gebildet, der die Schwesterchromatiden auseinanderzieht. Danach entspiralisieren sich die Chromatinfasern wieder und die Tochterkerne erhalten eine neue Kernhülle.

[Abb. 14-4] Modelle eines Zweichromatiden-Chromosoms

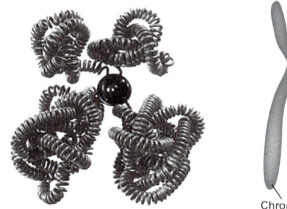
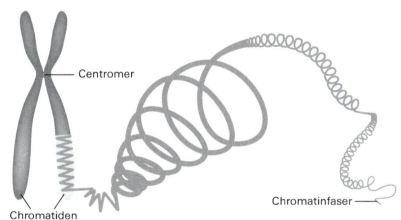

Modell und Schema eines Zweichromatiden-Chromosoms. Jede Chromatinfaser ist zu einem Chromatid spiralisiert. Die beiden identischen Schwesterchromatiden bilden ein Chromosom.
Bild links: Biologie heute, Zellbiologie · Genetik © 1986 Schroedel Verlag GmbH, Hannover

Verpackt

Warum bleiben die Chromatinfasern in der Interphase nicht einfach spiralisiert? Weil die Chromatinfaser im Chromosom mehrfach spiralisiert ist, kann die DNA nicht benutzt werden. Der Kern kann die Information der DNA nicht benutzen, d.h., er kann sie nicht auf RNA abschreiben. Die Chromatinfasern müssen also nach der Mitose entspiralisiert werden, damit ihre Information zur Steuerung der Zelle benutzt werden kann. Auch verdoppeln können sich die Chromatinfasern nur im entspiralisierten Zustand.

Teilung des Cytoplasmas

Nach der Teilung des Kerns teilt sich das Cytoplasma. Anschliessend folgt die nächste Interphase: Die Zellen wachsen und verdoppeln das Erbgut.

[1] Gr. *mitos* «Faden».

Zusammenfassung Im Zellzyklus folgt auf jede Zellteilung eine Interphase, in der die Zelle wächst und das Erbgut verdoppelt. Im Interphasenkern liegt das Erbgut in Form von langen Chromatinfasern vor und kann zur Steuerung der Zelle (Bildung von mRNA) abgelesen werden. Die Chromatinfasern werden in der Interphase verdoppelt und zu Beginn der Kernteilung zu Chromosomen spiralisiert. Die Zellteilung beginnt mit der Kernteilung oder Mitose und endet mit der Teilung des Cytoplasmas.

Aufgabe 111

A] Warum liegt das Erbgut im Interphasenkern nicht in Form von Chromosomen vor?

B] Woraus bestehen die Chromatinfasern?

C] Wann findet die Verdoppelung des Erbguts statt?

14.3 Mitose

Um den Ablauf der Kernteilung besser überblicken zu können, hat man den kontinuierlich verlaufenden Vorgang in vier Phasen unterteilt: Prophase[1] – Metaphase[2] – Anaphase[3] – Telophase[4].

14.3.1 Prophase

Chromatinfasern werden Chromatiden

In der ersten Phase der Mitose werden die Chromatinfasern in eine transportierbare Form gebracht. Jede Chromatinfaser spiralisiert sich mehrfach (vgl. Abb. 14-4). So bilden sich die Chromatiden, die viel kürzer und dicker sind als die Chromatinfasern. Da die Chromatinfasern in der Interphase verdoppelt worden sind, gibt es immer zwei identische Schwesterchromatiden. Diese liegen nebeneinander und sind am Centromer zu einem Chromosom verbunden. Jedes Chromosom (im Beispiel von Abb. 14-5 sind es drei) hat eine charakteristische Grösse und Gestalt. Die meisten sehen aus wie Wäscheklammern.

Kernhülle

Während der Prophase lösen sich die Kernkörperchen und die Kernhülle auf.

Teilungsapparat

Im Cytoplasma bilden feine Proteinstrukturen des Cytoskeletts den Spindelapparat. Die Fasern werden aus Bündeln von Mikrotubuli aufgebaut und gehen von zwei gegenüberliegenden Polen der Zelle aus. Der ganze Apparat hat die Form einer Spindel.

[Abb. 14-5] Prophase

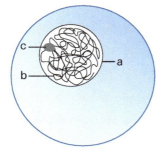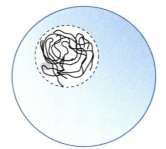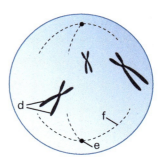

In der Prophase spiralisieren sich die Chromatinfasern (b) zu Chromatiden (d). Kernhülle (a) und Kernkörperchen (c) lösen sich auf. Der Spindelapparat (f) bildet sich von den beiden Polen (e) aus.

[1] Lat. *pro* «vor».
[2] Lat. *meta* «zwischen».
[3] Gr. *ana* «auf».
[4] Gr. *telos* «Ende».

14.3.2 Metaphase

Anordnung der Chromosomen

In der Metaphase werden die Chromosomen mit dem Spindelapparat verbunden. An jedem Centromer setzen Fasern von den beiden Polen her an. Sie ziehen das Centromer in die Mitte der Zelle. Schliesslich sind alle Chromosomen in der Mittelebene der Zelle zwischen den beiden Polen angeordnet. Man nennt diese Ebene Äquatorialebene, weil sie, dem Äquator[1] der Erde vergleichbar, zwischen den beiden Polen liegt und die Zelle in zwei gleiche Hälften teilt.

[Abb. 14-6] Metaphase

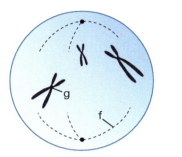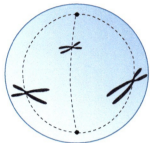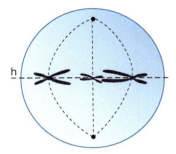

In der Metaphase verbinden sich die Spindelfasern (f) mit den Centromeren (g) und ziehen die Chromosomen in die Äquatorialebene (h).

14.3.3 Anaphase

Trennung der Chromatiden

In der Anaphase werden die Schwesterchromatiden voneinander getrennt. Je ein Chromatid von jedem Chromosom wandert zu einem Pol. Jedes Centromer teilt sich und je ein Centromer wird von Motorproteinen den Mikrotubuli entlang zu einem Pol bewegt.

Beachten Sie bitte, dass sich die Trennung der Schwesterchromatiden nicht im Zellkern, sondern im Zellplasma abspielt. Die Kernhülle ist ja aufgelöst.

Einchromatid-Chromosomen

Die Chromatiden werden nach ihrer Trennung Einchromatid-Chromosomen genannt. Ein Chromosom besteht also zu Beginn der Mitose aus zwei Chromatiden, am Ende aus einem. Nach Abschluss der Anaphase liegt an jedem Pol ein vollständiger Satz von Einchromatid-Chromosomen. Die Zahl der Chromosomen bleibt also während der Mitose unverändert.

[Abb. 14-7] Anaphase

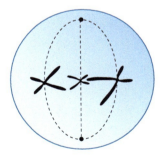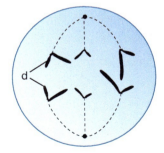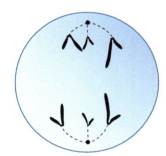

In der Anaphase werden die Schwesterchromatiden (d) getrennt und zu den Polen bewegt.

14.3.4 Telophase

Entspiralisierung zu Chromatinfasern

In der Telophase entstehen die neuen Kernhüllen aus Vesikeln und Fragmenten der alten Kernhülle. Die Kernkörperchen werden gebildet und jedes Einchromatid-Chromosom entspiralisiert sich wieder zu einer Chromatinfaser. Der Spindelapparat löst sich auf.

[1] Lat. *aequare* «gleichmachen».

[Abb. 14-8] Telophase

 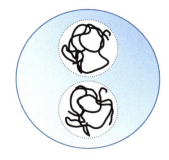 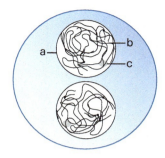

In der Telophase bilden sich Kernkörperchen (c) und Kernhülle (a). Die Chromosomen entspiralisieren sich zu Chromatinfasern (b). Der Spindelapparat löst sich auf.

[Abb. 14-9] Ablauf der Mitose in Zellen aus der Wurzelspitze der Königslilie

Prophase
Kernhülle und Kernkörperchen lösen sich auf, die Chromatinfasern spiralisieren sich zu Chromatiden.

 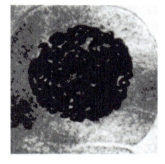 

Metaphase
Die Centromere der Chromosomen werden mit dem Spindelapparat verbunden und in die Äquatorialebene der Zelle gezogen.

Anaphase
Die Schwesterchromatiden werden getrennt und wandern den Spindelfasern entlang zu einem der beiden Pole.

Telophase
Die Kernhüllen und die Kernkörperchen bilden sich. Die Chromatinfasern entspiralisieren sich. Der Spindelapparat löst sich auf.

  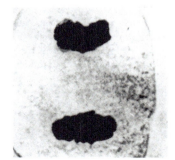

Bild: © vwv Volk und Wissen Verlag, Berlin

Zusammenfassung

In der Mitose werden die in der Interphase verdoppelten Chromatinfasern so auf zwei Tochterkerne verteilt, dass jeder Kern je einen erhält. Dazu werden die langen Chromatinfasern durch mehrfaches Spiralisieren in eine transportierbare Form gebracht. Sie verkürzen und verdicken sich zu Chromosomen.

In der Prophase lösen sich die Kernhülle und die Kernkörperchen auf und die Chromatinfasern spiralisieren sich zu Chromatiden. Dabei entstehen aus den zwei identischen Chromatinfasern zwei Schwesterchromatiden, die nebeneinanderliegen und am Centromer zu einem Zweichromatiden-Chromosom verbunden sind. Jedes Chromosom hat eine charakteristische Grösse und Gestalt. Die meisten sind wäscheklammerförmig. Im Cytoplasma bildet sich der Spindelapparat. Seine Fasern bestehen aus Bündeln von Mikrotubuli.

In der Metaphase werden die Centromere der Chromosomen mit dem Spindelapparat verbunden und in die Äquatorialebene der Zelle gezogen.

In der Anaphase werden die Schwesterchromatiden getrennt. Jedes Centromer teilt sich und je eine der beiden Schwesterchromatide von jedem Chromosom wandert den Spindelfasern entlang zu einem der beiden Pole.

In der Telophase bilden sich bei beiden Tochterkernen die Kernhüllen und die Kernkörperchen. Die Chromatinfasern entspiralisieren sich. Der Spindelapparat löst sich auf. Das Resultat der Mitose sind zwei identische Zellkerne.

Aufgabe 112

A] Was geschieht in der Prophase?

B] Was geschieht in der Anaphase?

14.4 Teilung des Cytoplasmas

Halbierung

Unmittelbar nach dem Kern teilt sich auch das Cytoplasma. Die Zelle wird in der Regel in zwei etwa gleich grosse Hälften geteilt. Die Gefahr, dass einer Tochterzelle nach der Teilung etwas fehlt, ist sehr klein, weil teilungsfähige Zellen in der Regel einigermassen symmetrisch gebaut sind und weil die meisten Organellen in grosser Zahl vorliegen. Schwieriger ist die Teilung z. B. bei Einzellern mit starker Spezialisierung im Bau.

Wandlose Zellen

Bei wandlosen Zellen geschieht die Teilung der Zelle durch Einschnürung. Diese beginnt als ringförmige Vertiefung im Bereich des Zelläquators. In der Furche liegt ein Ring aus Actin- und Myosinfasern, der sich zusammenzieht. Er schnürt die Zelle immer stärker ein, bis die Tochterzellen ganz getrennt sind (vgl. Abb. 14-10).

Zellen mit Wand

Bei Zellen mit Zellwänden bildet sich eine neue Trennwand (vgl. Kap. 7.10.1, S. 110). Golgi-Vesikel verschmelzen zu einer membranumhüllten Zellwandplatte. Diese wird dann mit den bestehenden Membranen und Wänden verbunden. Die Membranstückchen der Vesikel verschmelzen zu den neuen Teilstücken der Zellmembranen und die Vesikel-Inhalte bilden die dazwischenliegende Mittellamelle der neuen Zellwände (vgl. Abb. 14-10).

[Abb. 14-10] Teilung des Cytoplasmas

Zelle nach der Mitose → **Tochterzellen**

- Zellmembran
- Ring aus kontraktilen Fasern
- Teilungsfurche

Wandlose Zellen teilen sich durch Einschnürung.

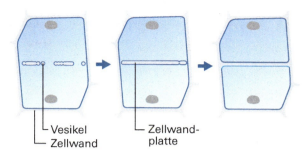

- Vesikel
- Zellwand
- Zellwandplatte

Bei Zellen mit Zellwand bildet sich eine neue Trennwand.

Zusammenfassung Nach der Mitose teilt sich das Cytoplasma in der Regel in zwei etwa gleich grosse Hälften. Zellen ohne Zellwand teilen sich durch Einschnürung. Zellen mit einer Zellwand teilen sich durch die Bildung einer Trennwand aus der membranumhüllten Zellwandplatte, die durch Verschmelzen von Golgi-Vesikeln entsteht.

Aufgabe 113

A] Wie teilt sich das Cytoplasma bei tierischen Zellen? Sind die Tochterzellen nach der Zellteilung durch eine oder durch zwei Membranen getrennt?

B] Woraus entsteht die neue Trennwand bei der Teilung einer Pflanzenzelle?

14.5 Chromosomenzahl

Bei der Mitose

Weil bei der Mitose jede Tochterzelle von jedem Chromosom ein Chromatid erhält, ändert sich die Zahl der Chromosomen nicht. Ein Chromosom besteht aber zu Beginn der Mitose aus zwei Chromatiden, an ihrem Ende nur noch aus einer. Mengenmässig enthält also jeder Tochterkern nur halb so viel Erbgut wie der Mutterkern. Die Halbierung ändert aber nichts am Informationsgehalt des Kerns, weil das Erbgut in der Interphase ja verdoppelt worden ist. Die Schwesterchromatiden enthalten die gleiche Information. Durch ihre Trennung ändert sich der Informationsgehalt nicht.

In der Interphase

In der Interphase wird das Erbgut, das in Form von Chromatinfasern vorliegt, verdoppelt. Jede Chromatinfaser wird kopiert. Die Zahl der Chromatinfasern verdoppelt sich. Sprechen Sie aber nicht von einer «Verdoppelung der Chromosomen». Das Erbgut liegt ja in der Interphase nicht in Form von Chromosomen vor. Weil bei der nächsten Mitose die durch die Verdoppelung gebildeten Chromatinfaser-Paare zusammen ein Chromosom bilden, wird die Zahl der Chromosomen auch während der Interphase nicht verändert.

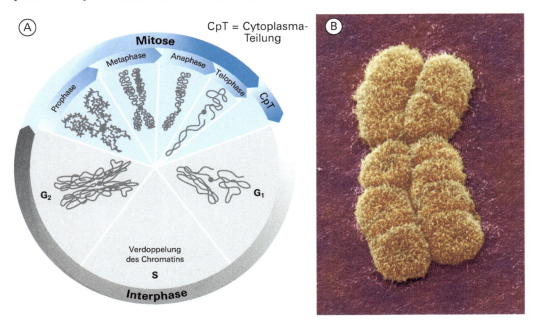

[Abb. 14-11] Chromatin und Chromosomen

A] Schematische Darstellung der Veränderung des Chromatins im Zellzyklus. Nur während der Mitose liegt das Chromatin in Form von Chromosomen vor. B] Ein Zweichromatiden-Chromosom (während der Metaphase) im EM bei 30 000-facher Vergrösserung. Bild: © KEYSTONE / Science Photo Library / POWER AND SYRED

Chromosomen im Kern? — Obwohl die Chromosomen eigentlich nur während der Mitose auftreten, wird oft von den Chromosomen in der Zelle oder gar im Kern gesprochen. Vergessen Sie aber bitte nicht, dass die Chromosomen nur während der Mitose zu sehen sind. Im Zellkern liegt das Erbgut in Form der entspiralisierten Chromatinfasern vor.

Zusammenfassung Bei der Mitose entstehen zwei Kerne mit gleicher Information und gleicher Chromosomenzahl. Jedes Chromosom besteht zu Beginn der Mitose aus zwei Chromatiden, am Ende nur noch aus einem.

Aufgabe 114 Warum ändert sich die Chromosomenzahl durch die Mitose nicht?

14.6 Haploide und diploide Zellen

14.6.1 Karyogramm

Chromosomensatz — Die Chromosomen einer Zelle unterscheiden sich in Grösse und Gestalt. Sie bilden einen Chromosomensatz.

Karyogramm — Ein Karyogramm[1] ist ein Bild, auf dem alle Chromosomen einer Zelle nach Grösse und Form geordnet zu sehen sind (vgl. Abb. 14-12 B). Es wird hergestellt, indem man die Zelle zur Teilung bringt und während der Metaphase, wenn die Chromosomen in einer Ebene angeordnet sind, fotografiert. Auf dem Bild (vgl. Abb. 14-12 A) kann man die Chromosomen nach Grösse und Form identifizieren und jedem eine festgelegte Nummer zuordnen.

Bandenmuster — Weil ein Chromosom je nach seiner Lage bzw. je nach der Richtung, aus der man es betrachtet, etwas verschieden aussieht, werden die Chromosomen zur sicheren Identifika-

[1] Gr. *karyon* «Kern».

tion mit Farbstoffen behandelt. Dabei färben sich einzelne Abschnitte der Chromosomen verschieden. Jedes Chromosom erhält so ein spezifisches Bandenmuster, an dem man es zweifelsfrei erkennen kann.

[Abb. 14-12] Karyogramm einer menschlichen Zelle

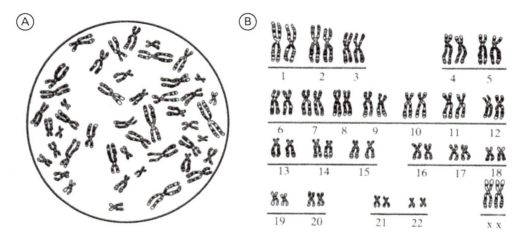

A] LM-Bild der gefärbten Chromosomen einer menschlichen Zelle. B] Das geordnete Karyogramm. Je zwei Chromosomen sehen praktisch gleich aus und haben dasselbe Bandenmuster.

14.6.2 Haploide und diploide Zellen

Haploid

Wenn sich die Chromosomen einer Zelle in Grösse und Gestalt (und Bandenmuster) alle voneinander unterscheiden, sagt man, die Zelle sei haploid[1] und habe einen einfachen Chromosomensatz. Neben Einzellern sind vor allem die Keimzellen, die von Lebewesen bei der Fortpflanzung gebildet werden, haploid. Für die Zahl der Chromosomen des einfachen Satzes wird der Buchstabe n verwendet. So gilt für den Menschen n = 23. Das heisst, der Chromosomensatz einer menschlichen Eizelle oder eines Spermiums besteht aus 23 verschiedenen Chromosomen.

Die Chromosomen des einfachen Satzes unterscheiden sich natürlich nicht nur in Form und Grösse, sondern auch in ihrer Information voneinander. Jedes Chromosom birgt die Gene mit den Informationen für bestimmte Merkmale. Ein durchschnittliches Chromosom trägt über Tausend Gene.

Diploid

Betrachten Sie nun das Karyogramm einer menschlichen Körperzelle in Abbildung 14-12 B. Sie sehen, dass je zwei Chromosomen praktisch gleich aussehen und im Bandenmuster übereinstimmen. Der Computer hat sie zu Paaren geordnet. Wir nennen ein solches Paar homolog. Zellen, in denen jedes Chromosom in zwei Exemplaren vorliegt, haben einen doppelten bzw. zweifachen Chromosomensatz. Man nennt sie diploid[2]. Die Körperzellen der meisten Vielzeller sind diploid: Sie besitzen einen doppelten Chromosomensatz mit 2n Chromosomen.

Homologe

Man erkennt den doppelten Chromosomensatz daran, dass immer zwei Chromosomen praktisch gleich aussehen und im Bandenmuster übereinstimmen. Sie sind homolog und enthalten die Gene für die gleichen Merkmale. Von den beiden homologen Chromosomen stammt je eines aus einer der beiden Keimzellen, die bei der Entstehung des Lebewesens verschmolzen sind.

Chromosomenzahl

Die Karyogramme aus den verschiedenen Körperzellen eines Lebewesens sehen gleich aus und die Chromosomen aller Zellen tragen dieselbe Erbinformation. Eine Hautzelle besitzt dieselben Chromosomen und dasselbe Erbgut wie eine Muskel- oder eine Nervenzelle des

[1] Gr. *haplous* «einfach».
[2] Gr. *diploos* «doppelt».

gleichen Körpers. Auch die Karyogramme der Zellen verschiedener Lebewesen der gleichen Art stimmen überein.

Lebewesen verschiedener Arten können sich in der Zahl der Chromosomen unterscheiden. Die Chromosomenzahl n liegt zwischen zwei und über Tausend. Sie sagt nichts aus über die Leistungsfähigkeit oder die Differenzierung eines Lebewesens.

Zusammenfassung

Das Karyogramm einer Zelle ist ein Bild, auf dem alle Chromosomen einer Zelle nach Grösse, Form (und Bandenmuster) geordnet (und nummeriert) zu sehen sind. Es wird aus einem Metaphasenbild hergestellt.

Zellen mit einem einfachen Satz von n verschiedenen Chromosomen nennt man haploid. Die Chromosomen unterscheiden sich in Grösse, Gestalt und Bandenmuster voneinander. Die Zahl n der Chromosomen ist arttypisch und liegt zwischen zwei und über Tausend. Bei Menschen ist n = 23.

Diploide Zellen besitzen einen doppelten oder zweifachen Chromosomensatz. Er besteht aus zwei einfachen Chromosomensätzen, von denen jeder das vollständige Erbgut enthält. Diploide Zellen besitzen 2n Chromosomen (beim Menschen als 2 × 23 = 46), von denen je zwei gleich aussehen und die Gene für die gleichen Merkmale tragen. Man nennt sie homologe Chromosomen.

Aufgabe 115

In welchen Phasen der Mitose stehen die Zelle A–E in Abbildung 14-13?

[Abb. 14-13] Längsschnitt durch die Spitze einer Pflanzenwurzel (LM × 1 200-fach)

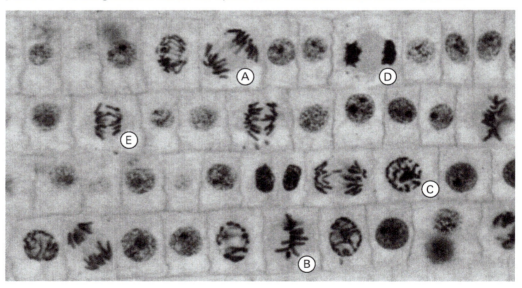

14.7 Befruchtung und Meiose

Haploide Gameten – diploide Zygote

Bei den meisten Vielzellern sind die Körperzellen diploid. Sie entstehen meist aus einer Zygote, die bei der geschlechtlichen Fortpflanzung durch die Verschmelzung von zwei haploiden Keimzellen (Gameten) gebildet wurde. Bei Tieren ist es meist eine Eizelle, die mit einem Spermium zu einer Zygote verschmilzt. Weil bei diesem Vorgang, der Befruchtung heisst, die Kerne der beiden Zellen verschmelzen, «verdoppelt» sich der Chromosomensatz. Bei der Befruchtung verschmelzen die haploiden Kerne der zwei Gameten zum diploiden Kern der Zygote. Aus dieser entstehen durch Mitose alle diploiden Körperzellen.

Reduktionsteilung: 2n : 2 = n

Bei der Bildung von Gameten muss der Chromosomensatz halbiert werden. Dies geschieht durch eine spezielle Form der Kernteilung, die man Meiose oder Reduktionsteilung nennt. Bei der Meiose teilt sich ein diploider Kern zweimal, ohne dass zwischen den Teilungen eine Verdoppelung des Erbguts stattfindet. Dadurch entstehen vier haploide Kerne. Die haploiden Tochterkerne unterscheiden sich im Erbgut voneinander.

[Abb. 14-14] Veränderung der Chromosomenzahl bei Befruchtung und Meiose

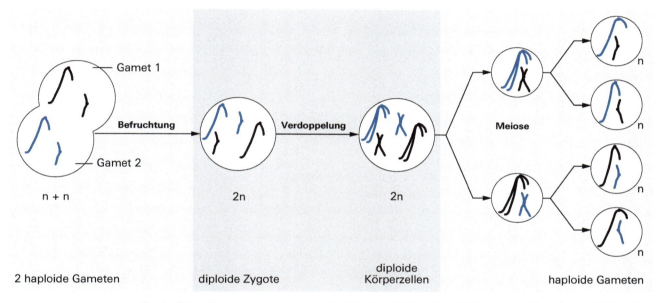

Bei der Befruchtung verschmelzen zwei haploide Kerne (hier mit n = 2 Chromosomen) zu einem diploiden (hier mit 2n = 4). Bei der Meiose teilt sich ein diploider Kern in zwei Schritten in vier haploide (mit je 2 Einchromatid-Chromosomen).

Zusammenfassung

Bei den Vielzellern sind die Körperzellen meist diploid und die Keimzellen (Gameten) haploid. Bei der Befruchtung verschmelzen zwei haploide Gametenkerne zu einem diploiden Zygotenkern. Jeder Elter trägt einen Chromosomensatz mit dem vollständigen Erbgut bei.

Bei der Bildung von haploiden Gameten aus diploiden Zellen wird der Chromosomensatz durch Meiose halbiert. Bei der Meiose entstehen in zwei Teilungsschritten aus einem diploiden Kern vier haploide. Diese sind im Erbgut verschieden.

Aufgabe 116   Wie kommt es, dass die Körperzellen der meisten Lebewesen diploid sind?

Aufgabe 117   Beschreiben Sie mit einem Satz, was in der Meiose geschieht.

15 Zelldifferenzierung und Spezialisierung

Lernziele   Nach der Bearbeitung dieses Kapitels können Sie ...

- beschreiben, wodurch sich der Lebenslauf eines Einzellers von dem eines Vielzellers unterscheidet.
- die Unterschiede zwischen Kolonien und Vielzellern diskutieren.
- die Begriffe Differenzierung und Spezialisierung erklären.
- Vor- und Nachteile der Differenzierung erörtern.
- Gewebe und Organe definieren und Beispiele nennen.
- die Bedeutung von Meristemen und Stammzellen darlegen.
- erklären, wodurch sich differenzierte Zellen von totipotenten unterscheiden.
- Beispiele für die ungeschlechtliche Fortpflanzung durch Körperzellen nennen.
- beschreiben, wie sich Pflanzenzellen klonieren lassen.

Schlüsselbegriffe   Differenzierung, Einzeller, Gewebe, Kolonien, Meristeme, Organe, Stammzelle, Vielzeller

In diesem Kapitel kommen die Unterschiede zwischen Einzellern, Kolonien und Vielzeller zur Sprache und werden mit verschiedenen Beispielen verdeutlicht.

15.1 Einzeller

Alleskönner

Bei den Einzellern besitzt eine Zelle alle für das Leben erforderlichen Fähigkeiten:

- Sie reagiert auf Reize.
- Sie entwickelt sich und kann wachsen.
- Sie kann sich fortpflanzen.
- Sie hat einen Stoffwechsel und reguliert ihre Zusammensetzung.

Fortpflanzung

Einzeller können sich durch Teilung fortpflanzen. Dabei entstehen in der Regel zwei gleiche Tochterzellen, die dasselbe Erbgut besitzen wie die Mutterzelle. Die Mutterzelle bleibt nicht erhalten. Sie geht buchstäblich in den Nachkommen auf. Der Lebenslauf eines Einzellers unterscheidet sich also grundsätzlich von dem eines Vielzellers. Einzeller kennen keinen Alterstod, aber ihre individuelle Existenz endet mit der Fortpflanzung.

Spezialisierung

Obwohl alle Einzeller nur aus einer einzigen Zelle bestehen, unterscheiden sich die verschiedenen Arten im Bau doch erheblich. Ihre Zellen haben sich durch unterschiedliche Differenzierung im Bau auf eine bestimmte Lebensweise und auf gewisse Umweltbedingungen spezialisiert. Abbildungen 15-1 und 15-2 zeigen zwei Beispiele.

Leistung

Obwohl manche Einzeller erstaunliche Leistungen vollbringen, sind ihre Möglichkeiten doch beschränkt. Eine Zelle, die alle Aufgaben erfüllen muss, kann alles, aber nichts so gut wie eine Zelle, die sich auf eine Aufgabe spezialisiert hat. Vielzeller können grösser werden als Einzeller und sind durch die Zusammenarbeit vieler Zellen leistungsfähiger. Die Zellen eines Vielzellers können sich unterschiedlich entwickeln und auf bestimmte Aufgaben spezialisieren. Spezialisierung und Arbeitsteilung ermöglichen eine höhere Gesamtleistung, haben aber, wie Sie aus dem Alltag wissen, auch ihren Preis.

[Abb. 15-1] Pantoffeltierchen

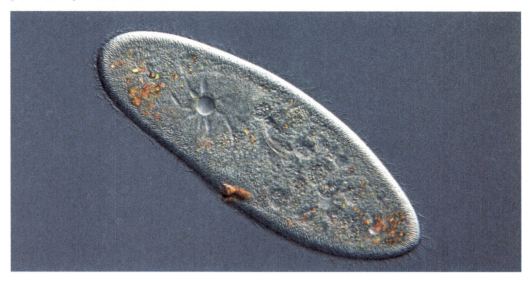

Das Pantoffeltierchen bewegt sich mit Wimpern. Es ist heterotroph und enthält viele Nahrungsvakuolen. Das sternförmige Organell ist eine pulsierende Vakuole zur Osmoregulation (vgl. Kap. 10.4.2, S. 133). Sie pumpen das osmotisch eindringende Wasser nach aussen. Bild: © 2015, Thinkstock

[Abb. 15-2] Schönauge *(Euglena)*

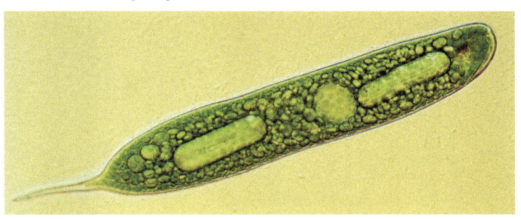

Das Schönauge *Euglena* besitzt Chlorophyll. Es ist autotroph und kann sich mit einer Geissel bewegen. Die Zelle besitzt keine Zellwand. Sie ist also weder eine typische Pflanzen- noch eine typische Tierzelle.
Bild: KEYSTONE / Science Photo Library / ALEX RAKOSY, CUSTOM MEDICAL STOCK PHOTO

Zusammenfassung   Bei den Einzellern erbringt eine Zelle alle Leistungen. Einzeller können sich durch Teilung fortpflanzen und kennen darum keinen Alterstod. Die beiden Tochterzellen sind meist gleich und haben dasselbe Erbgut wie die Mutterzelle, die nicht erhalten bleibt.

Die verschiedenen Einzeller sind im Bau auf bestimmte Umweltbedingungen und auf eine bestimmte Lebensweise spezialisiert.

Aufgabe 118   Was sind die Besonderheiten der Einzeller?

15.2 Kolonien und Vielzeller

Zellhaufen

Wenn sich Einzeller nach der Zellteilung nicht voneinander trennen, entsteht ein Zellhaufen, in dem jede Zelle für sich lebt. Die Zellen bleiben in jeder Beziehung selbstständig und können auch einzeln weiterleben. Jede Zelle kann sich von den anderen lösen und durch

Teilung einen neuen Haufen bilden. Das Nebeneinanderleben bringt den einzelnen Zelle wenig Pflichten, aber auch wenig Nutzen.

Kolonien

Häufig bilden Einzeller nicht beliebig grosse und ungeordnete Zellhaufen, sondern Kolonien mit einer definierten Zellzahl und einer bestimmten Gestalt. Die Zellen einer solchen Kolonie sind selbstständig lebensfähig und jede Zelle kann durch Teilungen die ganze Kolonie bilden. Alle Zellen können noch alles. Sie sind totipotent[1], d. h. zu allem fähig. Im einfachsten Fall sind alle Zellen gleich gebaut und nicht auf eine bestimmte Arbeit spezialisiert. Trotzdem arbeiten sie – wie das folgende Beispiel zeigt – zusammen.

Beispiel *Eudorina*

Die Alge *Eudorina* besteht aus 32 Zellen, die alle aussehen wie die einzellige Grünalge *Chlamydomonas*. Die Zellen liegen in einer kugeligen Gallerte und können Stoffe austauschen. Sie sehen alle gleich aus, sind aber doch zu gemeinsamen Leistungen fähig. Das zeigt sich z. B. bei der Bewegung. Der Geisselschlag der 32 Zellen ist koordiniert, sonst käme keine gerichtete Bewegung zustande. Trennt man die Zellen, ist jede für sich lebensfähig und kann durch Teilungen wieder eine ganze *Eudorina* bilden.

Ein solcher Zusammenschluss von gleichen und totipotenten Zellen, von denen jede den ganzen Verband wieder bilden kann, wird als Kolonie bezeichnet.

[Abb. 15-3] Einzeller und Kolonie

Chlamydomonas   *Eudorina*

Die Alge *Eudorina* ist eine kugelige Kolonie aus 32 totipotenten Zellen, die alle aussehen wie die einzellige Grünalge *Chlamydomonas*. Bild: Linder Biologie, Lehrbuch für die Oberstufe © 1998 Schroedel Verlag GmbH, Hannover

Auch wenn die einzelnen Zellen weitgehend selbstständig bleiben, ist die Kolonie doch wesentlich mehr als ein Haufen von Zellen. Sie hat ja eine bestimmte Form und die Zellen arbeiten zusammen. Das Wachstum und die Teilungen der Zellen sind koordiniert und ihre Zusammenarbeit ist geregelt. Es muss also im Erbgut neben den Informationen für die Leistungen der einzelnen Zellen auch einen Bauplan und eine Betriebsanleitung für das Ganze geben. Hier zeigt sich, was wir in der Biologie immer wieder feststellen werden:

Das Ganze ist mehr als die Summe seiner Teile.

---

[1] Lat. *totus* «ganz», lat. *potens* «mächtig».

Beispiel *Volvox*

Bei der Kugelalge *Volvox* sind mehrere Hundert Zellen durch Plasmabrücken zu einer Hohlkugel verbunden (vgl. Abb. 15-4). Es gibt zwei verschiedene Zellsorten, die sich die Arbeit teilen. Die meisten Zellen dienen der Fortbewegung und der Fotosynthese. Sie sind nicht mehr teilungsfähig. Eine zweite Zellsorte ist etwas grösser und auf die Fortpflanzung spezialisiert. Sie bilden durch Zellteilungen kleine Tochterkugeln. Diese werden in den Innenraum der Mutterkugel abgeschnürt und gelangen erst nach aussen, wenn diese platzt und stirbt. Der Tod der Mutterkugel ist die Folge der Arbeitsteilung zwischen Körperzellen und Fortpflanzungszellen. Im Unterschied zur Kolonie pflanzt sich hier nicht jede Zelle fort. Es gibt eine Arbeitsteilung und der Verband bildet als Ganzes Nachkommen.

[Abb. 15-4] Kugelalge *Volvox*

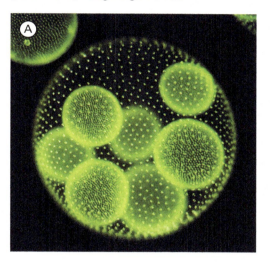
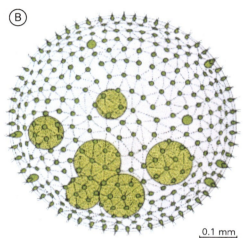

A] LM-Bild von *Volvox* bei 100-facher Vergrösserung und B] Schema: Mehrere Hundert Zellen sind durch Plasmabrücken zu einer Hohlkugel verbunden. Die Tochterkugeln im Inneren werden erst frei, wenn die Mutterkugel platzt und stirbt. Bild links: © 2015, Thinkstock

Kolonie oder Vielzeller?

Weil bei der Kugelalge *Volvox* die Zellen unterschiedlich differenziert und nicht mehr alle fortpflanzungsfähig sind, kann man sie als Vielzeller bezeichnen. Allerdings fehlen ihr noch echte Gewebe. Die Zellen sind zwar verbunden, liegen aber nicht direkt aneinander. Zudem ist die Zahl der verschiedenen Zelltypen viel kleiner als bei typischen Vielzellern. Der Übergang zwischen Kolonien und Vielzellern ist also fliessend.

Zusammenfassung

Kolonien sind Verbände von Zellen, die zusammenarbeiten, ohne sich (stark) zu differenzieren. Alle Zellen sind totipotent und selbstständig lebensfähig. Jede Zelle kann wieder eine Kolonie bilden.

Die Zellen der Vielzeller sind unterschiedlich differenziert und nicht mehr selbstständig lebensfähig. Die Differenzierung im Bau ermöglicht eine Spezialisierung in der Funktion und damit eine effiziente Arbeitsteilung.

Die einzelnen Zellen eines Vielzellers sind in der Regel nicht in der Lage, den ganzen Vielzeller zu bilden. Sie sind nicht mehr totipotent. Vielzeller besitzen darum neben den Körperzellen spezielle Fortpflanzungszellen. Viele Körperzellen verlieren bei der Differenzierung auch die Fähigkeit, sich zu teilen. Sie altern und sterben. Weil sie auch durch Neubildung aus undifferenzierten Zellen nicht alle ersetzt werden können, ist die Lebensdauer der Vielzeller beschränkt.

Der Übergang zwischen Kolonien und einfachen Vielzellern ist, wie das Beispiel der Kugelalge *Volvox* zeigt, fliessend.

Aufgabe 119 Welchen Vorteil hat eine Kolonie gegenüber einem typischen Vielzeller?

Aufgabe 120 Nach welchen vier Kriterien würden Sie entscheiden, ob eine mehrzellige kugelige Struktur, die Sie im Wasser entdeckt haben, eine Kolonie oder ein Vielzeller ist?

15.3 Zelldifferenzierung und Spezialisierung

Arbeitsteilung

Die Arbeitsteilung in einer Fabrik bringt erst dann ein optimales Resultat, wenn jeder Arbeiter seinen Job besonders gut macht. Dazu tragen neben den unterschiedlichen Fähigkeiten auch die Ausbildung und das Training bei. Weil nicht jeder alles lernen und trainieren kann, müssen sich die Arbeiter auf bestimmte Aufgaben spezialisieren. Die Arbeit wird aufgeteilt. Spezialisierung und Arbeitsteilung erhöhen die Leistung, vermindern aber die Flexibilität der Arbeiter und des ganzen Betriebs. Wenn jeder Arbeiter nur eine Funktion erfüllen kann, steht der Betrieb still, sobald einer von ihnen krank ist oder freihat.

Spezialisierung

Analoges gilt für die Zellen eines Vielzellers. Die Arbeitsteilung bringt nur dann ein optimales Resultat, wenn die Zellen für die Funktion, die sie ausüben, spezialisiert sind. Das setzt voraus, dass sie für diese Funktion optimal gebaut sind. Die Zellen eines Vielzellers unterscheiden sich darum im Bau (Grösse, Form und Möblierung) und in der Leistung (vgl. Abb. 15-5).

[Abb. 15-5] Beispiele für differenzierte Zellen des Menschen

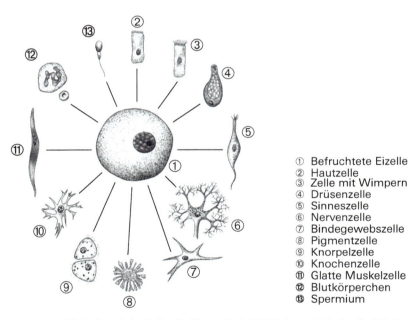

① Befruchtete Eizelle
② Hautzelle
③ Zelle mit Wimpern
④ Drüsenzelle
⑤ Sinneszelle
⑥ Nervenzelle
⑦ Bindegewebszelle
⑧ Pigmentzelle
⑨ Knorpelzelle
⑩ Knochenzelle
⑪ Glatte Muskelzelle
⑫ Blutkörperchen
⑬ Spermium

Bild: Linder Biologie, Lehrbuch für die Oberstufe © 1998 Schroedel Verlag GmbH, Hannover

Differenzierung

Da das Leben der Vielzeller meistens mit einer einzigen Zelle beginnt, müssen die Zellen, die durch Zellteilungen entstehen, im Lauf ihrer Entwicklung verschieden werden: Sie differenzieren sich. In einem Menschen arbeiten etwa 10^{13} Zellen und es gibt 200 Zelltypen. Wie sich die verschiedenen Zellen und komplexen Strukturen aus einer einzigen Zelle differenzieren, ist ein noch längst nicht gelöstes Rätsel der Natur.

Wie die Beispiele in Abbildung 15-5 zeigen, können sich differenzierte Zellen z. B. in Form, Grösse und Zahl der Organellen unterscheiden. Sie sind dadurch für eine bestimmte Aufgabe besonders geeignet. Die Differenzierung im Bau ermöglicht die Spezialisierung in der Funktion.

15.3.1 Vor- und Nachteile der Differenzierung

Differenzierung und Spezialisierung verbessern die Gesamtleistung, weil jede Zelle für ihre Funktion optimal ausgerüstet und trainiert ist. Die Differenzierung führt aber auch dazu, dass die Zellen nicht mehr totipotent sind und andere als ihre normalen Funktionen nur noch beschränkt oder gar nicht mehr ausüben können. Das vermindert ihre Flexibilität. Eine untätige Leberzelle kann eine überarbeitete Muskelzelle nicht bei ihrer Arbeit unterstützen und rote Blutkörperchen können nicht zu weissen werden, wenn diese bei einer Abwehrreaktion hohe Verluste erleiden.

Fortpflanzung

Die meisten Zellen der Vielzeller verlieren bei der Differenzierung die Fähigkeit zur Fortpflanzung. Die differenzierten Zellen sind vielleicht noch teilungsfähig, aber meist nicht in der Lage, das ganze Lebewesen zu bilden. Vielzeller besitzen darum ausser den Körperzellen eigentliche Fortpflanzungszellen. Diese sind im Unterschied zu den meist diploiden Körperzellen haploid.

Regeneration bei Pflanzen

In Pflanzen bleiben neben den differenzierten Zellen meist totipotente Körperzellen erhalten. Darum können Pflanzen Teile, die absterben oder gefressen werden, durch neue ersetzen. Sie haben ein hohes Regenerationsvermögen. Aus den totipotenten Zellen können sich bei der ungeschlechtlichen Fortpflanzung auch Nachkommen entwickeln (vgl. Abb. 14-2, S. 166).

Regeneration bei Tieren

Bei Tieren kommen nur selten totipotente Zellen vor. Sie pflanzen sich in der Regel nicht ungeschlechtlich fort und ihr Regenerationsvermögen beschränkt sich auf Zellen und Gewebe, wie z. B. Zellen der Haut oder des Bluts, die laufend erneuert werden. Ganze Organe oder Körperteile können meist nicht ersetzt werden. Die Eidechse, die ihren Schwanz fallen lassen und dann ersetzen kann, ist also eine Ausnahme.

Teilung

Viele Körperzellen verlieren bei der Differenzierung oder später auch die Teilungsfähigkeit. Der tägliche Stress und der Verschleiss lässt sie altern und sterben. Im jungen Organismus werden viele ersetzt durch Neubildung aus undifferenzierten Zellen, die durch Teilung laufend gebildet werden. Aber eben nicht alle und im Lauf des Lebens immer weniger. Darum altern Vielzeller und ihre Lebensdauer ist beschränkt.

Erbinformation

Sowohl bei Pflanzen als auch bei Tieren verlieren die Zellen bei der Differenzierung Fähigkeiten, die ausserhalb ihres Spezialgebiets liegen. Erstaunlicherweise besitzen aber alle Zellen eines Vielzellers die ganze Erbinformation. Alle Körperzellen besitzen dieselben Chromosomen und dieselbe DNA. Der Verlust gewisser Fähigkeiten bei der Differenzierung ist also nicht durch den Verlust der entsprechenden Information verursacht. Auch die Kerne differenzierter Zellen besitzen alle Informationen, aber sie können diese z. T. nicht mehr lesen. «Zugriff auf Datei nicht möglich» würde die Festplatte des Kerns bei entsprechenden Anfragen melden. Ein Teil der Information wird bei der Differenzierung «versiegelt und aus dem Verkehr gezogen». Diese Informationen sind zwar vorhanden, können aber nicht mehr gelesen und zur Steuerung der Zelle benutzt werden.

15.3.2 Klone

Klone und Klonen

Dass auch in differenzierten Zellen noch die ganze Erbinformation vorhanden ist, belegen die Fälle, in denen die Zugriffssperre gelöst und die Information wieder zugänglich wird. So werden viele Pflanzenzellen wieder teilungsfähig, wenn man ihre Zellwand entfernt. Manchmal entwickelt sich ein solcher Protoplast unter geeigneten Bedingungen sogar zu ganzen und voll lebensfähigen Pflanzen mit allen Zelltypen. Das beweist dann definitiv, dass der Kern dieses Protoplasten im Besitz der ganzen Erbinformation war.

Klone

Die Nachkommen, die sich aus einer Körperzelle eines Lebewesens entwickeln, haben alle dasselbe Erbgut wie diese. Man bezeichnet erbgleiche Nachkommen als Klon[1] und das künstliche Züchten erbgleicher Nachkommen als Klonen oder Klonieren.

---

[1] Gr. *klon* «Schössling».

Klonieren

Pflanzen werden bei der Vermehrung durch Stecklinge, Blätter oder Wurzelstückchen kloniert. Bei Tieren geht das nicht so einfach. Aus einem Hasenohr wird kein Hase und auch andere Körperzellen können sich nicht zu einem ganzen Tier entwickeln. Tauscht man aber in der Eizelle eines Hasen den Kern durch den Kern aus der Körperzelle eines anderen Hasen aus, kann es sein, dass sich die Eizelle zu einem Hasen entwickelt. Dieser hat die gleichen Merkmal wie der Kernspender. Die Eigenschaften des Ei-Spenders haben keinen Einfluss, da der Kern der Eizelle entfernt wurde. Alle Nachkommen, die sich aus Zellen mit Kernen desselben Lebewesens entwickeln, bilden einen Klon.

[Abb. 15-6] Klonieren bei Tieren

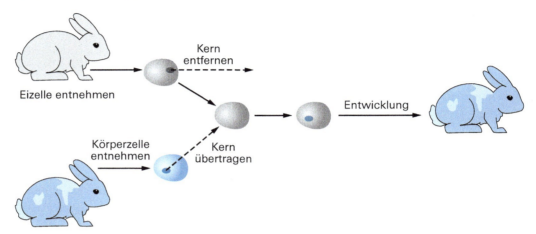

Beim Klonieren ersetzt man den Kern einer Eizelle durch den Kern aus einer Körperzelle. Wenn sich die Zelle entwickelt, entsteht ein Nachkomme mit dem gleichen Erbgut wie der Kernspender.

Zusammenfassung

Die Zellen eines Vielzellers spezialisieren sich bei ihrer Entwicklung durch eine entsprechende Differenzierung im Bau auf bestimmte Aufgaben. Die Differenzierung verbessert bestimmte Leistungen, führt aber auch zum Verlust gewisser Fähigkeiten: Differenzierte Zellen sind nicht mehr totipotent.

Die Kerne in den Körperzellen eines Vielzellers besitzen alle das ganze Erbgut, können aber nach der Differenzierung nicht mehr auf alle Informationen zugreifen.

Bei vielen Pflanzen bleiben einzelne Körperzellen totipotent. Sie können Pflanzenteile ersetzen und ermöglichen so das hohe Regenerationsvermögen der Pflanzen. Totipotente Zellen können sich auch zu Nachkommen entwickeln und ermöglichen so die ungeschlechtliche Fortpflanzung.

Alle durch ungeschlechtliche Fortpflanzung entstandenen Nachkommen eines Lebewesens sind erbgleich, sie bilden einen Klon. Beim Klonen werden Klone (erbgleiche Nachkommen) künstlich erzeugt.

Aufgabe 121

Bei gewissen Zimmerpflanzen entwickeln sich Stängelstücke zu vollständigen Pflanzen, wenn man sie in einen geeigneten Boden steckt. Was können Sie hinsichtlich der Differenzierung der Zellen im Stängel daraus schliessen?

Aufgabe 122

Welche Vor- und Nachteile hat die Differenzierung der Zellen?

15.4 Gewebe und Organe

Zellverbände

Die Zellen eines Vielzellers bilden in der Regel Zellverbände. Die Zellen grenzen – durch Plasmamembranen oder durch Zellwände getrennt – aneinander und arbeiten zusammen. Sie tauschen Stoffe und Informationen aus und sie respektieren einander. Das heisst, sie teilen sich nicht ungehemmt und richten sich bei ihrem Wachstum auch nach den Nachbarzellen. Nur defekte Zellen wie Krebszellen wachsen und teilen sich ohne Rücksicht auf ihre Nachbarzellen.

Der Stoff- und Informationsaustausch zwischen den benachbarten Zellen wird bei wandlosen Zellen durch die Zellmembranen ermöglicht. Bei pflanzlichen Zellen ziehen Plasmafäden durch die Tüpfelkanäle der Zellwand zu den Nachbarzellen. In einer Pflanze sind also die Protoplasten der Zellen direkt (ohne abgrenzende Membran) miteinander verbunden.

[Abb. 15-7] Zellverbände bei Tieren und Pflanzen

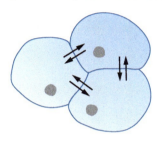
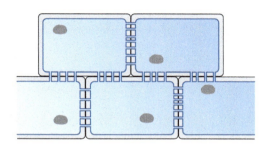

Tierische Zellen stehen über ihre Zellmembranen in Kontakt (links). Pflanzliche Zellen sind durch Plasmafäden verbunden (rechts).

Gewebe

Bei den meisten Vielzellern sind gleichartige Zellen zu Geweben zusammengeschlossen. Gewebe sind Verbände von gleichartigen Zellen.

Wie Sie aus den Beispielen in Abbildung 15-8, S. 186 ersehen, können aber in einem Gewebe auch mehrere Zelltypen vorkommen.

Dauergewebe und Meristeme

Pflanzen besitzen neben den spezialisierten Geweben, die man Dauergewebe nennt, auch Bildungsgewebe oder Meristeme aus Zellen, die sich bis zum Tod der Pflanze teilen können. Wenig differenzierte Dauergewebe können sich in Meristeme umwandeln und wieder teilungsfähig werden. Die Meristeme liefern durch Zellteilungen laufend Zellen, die sich dann zu den verschiedenen Zelltypen spezialisieren, die für das Wachstum und den Ersatz alter Zellen gebraucht werden.

Die ständige Teilung der Meristemzellen sorgt dafür, dass Pflanzen bis zu ihrem Tod wachsen und sehr alt werden können. Ein Mammutbaum kann 4000 Jahre alt werden, obwohl die einzelnen Zellen nicht länger leben als 30–40 Jahre. In Pflanzen bleiben in der Regel totipotente Zellen erhalten, aus denen sich die ganze Pflanze wieder bilden kann. Darum kann man viele Pflanzen durch Stecklinge vermehren.

Stammzellen

Tiere besitzen keine eigentlichen Meristeme, aber man findet bei ihnen neben den differenzierten Zellen auch weniger differenzierte Stammzellen. Die Stammzellen der erwachsenen Tiere sind zwar nicht mehr totipotent, können sich aber doch teilen und zu verschiedenen Zelltypen differenzieren. Embryonen besitzen sogar totipotente Stammzellen.

Teilungsfähigkeit

Manche Körperzellen bleiben auch nach der Differenzierung teilungsfähig. So bildet das Knochenmark eines Erwachsenen in jeder Sekunde durch Zellteilungen etwa 2 Millionen Zellen. Auch unsere Haut, die ja starken Belastungen ausgesetzt ist, erneuert sich durch die ständige Neubildung von Zellen laufend. Denken Sie nur an die unzähligen Schürfwunden, die Ihre Haut bereits repariert hat. Andere Zellen wie z. B. die Nervenzellen verlieren ihre Teilungsfähigkeit. Sie altern und sterben, sodass ihre Zahl mit zunehmendem Alter abnimmt.

[Abb. 15-8] Beispiele von Geweben

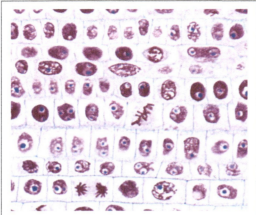

Im Bildungsgewebe der Wurzel sind die Zellen klein. Das Chromatin ist rot gefärbt, die Kernkörperchen blau. In vielen Zellen sind Mitosen im Gang, man sieht die fädigen Chromosomen. (× 400)

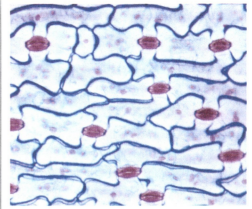

Die Aufsicht auf die Oberhaut eines Blatts zeigt, dass die Zellen hier wie Teile eines Puzzles zusammengesetzt sind. Die Verzahnung erhöht die mechanische Festigkeit. (× 200)

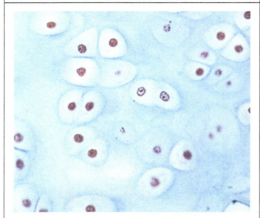

Im Knorpel liegen die Zellen in kleinen Gruppen in einer Grundsubstanz (Interzellularsubstanz). Die Zellkerne sind rot gefärbt. (× 300)

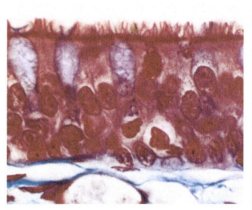

Das Deckgewebe in der Luftröhre besteht aus becherförmigen Drüsenzellen (bläulich), die Schleim produzieren, und bewimperten Zellen, die den Schleim nach oben befördern. (× 750)

Bilder: © Dr. J. Lieder

Organe

In Vielzellern sind verschiedene Gewebe zu Organen[1] mit bestimmten Aufgaben zusammengeschlossen. Ein Organ ist ein Verband von verschiedenartigen Geweben mit bestimmten Aufgaben. Beispiele von menschlichen Organen sind Lunge, Darm, Leber, Muskeln, Hirn, Augen, Ohren, Herz etc. Pflanzliche Organe sind z. B. Wurzeln, Blätter und Stängel. Abbildung 15-9 zeigt die unterschiedlich gefärbten Gewebe in einem Querschnitt durch einen Zweig.

[1] Gr. *organon* «Werkzeug».

[Abb. 15-9] Organe bestehen aus verschiedenen Geweben

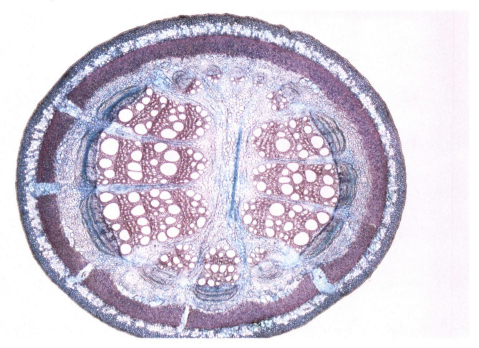

Querschnitt durch einen Zweig des Pfeifenstrauchs, LM-Bild bei 200-facher Vergrösserung.

Zusammenfassung

Der Körper eines Vielzellers besteht in der Regel aus verschiedenen Organen. Ein Organ ist ein Funktionszentrum aus verschiedenartigen Geweben, die zusammenarbeiten.

Ein Gewebe ist ein Verband von meist gleichartigen Zellen, die einander respektieren und zusammenarbeiten. Die Zellen tauschen durch ihre Zellmembranen oder über Plasmafäden Stoffe und Informationen aus.

Bei Pflanzen gibt es Dauergewebe mit mehr oder weniger differenzierten, nicht teilungsfähigen Zellen sowie Bildungsgewebe (Meristeme) aus Zellen, die sich teilen und zu verschiedenen Zelltypen differenzieren können.

Tiere besitzen in der Regel keine Meristeme, aber teilungsfähige Stammzellen, aus denen sich mehrere Zellsorten entwickeln können. Am flexibelsten sind die Stammzellen der Embryonen: Sie können sich noch zu (fast) jedem Zelltyp differenzieren.

Die Gewebe von Tieren können teilungsfähig sein wie z. B. die Haut oder das Knochenmark oder sie können ihre Teilungsfähigkeit verlieren wie die Nervenzellen. Teilungsfähige Gewebe erneuern sich ständig. Sie können auch wachsen und Verletzungen reparieren.

Aufgabe 123 Definieren Sie die folgenden Begriffe: A] Gewebe B] Organ C] Bildungsgewebe

Aufgabe 124 Die Zellen in der Keimschicht unserer Haut sind teilungs-, aber nicht fortpflanzungsfähig. Erklären Sie, was das bedeutet.

Aufgabe 125

1996 wurde als erstes Säugetier ein Schaf namens Dolly durch ein Klonierungsverfahren gezeugt, was heftige Kontroversen löste. Das Schaf entstand aus einer Eizelle, deren Kern man durch den Kern aus einer Euterzelle eines erwachsenen Schafs ersetzt hatte.

A] Was beweist das Experiment in Bezug auf die Erbinformation im Kern der Euterzelle?

B] Was ist über das Erbgut des Schafs Dolly zu sagen?

C] Nennen Sie Argumente, die für und gegen das Klonieren angeführt werden können.

TEIL F
Anhang

Gesamtzusammenfassung

1 Biologie: Die Lehre vom Lebenden

1.1 Biologie als Naturwissenschaft

Biologie

Biologie ist die Wissenschaft vom Leben und von den Lebewesen (gr. *bios* «Leben»). Biologinnen und Biologen untersuchen, beschreiben und vergleichen die Lebewesen und versuchen ihren Bau, ihr Funktionieren und ihr Zusammenleben zu ergründen und zu verstehen.

Ziele und Methodik

Naturwissenschaftliche Arbeit beginnt mit der Ermittlung von Fakten durch Beobachten in der Natur oder durch Experimente, die eine bestimmte Frage eindeutig beantworten. Die Resultate müssen überprüfbar und reproduzierbar sein. Aus den experimentellen Resultaten können sich allgemein gültige Tatsachen oder Gesetzmässigkeiten ergeben.

Auf das Messen und Beobachten folgen die Fragen nach den Ursachen und den Zusammenhängen zwischen den ermittelten Fakten. Zu ihrer Beantwortung «erfindet» man eine Hypothese, die eine widerspruchsfreie und logische Erklärung liefert und aus der sich experimentell überprüfbare Voraussagen ableiten lassen. Treffen diese Voraussagen zu, ist die Hypothese bestätigt und kann zu einer Theorie werden. Andernfalls muss sie ersetzt oder angepasst werden.

1.2 Kennzeichen der Lebewesen

Reaktionsvermögen

Lebewesen reagieren auf Reize: Sie haben ein Reaktionsvermögen. Der Ablauf der Reaktionen wird meist auch von inneren Faktoren beeinflusst. Zu den Reaktionen zählen beobachtbare Verhaltensweisen wie Bewegungen, Lautäusserungen und Farbänderungen sowie verborgene Reaktionen im Inneren der Lebewesen.

Wachstum und Entwicklung

Lebewesen entwickeln sich aus einfacheren Strukturen wie Samen oder befruchteten Eizellen. Sie wachsen aktiv und planmässig. Ihr Wachstum und ihre Entwicklung sind durch das Erbgut gelenkt, werden aber von der Umwelt beeinflusst.

Fortpflanzung

Lebewesen pflanzen sich fort, d. h., sie bilden Nachkommen. Die Fortpflanzung dient der Vermehrung und der Bildung neuer Varianten. Fortpflanzung und Sterblichkeit ermöglichen die Anpassung der Art und der Individuenzahl an die Gegebenheiten der Umwelt.

Stoffwechsel

Der Stoffwechsel umfasst den Stoffaustausch mit der Umwelt und die chemischen Umsetzungen in den Lebewesen. Der Stoffwechsel schafft die Voraussetzungen für die anderen Lebensäusserungen (Wachstum, Reaktionsvermögen und Fortpflanzung). Der Baustoffwechsel produziert Stoffe zum Aufbau und zur Erneuerung des Körpers. Der Betriebsstoffwechsel setzt die für das Leben nötige Energie frei.

Autotroph oder heterotroph

Nach ihrer Ernährungsweise unterscheidet man autotrophe und heterotrophe Lebewesen:

- Autotrophe Lebewesen brauchen nur anorganische Stoffe, denn sie können ihre organischen Stoffe aus anorganischen herstellen. Die meisten beziehen die dazu nötige Energie bei der Fotosynthese von der Sonne. Die anorganischen Stoffe finden sie im Boden, in der Luft und im Wasser. Pflanzen sind in der Regel autotroph.
- Heterotrophe Lebewesen müssen Nahrung mit organischen Stoffen aufnehmen und verdauen. Sie beziehen ihre Energie aus der Nahrung. Tiere sind heterotroph.

Isotope 35
Isotopentechnik 154

J

Joule 45

K

Karyogramm 174
Katalysator 47
Katalyse 47
Keimzellen 177
Kern 76, 96
Kernhülle 96
Kernkörperchen 96
Kernregion 115
Kernteilung 168
Klone 183
Klonen 183
Kohlenhydrate 56–59
Kohlenstoff-Assimilation 148
Kohlenstoffdioxid 50
Kohlenstoffkreislauf 50
Kohlenstoffverbindungen 41
Kolonien 179
Kompartimente 81
– Grösse 83
– nichtplasmatische 81
– plasmatische 81

L

Leben 14
Lebensäusserungen 14
Lebensgemeinschaften 25
Lebensweise v. Pflanzen
  u. Tieren 79
Lebewesen 14
Leukoplasten 76
Lichtmikroskope 70
Lichtreaktionen der
  Fotosynthese 152
Lignin 112
Lipide 59
Lipophil 53
Löslichkeit 53
Lösungen 31, 52
Luft 48
Lysosomen 94

M

Makromolekulare Stoffe 55
Makromoleküle 55
Meiose 177
Membran 84–91
– Aufgaben 87–89
– Bau 84
– Flüssig-Mosaik-Modell 86
Membrankörper 115
Membranlipide 85
Membranpotenzial 89
Membranproteine 86
Membransystem des
  Cytoplasmas 91
Membrantransport 137–139
– aktiv 138
– durch Carrier 138
– durch die Lipidschicht 138
– durch Proteintunnels 138
– einfache Diffusion 137
– erleichterte Diffusion 137
– passiv 137

– Übersicht 137
Meristeme 185
Metaphase 170
Mikrofilamente 106
Mikropräparate 71
Mikroskope 70–74
Mikrotubuli 106
Milchsäuregärung 160
Mitochondrien 76, 102–105
Mitose 168–172
Mittellamelle 111
Moleküle 36
Molekülformel 36
Molekülmodelle 36
Molekülverbindungen 40
Monosaccharid 56, 57
Motorproteine 106
mRNA (messenger-RNA) 97
Muskelbewegung 109
Myosin 109

N

Nahrungsvakuole 94
Nährwerte 46
Naturwissenschaftliche
  Forschung 11
Neutronen 35
Nucleinsäuren 63–64
Nucleotide 63

O

Oberflächenvergrösserung 87, 89
Organe 186–188
Organellen 21, 68
Organismen 25
Osmometer 132
Osmoregulation 133, 134
Osmose 131
– Ablauf und Resultat 131
– bei Zellen mit Zellwand 133
– bei Zellen ohne Zellwand 133
Osmotischer Druck 132
Oxidation 49
Ozon 49
Ozonloch 49

P

Pantoffeltierchen 179
Passiver Transport 126
Peptide 60
Pflanzenzelle 75
– Schema 118
– Stoffwechsel 122
– Wachstum 77
– Zellbau und Lebensweise 78
Plasma 75
Plasmafluss 109
Plasmolyse 134
Plastiden 76, 100
Polysaccharide 55, 56, 57
Population 25
Primärstruktur 61
Procyte 115
Produkte 43
Prokaryoten 115
Prophase 169
Proteine 60
Proteingehalt 62
Protein-Moleküle 60
Proteinsynthese 97, 99
Protonen 35

Protoplast 75
Pulsierende Vakuole 133

R

Rasterelektronenmikroskop
  (REM) 73
Reaktionsgleichung 44
Reaktionsvermögen 14
Reduktionsteilung 177
Regelkreis 144
Regulation
– der Enzymaktivität 143
– der Enzymsynthese 143
– des Stoffaustauschs 140
– des Zellstoffwechsels 140–147
Reinstoff 31
Reizbarkeit 14, 88
Rezeptoren 88, 90
Ribonucleinsäure (RNA) 63
Ribosomen 99
RNA (RNS) 63
Rohrzucker 57

S

Salze 39
Salzformel 40
Salzkristalle 40
Sauerstoff 49
Saugkraft 133
Selbstverdauung 94
Selektiv permeabel 131, 137
Spermium 177
Spezialisierung der Zellen 178–184
Spindelapparat 169
Stammzellen 185
Stärke 58
Stickstoff 49
Stickstoff-Assimilation 149
Stoffaustausch der Zelle 122–139
– bei autotrophen 122
– bei heterotrophen 124
Stoffe des Lebens 54–64
Stoffeigenschaften 31
Stoffklassen 54
Stoffwechsel 122
– als Kennzeichen des Lebens 18
– der Zelle s. Zellstoffwechsel
– Reaktionsketten 146
– Temperaturabhängigkeit 142
– Ziele 19
Stroma 101
Strukturen des Lebendigen 24
Substrat 141
Substratspezifisch 142
Synthese 39

T

Teilchenmodell 32
Teilgebiete der Biologie 26
Teilungsfähigkeit 185
Telophase 170
Temperatur 32
Theorie 12
Tierzelle
– Bild im EM 80
– im Vergleich zur Pflanzenzelle 78
– Schema 82, 118
– Stoffwechsel 124
– Zellbau und Lebensweise 78
Totipotent 180, 183

Transmissionselektronen-
   mikroskop 72
Traubenzucker 57
Treibhauseffekt 51
Treibhausgase 50
Tüpfel 75, 111
Turgor 133
Turgorbewegungen 134

U

Überdüngung 135
Ungeschlechtlich 183

V

Vakuolen 77, 93
Verbindungen 39
Verbrennung 49
Verdauung 94, 149
Verdunstung 33
Verdunstungsschutz 112
Verhaltensbiologie 27
Vesikel 93
Vielzeller
– Unterschiede zur Kolonie 181
– Zelldifferenzierung 182

Viren 22
Volvox 181

W

Wachstum
– der Pflanzenzelle 77
– der Tierzelle 78
Wanddruck 133
Wasser 52
Wassergehalt 52
Wasserhaushalt der Zelle 133
Wechselwarm 142
Wechselzahl 142
Welken 135
Wimpern 107
Wirkungsspezifisch 142

Z

Zellatmung 103–105, 158–160
Zelldifferenzierung 178–184
Zelle
– Definition 68
– Entdeckung 67
– Feinbau im EM 80–114
– Grösse 68

Zellkern 96
Zellmembran 89
Zellsaft 77
Zellstoffwechsel 122–161
– einer autotrophen Zelle 122
– einer heterotrophen Zelle 124
– Überblick 122
Zellteilung 165–176
– Bedeutung 165
– Teilung des Cytoplasmas 172
Zelltheorie 67
Zelltod 94
Zelltypen 68
Zellverbände 185
Zellwachstum 77
Zellwand 58, 75, 110
– Aufgaben 113
– Bau 110
– Bildung 112
– Einlagerungen 112
– Primärwand 110
– Sekundärwand 111
– Verholzung 112
Zellzyklus 167
Zusammensetzung von
   Lebewesen 54
Zygote 177

Stichwortverzeichnis

A

Actin 106
ADP (Adenosindiphosphat) 104
Aerob 158
Aggregatzustände 32
Aktive Stelle 141
Aktiver Transport 126
Aktivierungsenergie 47
Aminosäuren 60
Anaerob 160
Anaphase 170
Arbeitsteilung 182
Assimilation 125–156
– autotrophe 122, 148
– heterotrophe 124, 149
– Übersicht 148
Atmosphäre 48
Atome 34
Atomsorten 34
ATP (Adenosintriphosphat) 103, 157
– für aktive Transporte 138
– für Bewegungen 106
Autotroph 19, 76, 122

B

Bakteriengeissel 116
Bakterienzelle 115
Bandenmuster 175
Baustoffwechsel 19
Befruchtung 177
Betriebsstoffe 157
Betriebsstoffwechsel 19
Bewegung
– durch Geisseln und Wimpern 107
– durch Motorproteine 106
– durch Plasmafluss 109
– durch Turgoränderungen 134
– in Muskelzellen 109
Bildungsgewebe 185
Biologie, Ziele und Methoden 11
Biomembran s. Membran
Biotop 24
Biozönose 25
Boten-RNA s. mRNA

C

Carrier 138
C-Assimilation 148
Cellulose 58
Centromer 168
Chemische Reaktionen 43
– Aktivierungsenergie 47
– Energieumsatz 45
– Reaktionsgleichung 44
– Stoffumwandlung 43
– Temperaturabhängigkeit 142
Chemosynthese 149, 156
Chlamydomonas 180
Chlorophyll 76, 100, 153
Chloroplasten 76, 100
Chromatiden 168
Chromatin 96
Chromatinfasern 96, 98, 168
Chromoplasten 76
Chromosomen 96, 168
– homologe 175
Chromosomensatz 174
Chromosomenzahl 173, 175
Cutin 112
Cytoplasma 76
Cytoskelett 105

D

Dauergewebe 185
Denaturierung 62
Deplasmolyse 135
Desoxyribonucleinsäure 63, 97
Dictyosom 93
Differenzierung 178
Diffusion 128–130
– Definition 128
– Ursache 128
Diffusion durch die Membran
– einfache 137
– erleichterte 137
Diffusionsgeschwindigkeit 129
Diploid 174
Disaccharide 56, 57
Dissimilation 124, 125–161
– Übersicht 157
– Zellatmung und Gärungen 158
DNA 63, 97
Doppelzucker 56
Dunkelreaktionen 154
Dynamisch strukturiertes Mosaikmodell 87

E

Edukte 43
Ei 177
Einfachzucker 56
Einzeller 178
Eiweisse 60
Elektrolyte 39, 53
Elektronen 35
Elektronenmikroskope (EM) 72
– Leistung 72
– Präparation 72
Elementarteilchen 34
Elemente 38
Elementsymbole 35
Endocytose 94, 127
Endoplasmatisches Reticulum (ER)
– glattes 92
– raues 92
Endotherm 46
Energie 157
Energiegehalt 45
Energiespeicher 157
Energieübertragung 103
Energieumsatz 45
Enzyme 47, 81, 97, 141–145
– Aktivität 142
– Spezifität 142
– Synthese 97, 143, 144
– Temperaturabhängigkeit 142
– Wechselzahl 142
– Wirkung 141
– Wirkungsweise 141
Erbgut s. Erbinformation
Erbinformation 16, 63, 97
Eucyte 115
Eudorina 180
Euglena 179
Eukaryoten 115
Exocytose 94, 127
Exotherm 46
Experimente 11

F

Feedback 144
Feststoffe 33
Fette 59
Fettsäuren 59
Fliessgleichgewicht 146, 207
Flüssigkeit 33
Flüssig-Mosaik-Modell 86
Formel 36
– einer Molekülverbindung 40
– eines Ions 37
– eines Moleküls 36
– eines Salzes 40
Fortpflanzung 166
Fortpflanzungszellen 183
Fotolyse 152
Fotosynthese 20, 76, 100, 151–156
– Ablauf 152
– Bedeutung 152
– Energieaufwand 151
– Lichtunabhängige Reaktionen 154
– Produkte 151
– Summengleichung 151
Fruchtzucker 57
Fructose 57

G

Gameten 177
Gärungen 160–161
Gase 33
Geisseln 107
Gemische 31
Gen 64, 98
Geschlechtlich 177
Gesetz 12
Gewebe 185–188
Gleichwarm 142
Glucose 57
Glycerin 59
Glykogen 78
Glykolyse 158
Golgi-Apparat 93
Golgi-Vesikel 93
Grana 101
Grösse biologischer Objekte 69
Grundplasma 75

H

Haploid 174
Heterotroph 19, 76, 124
Holz 58
Hormone 140
Hydrophil 53
Hypertonisch 132
Hypothese 12
Hypotonisch 132

I

Interphasenkern 167
Interzellularen 111
Ionen 37
Ionenladung 37
Ionenverbindungen 39
Isotonisch 132

Wirkungsspezifisch	Enzyme sind wirkungsspezifisch, d. h., sie katalysieren nur eine einzige chemische Reaktion des Substrats.
Zellatmung	Die Zellatmung ist eine → Dissimilation, bei der Glucose mit Sauerstoff vollständig zu Kohlenstoffdioxid und Wasser abgebaut wird. Sie setzt die ganze Energie frei, die bei der Fotosynthese in der Glucose gespeichert wurde (38 Moleküle ATP aus einem Molekül Glucose). Der Abbau verläuft über viele Reaktionsschritte. Er beginnt mit der → Glykolyse im Plasma und verläuft dann in den → Mitochondrien.
Zellbiologie	→ Cytologie
Zelldifferenzierung	→ Differenzierung
Zelle	Die Zelle ist die einfachste Struktur der Lebewesen, die selbstständig lebensfähig sein kann. Zellen sind meist 1/100–1/10 mm gross und stimmen unabhängig von der Art des Lebewesens in vielen Merkmalen überein. Zellen enthalten einen Bauplan und eine Betriebsanleitung in Form von DNA.
Zellkern	→ Kern
Zellmembran	Die Zellmembran grenzt das Plasma nach aussen ab. Sie reguliert den Stoffaustausch, ermöglicht die Reizaufnahme und die Kommunikation mit anderen Zellen. Die Zellmembran unterscheidet sich von anderen Biomembranen durch Kohlenhydrat-Moleküle auf der Aussenseite, die als Erkennungsmoleküle und als Antennen dienen.
Zellorganell	→ Organell
Zellsaft	Der Zellsaft ist eine wässrige Lösung in den → Vakuolen. Er enthält Reservestoffe, Farbstoffe und Abfälle z. T. gelöst, z. T. in Form von Tröpfchen oder Kristallen.
Zellstoffwechsel	Der Zellstoffwechsel dient der Herstellung von Baustoffen und zur Beschaffung der Energie für alle Aktivitäten der Zelle. Er umfasst die chemischen Umsetzungen in der Zelle (→ Assimilation und → Dissimilation) und den Stoffaustausch durch die Membran.
Zellteilung	Die Zellteilung beginnt mit der Teilung des Kerns in zwei identische Tochterkerne (→ Mitose) und endet mit der Teilung des Cytoplasmas in zwei meist etwa gleich grosse Hälften.
Zelltheorie	Die Zelltheorie wurde 1838 von Schleiden und Schwann formuliert und besagt: Alle Organismen bestehen aus mindestens einer Zelle. Die Zelle ist die kleinste Einheit des Lebens. Virchow ergänzte 1855: Zellen entstehen nur durch Teilung bereits vorhandener Zellen.
Zellwand	Die Zellwand wird von Pflanzenzellen durch die Ausscheidung des Wandmaterials aufgebaut (→ Zellwandplatte). Sie besteht aus einer Grundsubstanz, in die Cellulosefasern eingebettet sind. In der Primärwand, die der Mittellamelle aufgelagert wird, liegen die Cellulosefasern ungeordnet. In den einzelnen Schichten der Sekundärwand, die bei der Verdickung der Wand gebildet wird, liegen sie parallel.
Zellwandplatte	Die Zellwandplatte ist die membranumschlossene Platte, die sich bei der Zellteilung zwischen den beiden Tochterzellen durch die Verschmelzung von → Golgi-Vesikeln bildet. Aus dem Inhalt der Golgi-Vesikeln entsteht die Mittellamelle, der dann die Primärwand aufgelagert wird.
Zellzyklus	Im Zellzyklus folgt auf eine Zellteilung eine → Interphase, in der die Zelle wächst und das Erbgut verdoppelt.
Zygote	Die Zygote (gr. *zygotos* «verbunden») entsteht bei der → geschlechtlichen Fortpflanzung durch die Verschmelzung von zwei → Gameten. Sie ist meist → diploid.

Turgorbewegung	Gewisse Pflanzen können durch gezielte Änderungen des → Turgors Teile ihres Körpers, z. B. Blätter, bewegen.
Ungeschlechtlich	Bei der ungeschlechtlichen Fortpflanzung entwickeln sich die Nachkommen aus → Körperzellen eines Lebewesens und haben dasselbe Erbgut wie diese.
Vakuole	Vakuolen sind Kompartimente mit nichtplasmatischem Inhalt. Sie können zur Speicherung und zum Stoffabbau dienen. Die grosse Vakuole der Pflanzenzelle entsteht beim materialsparenden Wachstum der Zelle. Sie enthält → Zellsaft.
Vegetativ	→ ungeschlechtlich
Verbindung	Eine Verbindung ist ein → Reinstoff, der sich durch Analyse in Elemente zersetzen lässt. Sie hat im Gegensatz zum Gemisch eine fixe Zusammensetzung.
Verbrennung	Eine Verbrennung ist eine rasch verlaufende exotherme Reaktion (meist eine Oxidation), bei der eine Flamme auftritt.
Verdampfen	Verdampfen ist der Übergang vom flüssigen in den gasförmigen Zustand bei Siedetemperatur.
Verdauung	Bei der Verdauung werden die organischen Makromoleküle der Nahrung mit Verdauungsenzymen in ihre Bausteine gespalten (Proteine in Aminosäuren, Kohlenhydrate in Monosaccharide, Fette in Fettsäuren und Glycerin).
Verdunsten	Verdunsten ist der Wechsel vom flüssigen in den gasförmigen Zustand unterhalb der Siedetemperatur. Eine verdunstende Flüssigkeit entzieht der Umgebung Wärme (Verdunstungskälte).
Verdunstungskälte	→ Verdunsten
Verhaltensbiologie	Die Verhaltensbiologie erforscht das Verhalten der Lebewesen.
Vesikel	Vesikel sind kleine, durch eine Membran begrenzte Bläschen zum Transport oder zur Speicherung von Stoffen. Sie werden vom Membransystem des Cytoplasmas oder von der Zellmembran abgeschnürt bzw. eingebaut.
Vielfachzucker	→ Polysaccharid
Vielzeller	Vielzeller sind Lebewesen, die aus verschiedenartigen, nicht selbstständig lebensfähigen, meist diploiden Zellen bestehen. Zur geschlechtlichen Fortpflanzung bilden sie haploide → Gameten. Ihre Lebensdauer ist beschränkt.
Wachstum	Das Wachstum der Lebewesen geschieht aktiv und planmässig. Einzeller können durch Zellvergrösserung, Vielzeller durch Zellvermehrung und Zellvergrösserung wachsen. Manche Lebewesen wachsen bis zum Tod.
Wanddruck	Der Wanddruck ist der Gegendruck der Zellwand, der bei der → osmotischen Wasseraufnahme in die Zelle durch Dehnung der Wand entsteht. Er begrenzt die Wasseraufnahme.
Wasser	Wasser ist Hauptbestandteil aller Lebewesen. Es ist Lösemittel, Transportmedium und Lebensraum. Wasser löst viele Salze und hydrophile Molekülverbindungen gut.
Wasserhaushalt	Zellen nehmen im reinen Wasser oder in hypotonischer Lösung Wasser auf. In hypertonischer Lösung geben sie Wasser ab.
Wechselwarm	Bei wechselwarmen Lebewesen schwankt die Körpertemperatur mit der Aussentemperatur (←→ gleichwarm).
Wechselzahl	Die Wechselzahl ist Zahl der Substrat-Moleküle, die ein → Enzym in einer Sekunde umsetzt. Sie liegt je nach Enzym und Bedingungen zwischen 1 und 600 000.
Welken	Nicht verholzte Pflanzenteile welken bei Wasserverlust. Die Zellen verlieren ihre → Turgeszenz, d. h., der Turgor und die Spannung der Zellwand nehmen ab.
Wimpern	Wimpern sind feine Plasmafortsätze der Zelle, die der Bewegung oder der Fortbewegung dienen. Sie haben den gleichen Bau und die gleiche Funktionsweise wie → Geisseln, sind aber kürzer und meist in grosser Zahl vorhanden.

Stoffwechsel	Der Stoffwechsel dient der Beschaffung von Baustoffen und Energie. Er umfasst den Stoffaustausch, den Stofftransport und die chemischen Umsetzungen im Körper bzw. in der Zelle (→ Zellstoffwechsel).
Stroma	Stroma (lat. *stroma* «Lager») ist das Plasma der Chloroplasten, hier finden die lichtunabhängigen Reaktionen (→ Dunkelreaktionen) der Fotosynthese statt.
Substrat	Das Substrat ist der Stoff, dessen Umwandlung von einem → Enzym katalysiert wird. Das Substrat-Molekül wird an die aktive Stelle des Enzyms gebunden und dadurch verändert.
Substratspezifisch	Enzyme sind substratspezifisch, d. h., ein Enzym bearbeitet nur einen Stoff (Substrat), weil nur dessen Moleküle an die aktive Stelle gebunden werden können.
Synthese	Synthese heisst in der Chemie Herstellung eines Stoffs, z. B. einer Verbindung aus Elementen.
Systematik	Die Systematik befasst sich mit der Benennung und Klassifizierung der Lebewesen.
Teilchenmodell	Das Teilchenmodell besagt, dass Stoffe aus winzig kleinen Teilchen bestehen, die sich ständig bewegen. Die Geschwindigkeit dieser Wärmebewegung nimmt mit der Temperatur zu. Zwischen den Teilchen wirken Anziehungs- und Abstossungskräfte, die von der Art der Teilchen und von ihren Abständen (und damit vom Aggregatzustand) abhängig sind.
Telophase	Die Telophase ist die letzte Phase der → Mitose (gr. *telos* «Ende»). Bei beiden Tochterkernen bilden sich die Kernhüllen und die Kernkörperchen neu. Die Chromatiden entspiralisieren sich zu Chromatinfasern. Der Spindelapparat löst sich auf.
TEM	→ Transmissionselektronenmikroskop
Tertiärstruktur	Die Tertiärstruktur ist die räumliche Faltung eines Protein-Moleküls (→ Raumstruktur).
Theorie	Eine wissenschaftliche Theorie ist eine auf Fakten abgestützte in sich widerspruchsfreie Erklärung bestimmter Tatsachen oder Erscheinungen bzw. der ihnen zugrunde liegenden Gesetzlichkeiten.
Tierzellen	Tierzellen sind → Eucyten und unterscheiden sich von Pflanzenzellen durch das Fehlen von Zellwand, Plastiden und grosser Vakuolen. Tierzellen sind heterotroph.
Totipotent	Als totipotent bezeichnet man Zellen, die noch alles können (lat. *totus* «ganz», lat. *potens* «mächtig»).
Transmissions-EM	Im TEM werden sehr dünne und entsprechend präparierte Objekte im luftleeren Raum von Elektronenstrahlen durchleuchtet und auf einem Leuchtschirm als Schwarzweissbild abgebildet. Die maximale Auflösung beträgt 0.3 nm (→ Elektronenmikroskope).
Traubenzucker	→ Glucose
Treibhauseffekt	Treibhausgase wie Wasserdampf und Kohlenstoffdioxid lassen die (kurzwellige) Strahlung von der Sonne zur Erde passieren, absorbieren aber die (langwellige) Wärmestrahlung, die von der erwärmten Erde ausgeht. Das führt zu einer Erwärmung der erdnahen Luft, die man Treibhauseffekt nennt.
– natürlicher	Der natürliche Treibhauseffekt erhöht die mittlere Jahrestemperatur auf der Erde um über 30 °C.
– künstlicher	Der Treibhauseffekt wird vom Menschen, vor allem durch die Störung des → Kohlenstoffkreislaufs verstärkt.
Tunnelprotein	Tunnelproteine bilden Tunnel durch die Lipidschicht der Membran und ermöglichen die erleichterte → Diffusion von hydrophilen Teilchen. Die Tunnel können geöffnet und geschlossen werden.
Tüpfel	Tüpfel sind Aussparungen in den Zellwänden benachbarter Pflanzenzellen. Sie sind durchzogen von Plasmafäden, welche die Protoplasten verbinden.
Turgeszent	Als turgeszent (lat. *turgere* «schwellen») bezeichnet man pflanzliche Zellen, bei denen die Vakuole prall gefüllt und die Zellwand durch den → Turgor gespannt ist. Die Turgeszenz stabilisiert Zellen mit unverholzten Wänden.
Turgor	Der Turgor (lat. *turgere* «schwellen») ist der Innendruck in pflanzlichen Zellen. Er entsteht durch die → osmotische Wasseraufnahme in die Zelle.

Reizbarkeit	→ Reaktionsvermögen
REM	→ Rasterelektronenmikroskop
Rezeptor	Rezeptoren (lat. *receptor* «Empfänger») sind Reizempfänger. Membranrezeptoren sind Proteine, an die sich Botenstoffe anlagern, was eine Veränderung im Inneren der Zelle bewirkt.
Ribonucleinsäure	Mehrere Arten von RNA (RNS, Ribonucleinsäure) dienen als Informationsüberträger → mRNA.
Ribosomen	Ribosomen sind winzige, nur im EM sichtbare Kügelchen (∅ ca. 25 nm) aus Proteinen und RNA, ohne Membran. Sie sitzen auf dem rauen → endoplasmatischen Reticulum oder liegen im Plasma. Ihre Aufgabe ist die → Proteinsynthese.
RNA	→ Ribonucleinsäure
Rohrzucker	Der zum Süssen von Speisen üblicherweise verwendete Rohrzucker ist ein Disaccharid, dessen Moleküle aus je einem Molekül Glucose und Fructose bestehen.
Salze	→ Ionenverbindungen
Sauerstoff	Sauerstoff (Oxygenium von gr. *oxys* «scharf») ist ein farbloses, geruchloses Gas, das in der Luft in Form von O_2-Molekülen mit einem Anteil von 21% vorkommt. Weil die O_2-Moleküle relativ stabil sind, reagiert Sauerstoff erst nach Zufuhr von Aktivierungsenergie. Sauerstoff wird bei der → C-Assimilation produziert und bei der → Zellatmung und bei Verbrennungsvorgängen zur Oxidation der organischen Verbindungen verbraucht.
Sekundärstruktur	Die Sekundärstruktur ist die regelmässige Faltung oder Spiralisierung der Peptidkette in einem Protein-Molekül (→ Raumstruktur).
Sekundärwand	→ Zellwand
Selbstverdauung	Alte oder überzählige Zellorganellen werden in → Lysosomen aufgenommen und abgebaut. Alte oder überzählige Zellen lösen sich selbst auf, indem sie die Lysosomen platzen lassen.
Selektiv permeabel	Als selektiv permeabel wird eine Membran bezeichnet, die gewisse Teilchen durchtreten lässt und andere nicht. Biomembranen sind selektiv permeabel.
Spermien	Spermien sind die begeisselten männlichen → Gameten.
Spindelapparat	Der Spindelapparat ist ein spindelförmiges System aus Fasern, das sich in der Mitose zur Trennung der Schwesterchromatiden bildet. Die Fasern gehen von den beiden Polen der Zelle aus und bestehen aus Bündeln von Mikrotubuli.
Stammzellen	Stammzellen sind Zellen, aus denen sich verschiedene Zelltypen entwickeln können. Sie kommen sowohl bei Erwachsenen als auch bei Embryonen vor.
Stärke	Stärke ist ein → Polysaccharid, der als Reservestoff dient. Ihre Moleküle sind z. T. verzweigt und bestehen aus bis zu 100 000 Glucose-Molekülen.
Stickstoff	Stickstoff (N) ist ein farbloses, geruchloses und reaktionsträges Gas, das in der Luft in Form von N_2-Molekülen mit einem Anteil von 78% vorkommt. Lebewesen brauchen das Element Stickstoff für den Aufbau der stickstoffhaltigen Proteine und Nucleinsäuren (→ Stickstoff-Assimilation).
Stickstoff-Assimilation	Für den Aufbau der Proteine und der Nucleinsäuren muss Stickstoff assimiliert werden. Autotrophe Zellen bilden die organischen Bausteine (Aminosäuren, Nucleotide) dieser Stickstoffverbindungen aus anorganischen Salzen (Nitrate, Ammoniumverbindungen), die sie dem Wasser oder dem Boden entnehmen. Den Stickstoff (N_2) aus der Luft können nur ganz wenige Bakterien nutzen.
Stoffaustausch	Der Stoffaustausch der Zelle kann an der Zelloberfläche oder aus einer Vakuole geschehen und er kann → passiv oder → aktiv erfolgen.
Stoffklassen	Organische Verbindungen werden in Stoffklassen eingeteilt. Die Stoffe einer Stoffklasse sind sich in gewissen Eigenschaften ähnlich, weil ihre Moleküle bestimmte Atomgruppen enthalten, die für die Klasse typisch sind. Die für Lebewesen wichtigsten Stoffklassen sind: Proteine, Nucleinsäuren, Kohlenhydrate und Fette.

Primärstruktur	Die Primärstruktur eines Proteins (oder eine Nucleinsäure) ist die Abfolge (Sequenz) der verschiedenen Bausteine.
Primärwand	Die Primärwand ist die erste Schicht der → Zellwand.
Procyten	Procyten sind kleiner als Eucyten und haben keine membranumhüllten Organellen (lat. *pro* «vor», nlat. *cytus* «Zelle»). Anstelle eines Kerns besitzen sie eine → Kernregion. Anstelle von Mitochondrien und Plastiden haben sie Einstülpungen der Zellmembran, welche die Enzyme für die Zellatmung bzw. für die Fotosynthese tragen. Dictyosomen und ER fehlen. Die Ribosomen liegen alle im Plasma. Lebewesen mit Procyten heissen → Prokaryoten; zu ihnen gehören die Bakterien.
Produkte	Produkte (Endstoffe) sind die Stoffe, die bei einer chemischen Reaktion aus den Edukten gebildet werden.
Prokaryoten	Prokaryoten sind Lebewesen mit → Procyten (lat. *pro* «vor», gr. *karyon* «Kern»). Die meisten sind Einzeller, z. B. die Bakterien.
Prophase	Die Prophase ist die erste Phase der Mitose (lat. *pro* «vor»). Kernhülle und Kernkörperchen lösen sich auf und die Chromatinfasern spiralisieren sich zu Chromatiden. Die beiden Schwesterchromatiden bilden je ein Zweichromatiden-Chromosom. Im Cytoplasma entsteht der Spindelapparat.
Proplastiden	Proplastiden sind teilungsfähige Vorstufen von → Plastiden, die sich zu Chloro-, Chromo- oder Leukoplasten differenzieren können.
Proteine	Proteine üben im Organismus unzählige Funktionen aus: Sie sind Baustoffe des Plasmas, wirken als Enzyme, transportieren Teilchen, stützen die Zelle, ermöglichen Bewegungen und sind an der Abwehr beteiligt.
Protein-Moleküle	Die Makromoleküle der Proteine sind unverzweigte Ketten aus 20 verschiedenen Arten von → Aminosäuren. Jedes Protein hat eine bestimmte Primärstruktur mit einer charakteristischen Abfolge (Sequenz) der Aminosäuren. Unter natürlichen Bedingungen hat jedes Protein-Molekül auch eine bestimmte Gestalt (Raumstruktur).
Proteinsynthese	Der Aufbau von Proteinen aus Aminosäuren findet an den → Ribosomen mithilfe der → Boten-RNA (mRNA) statt.
Proteintunnel	→ Tunnelproteine
Proton	Ein Proton ist ein → Elementarteilchen mit positiver Ladung. Atome eines Elements haben die gleiche Protonenzahl (gr. *proton* «das Erste»).
Protoplast	Der Protoplast ist die Zelle ohne Zellwand.
Pulsierende Vakuole	Die pulsierende Vakuole ist ein Organell, mit dem Einzeller eindringendes Wasser nach aussen pumpen. Sie kommt vor allem bei Süsswasserbewohnern ohne Zellwand vor.
Rasterelektronenmikroskop	Im REM wird die Oberfläche eines präparierten Objekts mit einem Elektronenstrahl abgetastet. Das Raster-EM erzeugt plastische Bilder von Oberflächen (→ Elektronenmikroskope).
Raumstruktur	Die Makromoleküle der Proteine und der Nucleinsäuren haben unter natürlichen Bedingungen eine ganz bestimmte Gestalt (→ Sekundär- und → Tertiärstruktur, → Denaturierung).
Reaktionsgleichung	Jede chemische Reaktion lässt sich durch eine Reaktionsgleichung beschreiben. Dabei verwendet man für die beteiligten Stoffe die Formeln oder die Namen. Die Edukte stehen links, die Produkte rechts vom Reaktionspfeil ⟶ . Dieser bedeutet «reagieren zu».
Reaktionsvermögen	Als Reaktionsvermögen bezeichnet man die Fähigkeit der Lebewesen, auf innere und äussere Reize zu reagieren. Mögliche Reaktionen sind u. a.: Bewegungen, Lautäusserungen, Farbänderungen und Änderungen im Stoffwechsel.
Reduktionsteilung	→ Meiose
Reinstoffe	Reinstoffe lassen sich im Gegensatz zu Gemischen nicht weiter auftrennen und haben bestimmte charakteristische Eigenschaften (Schmelz- und Siedetemperatur, Dichte, Härte, Farbe, Geruch). Man unterscheidet → Elemente und → Verbindungen.

Ökologie	Die Ökologie untersucht die Beziehungen zwischen Lebewesen und ihrer Umwelt sowie den Haushalt der Natur (gr. *oikos* «Wohnung»). Auch die Eingriffe des Menschen und die Folgen menschlicher Aktivitäten sind Thema der Ökologie.
Organ	Der Körper der Vielzeller besteht meist aus verschiedenen Organen. Ein Organ ist ein Funktionszentrum (gr. *organon* «Werkzeug») aus verschiedenartigen → Geweben, die kooperieren.
Organell	Ein Organell ist ein Bestandteil der Zelle mit einer bestimmten Funktion (gr. *organon* «Werkzeug»). Organelle sind wie die Organe im Organismus nur als Teil des Ganzen funktionsfähig.
Organisch	Als organisch bezeichnete man ursprünglich die Verbindungen der belebten Natur. Es sind ausnahmslos Kohlenstoffverbindungen. Viele sind nicht hitzebeständig und brennbar.
Organismus	→ Lebewesen
Osmometer	Das Osmometer ist ein Gerät zur Messung des → osmotischen Drucks einer Lösung.
Osmoregulation	Der Wasserhaushalt der Zelle kann aktiv beeinflusst werden z. B. durch den aktiven Transport von gelösten Teilchen oder von Wasser (→ pulsierende Vakuole) oder durch Umbau von Glucose in → Stärke oder umgekehrt.
Osmose	Osmose (gr. *osmos* «Stoss») ist eine Diffusion von Wasser durch eine selektiv permeable Membran. Das Wasser diffundiert zur Lösung mit der höheren Konzentration gelöster Stoffe.
Osmotischer Druck	Der osmotische Druck ist der Druck, der in einer Lösung durch die Wasseraufnahme im Osmometer entsteht. Er ist ein Mass für ihre Tendenz zur Wasseraufnahme und hängt nur von der Konzentration (Anzahl gelöster Teilchen pro Liter) ab. Die Art der Teilchen spielt keine Rolle.
Oxidation	Reaktionen mit Sauerstoff (Oxygenium) sind Oxidationen.
Passiver Transport	Beim passiven Transport wird der Stoff seinem Konzentrationsgefälle folgend transportiert, das Konzentrationsgefälle wird dadurch kleiner (←→ aktiver T.).
Peptide	Peptide sind → Proteine aus weniger als 100 Aminosäuren.
Pflanzenzellen	Pflanzenzellen sind → Eucyten und unterscheiden sich von Tierzellen durch ihre Zellwand, Plastiden und grosse Vakuolen.
Physikalisch	Bei physikalischen Vorgängen bleiben die Stoffe erhalten, nur ihr Zustand ändert sich.
Physiologie	Die Physiologie untersucht die Vorgänge in den Lebewesen (gr. *physis* «Natur»).
Plasma	Das Plasma ist die proteinreiche Grundsubstanz in der Zelle und in plasmatischen Kompartimenten (Kern, Mitochondrien, Plastiden).
Plasmafluss	Plasmafluss ist eine Fortbewegungsmethode von Zellen ohne feste Form (z. B. Amöben). Sie wird durch → Motorproteine und → Actinfilamente verursacht.
Plasmaströmung	Plasmaströmung ist die Zirkulation des Plasmas in grossen Pflanzenzellen. Sie wird durch → Motorproteine und → Actinfilamente verursacht.
Plasmolyse	Die Plasmolyse (gr. *lysis* «Auflösung») ist die Folge eines starken Wasserverlusts aus einer pflanzlichen Zelle in hypertonischer Umgebung. Der Zellinhalt schrumpft und löst sich von der Zellwand. Die Plasmolyse kann endgültig oder umkehrbar sein.
Plastiden	Plastiden (gr. *plastos* «gebildet, geformt») sind im LM sichtbare 2–8 µm lange, meist ovale Zellorganellen mit einer Hülle aus zwei Membranen. Sie enthalten Plasma, DNA und Ribosomen. Plastiden entstehen aus Proplastiden und können sich z. T. auch ineinander umwandeln. Wir unterscheiden → Chloroplasten, → Leukoplasten und → Chromoplasten.
Polysaccharid	Die Makromoleküle der Polysaccharide → Stärke und → Cellulose entstehen durch die Verknüpfung von vielen Glucose-Molekülen. Sie unterscheiden sich in der Art der Bindung, in der Verzweigung der Ketten und in der Zahl der Bausteine.
Population	Eine Population (Fortpflanzungsgemeinschaft) umfasst alle gleichartigen Lebewesen eines Lebensraums, z. B. die Wasserfrösche in einem Teich (lat. *populus* «Volk»).

Mittellamelle	Die Mittellamelle ist die erste Schicht der Trennwand, die sich bei der Zellteilung zwischen den Tochterzellen bildet. Sie entsteht bei der Vereinigung von Golgi-Vesikeln zur Zellwandplatte aus dem Inhalt der Vesikel.
Modell	Ein Modell ist ein Objekt oder eine Darstellung zur Veranschaulichung von komplexen Zusammenhängen, Theorien oder Funktionen.
Molekularbiologie	Die Molekularbiologie erforscht den Bau und die Reaktionen der Biomoleküle in den Lebewesen. Sie überschneidet sich mit der Biochemie, die sich als Teilgebiet der Chemie mit den chemischen Reaktionen in den Organismen befasst.
Moleküle	Moleküle sind Teilchen, die aus mehreren Atomen bestehen. Sie können bei chemischen Vorgängen in diese gespalten bzw. aus diesen gebildet werden und sind im Allgemeinen so stabil, dass sie beim Schmelzen, Sieden und Lösen erhalten bleiben. Aus Molekülen bestehen neben den Molekülverbindungen auch einige Elemente wie Sauerstoff O_2 und Stickstoff N_2.
Molekülformel	Die Formel eines Moleküls besteht aus den Symbolen seiner Atome, gefolgt von der tiefgestellten Zahl für deren Anzahl in einem Molekül (wenn sie >1 ist), z. B.: H_2O, CO_2.
Molekülmodelle	Molekülmodelle stellen Moleküle zeichnerisch oder mithilfe von Bauteilen so dar, dass die Form des Moleküls und die Verknüpfung der Atome ersichtlich sind. Im Kalottenmodell verwendet man für die verschiedenen Atome Kalotten mit unterschiedlicher Grösse und Farbe.
Molekülverbindung	Molekülverbindungen bestehen aus → Molekülen. Vertreter mit kleinen Molekülen haben niedere Smt und Sdt. Die Formel entspricht der → Molekülformel, z. B.: H_2O, CO_2.
Monosaccharid	Die Monosaccharide (Einfachzucker) sind die einfachsten Kohlenhydrate. Ihre Moleküle sind die kleinsten Bausteine der Polysaccharide, z. B. → Glucose.
Motorproteine	Motorproteine ermöglichen die Bewegungen (in) der Zelle mithilfe von ATP-Energie. Sie verschieben sich durch eine Formänderung gegen fixierte Elemente des Cytoskeletts und bewegen so die an ihnen befestigten beweglichen Strukturen.
mRNA	messenger-RNA → Boten-RNA
Muskelbewegung	Bei der Verkürzung von Muskelzellen gleiten die Filamente des Myosins durch die Bewegung von beinchenartigen Molekülteilen zwischen die Actin-Filamente hinein. Die Spaltung von ATP in ADP + P liefert die Energie.
Myosin	Myosin ist ein → Motorprotein, das zusammen mit dem Actin die → Muskelbewegung ermöglicht.
N-...	→ Stickstoff...
Nahrungsvakuolen	Nahrungsvakuolen sind Vesikel, die durch → Endocytose von der Zellmembran nach innen abgeschnürt werden. Sie dienen der → Verdauung. Ihr Inhalt wird durch Verdauungsenzyme aus den → Lysosomen zerlegt. Die Grundbausteine werden durch die Membran ins Plasma aufgenommen und das Unverdaubare wird durch → Exocytose ausgeschieden.
NB	→ Normbedingungen
Neutronen	Neutronen (n) sind ungeladene → Elementarteilchen. Atome eines Elements können sich in der Neutronenzahl unterscheiden (→ Isotope).
Normbedingungen	Normbedingungen sind die Bedingungen, unter denen die physikalischen Eigenschaften eines Stoffs normalerweise gemessen werden: Temperatur: 0 °C, Druck: 1 013 hPa (= 1.013 bar = 1 Atmosphäre).
Nucleinsäuren	Nucleinsäuren spielen in den Zellen als Informationsspeicher (→ DNA) und Informationsüberträger (→ RNA) eine zentrale Rolle. Die Moleküle der Nucleinsäuren sind fadenförmige Makromoleküle mit vier verschiedenen → Nucleotiden als Bausteinen.
Nucleotide	Nucleotide sind die Bausteine der → Nucleinsäuren. In jeder Nucleinsäure kommen vier verschiedene Sorten vor.

Makromoleküle	Makromoleküle sind sehr grosse Moleküle (gr. *makros* «gross»), die durch die Verknüpfung vieler kleiner Moleküle zu langen, verzweigten oder unverzweigten Ketten entstehen.
Meiose	Die Meiose ist eine zweifache Kernteilung, bei der die Chromosomenzahl halbiert wird (Reduktionsteilung). Aus einem diploiden Kern entstehen durch zwei Teilungen vier genetisch verschiedene haploide Tochterkerne. Die Meiose findet meist bei der Gametenbildung statt.
Membran	Die Membran (Biomembran) besteht aus einer Lipid-Doppelschicht und Proteinen, die nach dem → Flüssig-Mosaik-Modell schwimmend in die flüssige Lipid-Doppelschicht eingelagert sind. Die Membran ist selektiv permeabel und kann ihre Durchlässigkeit ändern. Membranen grenzen Zellen und Reaktionsräume ab, ermöglichen und regulieren den Stoff- und Informationsaustausch, vergrössern die Oberfläche und können auf Reize reagieren.
Membranlipide	Die Doppelschicht der Membranlipide bildet die Grundstruktur der Membran. Ihre Moleküle besitzen einen hydrophilen Kopf und einen lipophilen Doppelschwanz.
Membranproteine	Die Membranproteine sind schwimmend in die Lipiddoppelschicht eingebaut. Sie dienen u. a. als → Enzyme und als → Rezeptoren und sind als → Carrier oder als → Tunnelproteine am Stofftransport durch die Membran beteiligt.
Membransystem des Cytoplasmas	Das Membransystem des Cytoplasmas umfasst die nichtplasmatischen Kompartimente der Zelle: → ER, → Golgi-Apparat, → Vesikel und → Vakuolen.
Membrantransport	Für den Stofftransport durch die Membran gibt es drei Wege: • Einfache Diffusion kleiner und lipophiler Teilchen durch die Lipidschicht • Erleichterte Diffusion (hydrophiler) Teilchen durch → Proteintunnel • Selektiver, z. T. aktiver Transport bestimmter Teilchen durch → Carrier
Meristeme	→ Bildungsgewebe
Metaphase	Die Metaphase ist die zweite Phase der → Mitose. Die Centromere der Chromosomen werden mit dem Spindelapparat verbunden und in die Mitte der Zelle (Äquatorialebene) gezogen (gr. *meta* «inmitten»).
Mikrofilamente	Mikrofilamente sind feine Stäbchen aus dem Protein Actin. Sie sind Bestandteil des → Cytoskeletts und ermöglichen im Zusammenspiel mit dem → Myosin die Bewegung der Muskeln.
Mikropräparat	Die meisten biologischen Objekte müssen für die mikroskopische Betrachtung geschnitten und gefärbt werden. Durch Einbetten in ein Harz entstehen haltbare Dauerpräparate.
Mikroskope	Mikroskope (gr. *mikros* «klein», gr. *skopein* «betrachten») sind Geräte zur vergrösserten Betrachtung kleiner Objekte. Das → Lichtmikroskop arbeitet mit Licht, das → Elektronenmikroskop mit Elektronenstrahlen.
Mikrotubuli	Mikrotubuli sind feine im EM sichtbare Röhrchen (∅ 25 nm) mit einer Wand aus dem Protein Tubulin. Sie sind Elemente des → Cytoskeletts und dienen als Stützelemente und als Schienen für die Bewegung von Zellbestandteilen.
Milchsäurebakterien	Milchsäurebakterien produzieren durch → Milchsäuregärung dauernd Milchsäure und scheiden diese aus. Sie werden zur Herstellung von Joghurt u. Ä. genutzt.
Milchsäuregärung	Die Milchsäuregärung ist eine → anaerobe Dissimilation, die Glucose in Milchsäure umwandelt. Sie kann z. B. in Muskelzellen bei Sauerstoffmangel für kurze Zeit stattfinden. Die ATP-Ausbeute ist sehr bescheiden.
Mitochondrien	Mitochondrien sind ovale Organellen mit einer Länge von 0.5–2 µm. Sie sind durch eine Hülle aus zwei Membranen abgegrenzt, enthalten Plasma, DNA und Ribosomen und vermehren sich durch Teilung. Ihre innere Oberfläche ist durch Einstülpungen der inneren Hüllmembran vergrössert und trägt die Enzyme für die → Zellatmung. Mitochondrien produzieren → ATP.
Mitose	Die Mitose (gr. *mitos* «Faden») ist eine Kernteilung, bei der sich ein Kern in zwei identische Tochterkerne teilt. Das in der Interphase verdoppelte Erbgut wird so auf zwei Tochterkerne verteilt, dass diese identisch sind. Die Zahl der Chromosomen bleibt unverändert. Jedes Chromosom besteht zu Beginn der Mitose aus zwei Chromatiden, danach nur aus einem. Im Ablauf folgen sich vier Phasen: → Prophase, → Metaphase, → Anaphase, → Telophase.

Kristall	Ein Kristall ist ein fester Körper, der von regelmässig angeordneten ebenen Flächen begrenzt ist. Die Regelmässigkeit ist die Folge der regelmässigen Anordnung der Teilchen.
Ladung, elektrische	Man unterscheidet positive und negative elektrische Ladungen. Körper mit gleichartigen Ladungen stossen sich ab, entgegengesetzt geladene ziehen sich an.
Leben	Leben lässt sich nicht definieren. Typische → Lebewesen sind aus → Zellen aufgebaut und unterscheiden sich von unbelebten Systemen durch bestimmte Fähigkeiten.
Lebewesen	Lebewesen (Organismen) unterscheiden sich von unbelebten Systemen durch vier Kennzeichen: → Stoffwechsel, → Reaktionsvermögen, → Wachstum und → Differenzierung, → Fortpflanzung. Sie können Einzeller oder Vielzeller sein. Ihre Leistungen beruhen auf dem geregelten Zusammenwirken der → Organellen bzw. → Organe.
Leukoplasten	Leukoplasten sind farblose → Plastiden (gr. *leukos* «weiss»), die aus Glucose → Stärke aufbauen und speichern. Sie kommen vor allem in Speicherorganen (Knollen, Wurzeln) und Samen vor.
Lichtmikroskop (LM)	Mit dem Lichtmikroskop können dünne, lichtdurchlässige Objekte mit bis zu 2 000-facher Vergrösserung betrachtet werden. Die maximale → Auflösung beträgt etwa 300 nm. Die Beobachtung lebender Objekt ist möglich.
Lichtreaktionen	Lichtreaktionen sind die lichtabhängigen Reaktionen der → Fotosynthese. Sie finden am Chlorophyll in den Grana der Chloroplasten statt und umfassen die Spaltung des Wassers in Sauerstoff (wird als O_2 abgegeben) und Wasserstoff (wird an einen Träger gebunden) sowie die Bildung von ATP aus ADP + P.
Lichtunabhängige Reaktionen	Die lichtunabhängigen Reaktionen (Dunkelreaktionen) der → Fotosynthese benötigen kein Licht. Sie laufen im Stroma der Chloroplasten ab. Kohlenstoffdioxid und Wasserstoff aus den Lichtreaktionen werden mit Energie von ATP (aus Lichtreaktionen) zu Glucose und Wasser verarbeitet.
Lignin	Lignin oder Holzstoff (lat. *lignum* «Holz») wird nach Abschluss des Wachstums zur Erhöhung der Festigkeit in die Zellwände von verholzenden Pflanzenteilen eingelagert. Dabei stirbt der Protoplast häufig ab.
Lipide	Lipide sind lipophile, wasserunlösliche Stoffe wie → Fette und Öle (gr. *lipos* «Fett»). Lipide sind Hauptbestandteil der Biomembran.
Lipophil	Lipophil nennt man fettliebende (gr. *lipos* «Fett», gr. *philos* «Freund») Stoffe wie Fette und Öle. Sie lösen sich in lipophilen Lösemitteln wie Benzin gut und in hydrophilen wie Wasser schlecht oder gar nicht.
LM	→ Lichtmikroskop
Löslich	Ein Stoff löst sich in einem bestimmten Lösemittel, wenn sich seine Teilchen zwischen den Teilchen des Lösemittels verteilen können.
Löslichkeit	Die Löslichkeit ist die Masse eines Stoffs, die von 100 g des Lösemittels bei einer bestimmten Temperatur maximal gelöst wird. Sie nimmt bei den meisten Feststoffen mit steigender Temperatur zu, bei Gasen ab.
Lösungen	Lösungen sind homogene Gemische fester, flüssiger oder gasförmiger Stoffe in einem flüssigen Lösemittel. Ihre Eigenschaften sind von der Zusammensetzung abhängig. Diese kann durch Konzentrationsangaben ausgedrückt werden.
Luft	Luft ist ein Gasgemisch. 1 m^3 (= 1 000 l) trockener Luft enthält etwa 781 l Stickstoff, 209 l Sauerstoff, 9 l Edelgase und 3 dl Kohlenstoffdioxid.
Lysosomen	Lysosomen sind Vesikel, die Verdauungsenzyme enthalten (gr. *lysis* «Auflösung»). Sie werden vom → Golgi-Apparat gebildet und dienen zur Zerlegung körperfremder Stoffe in Nahrungsvakuolen und zur Entsorgung bzw. Recyclierung überzähliger Zellbestandteile oder Zellen.
Makromolekular	Als makromolekular bezeichnet man Stoffe, die aus → Makromolekülen bestehen, z. B. die meisten Kunststoffe, die Proteine, die Nucleinsäuren und viele Kohlenhydrate. Sie sind bei NB fest, meist schlecht oder gar nicht wasserlöslich und hitzeempfindlich.

Karyogramm	Das Karyogramm (gr. *karyon* «Kern») einer Zelle ist ein Bild, auf dem alle Chromosomen der Zelle nach Grösse, Form (und Bandenmuster) geordnet (und nummeriert) zu sehen sind. Es wird aus einem Metaphasenbild hergestellt.
Katalysator	Ein Katalysator beschleunigt eine Reaktion und ermöglicht ihren Ablauf bei einer tieferen Temperatur. Er vermindert die aufzuwendende Aktivierungsenergie, ohne dabei verbraucht zu werden. In der Zelle wirken die → Enzyme als Katalysatoren.
Keimzellen	→ Gameten
Kern	Der Zellkern ist ein kugeliges bis linsenförmiges Organell (⌀ 5–25 μm). Er ist durch die → Kernhülle vom Plasma abgegrenzt und enthält Kernplasma, → Chromatin und → Kernkörperchen. Der Kern ist Träger des Erbguts und steuert die Zelle, indem er → mRNA für die Synthese von Enzymen ans Plasma abgibt.
Kernhülle	Die Kernhülle ist eine von Poren durchbrochene Hülle aus zwei Membranen, die (bei Eucyten) den Kern abgrenzt. Sie ist mit dem ER verbunden.
Kernkörperchen	Kernkörperchen sind kleine Körperchen (⌀ 2–5 μm) aus Proteinen und RNA im Zellkern. Sie stellen Teile von Ribosomen her und sind in Zellen mit intensiver Proteinsynthese besonders gross. Pflanzliche Zellkerne enthalten meist mehrere Kernkörperchen.
Kernregion	→ Procyten haben keinen Kern mit Hülle wie die Eucyten, sondern eine Kernregion, die meist ein ringförmiges Chromosom enthält.
Klon	Ein Klon (gr. *klon* «Schössling») ist die erbgleiche Nachkommenschaft eines Lebewesens, die bei der → ungeschlechtlichen Fortpflanzung oder beim → Klonen entsteht.
Klonen	Klonen oder Klonieren nennt man die künstliche Erzeugung erbgleicher Nachkommen.
Kohlenhydrate	Kohlenhydrate sind organische Verbindungen aus Kohlenstoff, Wasserstoff und Sauerstoff (C-, H- und O-). Sie dienen den Lebewesen als Bau-, Betriebs- und Reservestoffe und zur Herstellung anderer Verbindungen. Man unterscheidet → Mono-, → Di- und → Polysaccharide.
Kohlenstoff	Kohlenstoff (C) ist das Element, das in allen organischen Verbindungen vorkommt (→ Kohlenstoff-Assimilation).
Kohlenstoff-Assimilation	Bei der C-Assimilation stellen die autotrophen Zellen aus Wasser und Kohlenstoffdioxid Glucose und Sauerstoff her. Nach der genutzten Energiequelle unterscheidet man → Fotosynthese und → Chemosynthese.
Kohlenstoffdioxid	Kohlenstoffdioxid (CO_2) ist ein farbloses und geruchloses Gas, das in der Luft einen Anteil von heute 0.04% hat und als Treibhausgas eine grosse Rolle spielt (→ Kohlenstoffkreislauf, → Treibhauseffekt).
Kohlenstoffkreislauf	Kohlenstoffdioxid entsteht durch die Oxidation organischer Verbindungen bei der Zellatmung und bei Verbrennungsvorgängen und wird von der Pflanze zum Aufbau von organischen Stoffen verwendet. Der Kreislauf des Kohlenstoffs ist heute durch die Verbrennung von Kohle, Erdöl und Erdgas gestört und der CO_2-Gehalt der Luft steigt. Das verstärkt den → Treibhauseffekt und gefährdet das Erdklima.
Kolonie	Zellkolonien sind Verbände von → totipotenten Zellen, die zusammenarbeiten, ohne sich (stark) zu differenzieren. Jede Zelle ist selbstständig lebensfähig und kann wieder eine Kolonie bilden.
Kompartimente	Kompartimente sind membranumschlossene Reaktionsräume der Zelle, in denen bestimmte Vorgänge ablaufen. Plasmatische Kompartimente enthalten proteinreiche Grundsubstanz (Plasma), nichtplasmatische Kompartimente enthalten normale wässrige Lösungen.
Kondensation	Kondensation heisst der exotherme Übergang vom gasförmigen in den flüssigen Aggregatzustand.
Konzentration	Als Konzentration bezeichnet man die Menge eines Stoffs, die in einem bestimmten Volumen der Lösung enthalten ist. Sie kann z. B. in g/l Lösung angegeben werden.
Körperzellen	Der Körper der Vielzeller besteht aus unterschiedlich differenzierten, meist diploiden Körperzellen. Sie sind nicht mehr totipotent und manchmal auch nicht mehr teilungsfähig (←→ Gameten).

Golgi-Vesikel	Golgi-Vesikel sind Bläschen, die von den → Dictyosomen abgeschnürt werden.
Grana	Grana (lat. *granum* «Korn») sind Membranstapel in den → Chloroplasten. Sie tragen das Chlorophyll, mit dem das Licht für die → Lichtreaktionen der Fotosynthese aufgefangen wird.
Grundplasma	Das Grundplasma besteht zur Hauptsache aus Wasser (ca. 70%) und Proteinen (15–20%). Es ist wegen des hohen Proteingehalts dickflüssig bis gelartig.
Haploid (n)	Als haploid (gr. *haplos* «einfach») bezeichnet man Kerne bzw. Zellen mit einem einfachen Chromosomensatz aus n verschiedenen Chromosomen.
Heterogene Stoffe	Als heterogen bezeichnet man Gemische, die uneinheitlich aussehen, z. B. Aufschlämmungen von unlöslichen Stoffen in Wasser.
Heterotroph	Heterotrophe Zellen bzw. Lebewesen sind «fremdernährt» (gr. *heteros* «fremd», gr. *trophe* «Nahrung»), d. h., sie müssen organische Stoffe aufnehmen.
Histologie	Die Histologie (gr. *histos* «Gewebe») befasst sich mit dem Bau und der Funktionsweise von → Geweben.
Homogene Stoffe	Als homogen (einheitlich) bezeichnet man alle Reinstoffe und die Gemische (→ Lösungen), die von blossem Auge nicht als solche erkennbar sind (←→ heterogen).
Hormone	Hormone sind Botenstoffe, die von Vielzellern in speziellen Zellen oder Organen produziert und dann im Körper verteilt werden. Sie lagern sich an passende → Rezeptoren bestimmter Zellen an und bewirken dadurch eine Änderung in der Zelle.
Hydrophil	Als hydrophile bezeichnet man wasserliebende (gr. *hydor* «Wasser», gr. *philos* «Freund») Stoffe wie Kochsalz oder Zucker. Sie lösen sich in Wasser gut und sind in lipophilen Lösemitteln wie Benzin schlecht oder gar nicht löslich.
Hypertonisch	Von zwei Lösungen nennt man diejenige mit der höheren Konzentration gelöster Teilchen hypertonisch. Sie nimmt bei der Osmose Wasser auf und der Druck in ihr steigt (gr. *hyper* «über», gr. *tonos* «Spannung»).
Hypothese	Eine Hypothese ist eine mit den vorliegenden → Fakten übereinstimmende Annahme, die diese Fakten in Zusammenhang bringt und ihre Ursache nennt. Eine Hypothese wird geprüft, indem man aus ihr Schlussfolgerungen ableitet und experimentell überprüft. Ist das Resultat aller Überprüfungen positiv, wird die Hypothese zu einer → Theorie.
Hypotonisch	Von zwei Lösungen nennt man diejenige mit der tieferen Konzentration gelöster Teilchen hypotonisch. Sie gibt bei der Osmose Wasser ab, ihr Druck sinkt (gr. *hypo* «unter», gr. *tonos* «Spannung»).
Interphase	Die Interphase ist der Zeitraum zwischen zwei Zellteilungen (lat. *inter* «zwischen»). Die Zelle wächst und verdoppelt ihr Erbgut.
Interphasenkern	Im Interphasen- oder Arbeitskern liegt das Erbgut in Form langer → Chromatinfasern vor. Es kann so zur Steuerung der Zelle (Bildung von mRNA) abgelesen werden. In der Interphase werden die Chromatinfasern verdoppelt.
Interzellularen	Interzellularen sind Räume zwischen den Zellen (lat. *inter* «zwischen»).
Ionen	Ionen sind geladene Teilchen. Die Ionenladung wird als arabische Ziffer mit dem Ladungszeichen rechts oben neben das Symbol geschrieben, z. B.: Na^+, Ca^{2+}, O^{2-}.
Ionenverbindungen	Ionenverbindungen oder Salze bestehen aus positiv und aus negativ geladenen Ionen.
Isotonisch	Als isotonisch (gr. *isos* «gleich», gr. *tonos* «Spannung») werden Lösungen mit gleicher Konzentration gelöster Teilchen bezeichnet.
Isotope	Isotope sind Atome eines Elements, die sich in der Neutronenzahl unterscheiden. Sie haben gleiche Protonen- und Elektronenzahl und unterscheiden sich chemisch nicht.
Kalottenmodell	→ Molekülmodell

Gameten	Gameten oder Keimzellen sind die bei der geschlechtlichen Fortpflanzung gebildeten haploiden Zellen. Zwei Gameten vereinigen sich zu einer → Zygote, die sich dann zum Nachkommen entwickelt. Meist werden zwei Gametensorten mit unterschiedlichem Geschlecht gebildet: → Eizellen und → Spermien.
Gametenbildung	Bei den meisten Lebewesen sind die Körperzellen diploid, die Gameten haploid. Bei der Gametenbildung findet eine → Meiose statt.
Gärungen	Gärungen sind → anaerobe Dissimilationen von Glucose, bei denen (auch) organische Produkte wie Alkohol oder Milchsäure entstehen. Sie verlaufen im Plasma und setzen viel weniger Energie in Form von ATP frei als die Zellatmung.
Gasförmig	Im gasförmigen Zustand verteilen sich Stoffe durch Diffusion gleichmässig in jedem Raum. Sie haben keine fixe Form und das Volumen ändert sich mit dem Druck und mit der Temperatur. In Gasen sind die Teilchen frei beweglich, weil ihre Abstände so gross sind, dass praktisch keine Kräfte zwischen ihnen wirken.
Geisseln	Geisseln sind lange fadenförmige Fortsätze von Zellen. Sie dienen zur Fortbewegung. Geisseln von Eucyten sind membranumhüllte Plasmafortsätze mit einer charakteristischen 9+2-Anordnung von → Mikrotubuli. Zur Bewegung werden die Mikrotubuli durch → Motorproteine unter ATP-Spaltung in Längsrichtung gegeneinander verschoben.
Gemische	Gemische bestehen aus mehreren Reinstoffen, die sich beim Herstellen und beim Trennen des Gemischs nicht verändern. Gemische haben eine variable Zusammensetzung und variable Eigenschaften, z. B.: Luft, Lösungen.
Gen	Ein Gen ist ein Teil der Erbinformation (gr. *gennan* «erzeugen»). Es ist ein Abschnitt der → DNA, der die Information für den Bau eines Proteins (bzw. einer RNA) enthält. Ein Gen bestimmt oder beeinflusst ein Merkmal des Lebewesens.
Genetik	Die Genetik oder Vererbungslehre befasst sich mit den Fragen der Speicherung, Verdoppelung, Ablesung, Veränderung und Vererbung der Erbinformation.
Geschlecht	Gameten und Lebewesen treten oft in zwei Formen auf, die sich im Geschlecht (weiblich oder männlich) unterscheiden. Bei der geschlechtlichen Fortpflanzung verschmelzen in der Regel zwei Gameten mit unterschiedlichem Geschlecht.
Geschlechtlich	Bei der geschlechtlichen Fortpflanzung entwickelt sich der Nachkomme aus einer Zelle, in der Erbgut von zwei Eltern kombiniert wird (meist durch Verschmelzen von zwei Gameten zu einer Zygote). Jeder Elter trägt einen Chromosomensatz zum doppelten Satz des Nachkommen bei. Gene beider Eltern werden kombiniert. Der Nachkomme unterscheidet sich von beiden Eltern.
Gewebe	Ein Gewebe ist ein Verband von meist gleichartigen Zellen, die zusammenarbeiten. Die Zellen tauschen über ihre Zellmembranen oder Plasmafäden Informationen und Stoffe aus.
Gleichwarme	Gleichwarme Lebewesen halten ihre Körpertemperatur unabhängig von der Aussentemperatur konstant. Gleichwarm sind nur die Vögel und die Säugetiere (←→ wechselwarm).
Glucose	Die Glucose (Traubenzucker, $C_6H_{12}O_6$) (gr. *glykys* «süss») ist das Monosaccharid, das im Zentrum des Stoffwechsels aller Lebewesen steht. Sie dient als Ausgangsstoff zur Herstellung anderer organischer Stoffe. Ihre Dissimilation liefert den Lebewesen die nötige Energie. Die autotrophen Pflanzen stellen die Glucose durch Fotosynthese mithilfe von Sonnenenergie aus Kohlenstoffdioxid und Wasser her. Die heterotrophen Lebewesen nehmen sie mit der Nahrung auf oder stellen sie aus anderen organischen Nahrungsbestandteilen her.
Glykogen	Glykogen ist ein Polysaccharid, das tierischen Zellen als Reservestoff dient. Seine Makromoleküle bestehen wie die der pflanzlichen Stärke aus Glucose-Molekülen. Die Ketten sind aber noch stärker verzweigt.
Glykolyse	Die → Zellatmung beginnt mit der Glykolyse im Plasma: Das Glucose-Molekül wird in zwei Moleküle Brenztraubensäure gespalten.
Golgi-Apparat	Der Golgi-Apparat besteht aus den miteinander verbundenen → Dictyosomen einer Zelle. Er dient als Zwischenlager und Versandhaus der Zelle.

Exocytose	Durch Exocytose (gr. *exo* «ausserhalb») geben die Zellen Stoffe aus Vakuolen ab. Die Vakuole kommt an die Oberfläche, dockt an die Zellmembran an und öffnet sich nach aussen. Ihre Membran fügt sich in die Zellmembran ein und ihr Inhalt gelangt dadurch nach aussen (←→ Endocytose).
Exotherm	Bei exothermen Vorgängen wird Energie frei (gr. *exo* «ausserhalb»), weil die Produkte energieärmer sind als die Edukte (←→ endotherm).
Experiment	Ein Experiment ist ein unter definierten Bedingungen willkürlich herbeigeführter Vorgang zur Untersuchung oder Demonstration von Gesetzmässigkeiten.
Fakten	Fakten sind Tatsachen, die durch Beobachten in der Natur oder durch Experimente ermittelt wurden. Sie müssen überprüfbar und reproduzierbar sein.
Feedback	Als Feedback bezeichnet man die Rückmeldung in einem Regelkreis, die dazu dient, bestimmte Regelgrössen laufend zu korrigieren. So hemmt das Endprodukt einer Reaktion meist die Bildung des Enzyms, das seiner Produktion dient.
Fest	Im festen Zustand haben Stoffe eine fixe Forme und ein fixes Volumen. Sie bilden oft → Kristalle. Die Teilchen sind dicht und regelmässig gepackt und durch starke Kräfte zusammengehalten.
Fette	Fette dienen den Lebewesen als Speicher- und Isolationsmaterial. Ihr Energieinhalt ist mit (39 kJ/g) mehr als doppelt so hoch wie der Energieinhalt der Kohlenhydrate.
Fett-Moleküle	Ein Fett-Molekül wird aufgebaut aus einem Molekül Glycerin und drei Fettsäure-Molekülen.
Fettsäuren	Fettsäuren sind Bestandteile der → Fette. Einige sind für uns → essenziell.
Fliessgleichgewicht	Lebewesen tauschen ständig Stoffe und Energie mit ihrer Umgebung aus. Sie stehen im Fliessgleichgewicht, d. h., sie regulieren ihren Stoffwechsel so, dass ihre Zusammensetzung konstant bleibt.
Flüssig	Im flüssigen Zustand haben Stoffe (bei konstanter Temperatur) ein fixes Volumen, aber eine variable Form. Sie lassen sich praktisch nicht zusammendrücken, passen sich aber der Form des Behälters an. Die Teilchen können sich gegeneinander verschieben, aber kaum voneinander entfernen. Sie werden durch relativ starke Anziehungskräfte zusammengehalten.
Flüssig-Mosaik-Modell	Nach dem Flüssig-Mosaik-Modell (neu dynamisch strukturiertes Mosaikmodell) besteht die Biomembran aus einer flüssigen Doppelschicht von Lipid-Molekülen, in der Protein-Moleküle schwimmen. Die hydrophilen Köpfe der Lipid-Moleküle sind nach aussen, die lipophilen Schwänze nach innen gerichtet. Die Protein-Moleküle schwimmen in der Lipidschicht, wobei sie mehr oder weniger tief eintauchen oder quer durch die ganze Membran hindurch reichen.
Formel, chemische	Eine chemische Formel ist eine Kurzschreibweise für Teilchen und für Stoffe. Die Formel einer Verbindung (z. B. NaCl, H_2O) besteht aus den Symbolen der gebundenen Elemente und tiefgestellten Zahlen, die das Zahlenverhältnis der Ionen im Salz bzw. die Zahl der Atome in einem Molekül (→ Molekülformel) angeben.
Fortpflanzung	Lebewesen pflanzen sich fort, d. h., sie bilden gleichartige Nachkommen. Die Fortpflanzung dient der Vermehrung und der Bildung neuer Varianten. Fortpflanzung und Sterblichkeit ermöglichen die Anpassung an die Gegebenheiten der Umwelt. Fortpflanzung kann → geschlechtlich oder → ungeschlechtlich sein.
Fotolyse	Fotolyse ist die Zersetzung einer Verbindung (Analyse) durch Licht, z. B. Fotolyse des Wassers in den Lichtreaktionen der Fotosynthese.
Fotosynthese	Die Fotosynthese ist die bei den autotrophen Pflanzen übliche Form der → Kohlenstoff-Assimilation. Die → Chloroplasten stellen aus Kohlenstoffdioxid und Wasser Glucose und Sauerstoff her. Die nötige Energie wird mithilfe des Chlorophylls dem Licht entnommen.
Fruchtzucker	→ Fructose
Fructose	Der Fructose ist ein → Monosaccharid, der in Früchten vorkommt und noch süsser schmeckt als Glucose. Er hat dieselbe Formel wie Glucose ($C_6H_{12}O_6$), denn seine Moleküle bestehen aus den gleichen Atomen. Diese sind aber anders angeordnet.

Endoplasmatisches Reticulum (ER)	Das endoplasmatische Reticulum (gr. *endon* «innen», lat. *reticulum* «Netzchen») ist ein System von Kanälen und sackartigen Hohlräumen, die durch eine Membran begrenzt sind. Es durchzieht das ganze Cytoplasma und ändert seine Gestalt ständig. Das ER stellt Stoffe her und gibt diese in Vesikeln ab.
– raues	Das raue ER trägt die Ribosomen, an denen Aminosäuren zu Proteinen verknüpft werden. Es produziert vor allem → Membranproteine, die Enzyme der → Lysosomen und Proteine für den Export.
– glattes	Das glatte ER produziert die → Membranlipide und trägt Enzyme für die Herstellung und den Abbau von Kohlenhydraten.
Endotherm	Bei endothermen (gr. *endon* «innen») Vorgängen muss Energie zugeführt werden, weil die Produkte energiereicher sind als die Edukte.
Energie	Als Energie bezeichnet man die Fähigkeit eines Systems oder eines Stoffs, Arbeit zu verrichten. Verschiedene Energieformen wie Wärme, Licht, chemische, elektrische oder mechanische Energie können ineinander umgewandelt werden.
Energiegehalt	Jede Stoffportion hat einen bestimmten Energieinhalt. Er ist abhängig von ihrer Masse und von der Art des Stoffs.
Energieübertragung	Zur Übertragung der Energie von exo- auf endotherme Vorgänge dient das → ATP.
Energieumsatz bei Reaktionen	Bei jedem chemischen Vorgang wird Energie frei (exotherm) oder verbraucht (endotherm), weil die Energie der Produkte kleiner oder grösser ist als der Edukte.
Energieumsatz von Lebewesen	Lebewesen brauchen laufend Energie für Bewegungen, Transportvorgänge und für die endothermen chemischen Reaktionen ihres Stoffwechsels. Sie beziehen diese Energie entweder durch Fotosynthese aus dem Licht oder aus energiereicher Nahrung.
Entwicklung	Lebewesen entwickeln sich, d.h., die Gestalt und der innere Bau verändern sich im Verlauf ihres Lebens aktiv und planmässig. Die Entwicklung beginnt meist mit einer Zelle, die bei der Fortpflanzung gebildet wird.
Enzymaktivität	Die Enzymaktivität zeigt sich in der Zahl der Substrat-Moleküle, die ein Enzym in einer Sekunde umsetzt (→ Wechselzahl). Sie wird von der Temperatur sowie von Aktivatoren oder Hemmstoffen beeinflusst. Häufig wird sie durch das Substrat erhöht und durch das Produkt vermindert.
Enzyme	Enzyme sind Proteine, die eine bestimmte biochemische Reaktion → katalysieren. Sie senken die aufzuwendende Aktivierungsenergie so stark, dass die Reaktion bei Körpertemperatur abläuft.
Enzymsynthese	Enzyme werden wie alle Proteine an den → Ribosomen durch die Verknüpfung von Aminosäuren in der von der mRNA diktierten Reihenfolge hergestellt. Die Synthese eines Enzyms wird vom Kern durch die Bildung der entsprechenden → mRNA in Gang gesetzt, sobald das Enzym in der Zelle gebraucht wird. Der Kern regelt den Zellstoffwechsel über die Enzymsynthese.
Enzymwirkung	Das Substrat-Molekül wird an die aktive Stelle des Enzyms gebunden und verändert sich dabei so, dass es gespalten wird oder mit einem anderen Teilchen reagiert. Enzyme sind wirkungsspezifisch und substratspezifisch.
ER	→ Endoplasmatisches Reticulum
Erbgut	→ Erbinformation
Erbinformation	Die Erbinformation ist die Information für den Bau und die Leistungen des Lebewesens. Sie ist in der → DNA gespeichert und wird bei der Fortpflanzung an die Nachkommen vererbt.
Essenziell	Als essenziell (frz. *essentiel* «wesentlich») bezeichnet man Stoffe, die in der Nahrung eines Lebewesens enthalten sein müssen, weil sie im Körper nicht aufgebaut werden können. Für den Menschen sind es acht Aminosäuren und einige Fettsäuren.
Eucyten	Eucyten (gr. *eu* «gut, schön», nlat. *cytus* «Zelle») sind die Zellen der → Eukaryoten. Sie besitzen Organellen, die durch Membranen begrenzt sind (←→ Procyte).
Eukaryoten	Eukaryoten sind Lebewesen mit → Eucyten, die u. a. einen Zellkern besitzen (gr. *eu* «gut, schön», gr. *karyon* «Kern»). Zu ihnen zählen Tiere, Pflanzen, Pilze und Einzeller (←→ Prokaryoten).

Diploid	Als diploid (gr. *diploos* «doppelt») bezeichnet man einen Kern bzw. eine Zelle mit doppeltem Chromosomensatz. Je zwei Chromosomen sind homolog. Sie sehen gleich aus und enthalten die Gene für die gleichen Merkmale. Die Körperzellen der meisten Vielzeller sind diploid.
Disaccharide	Disaccharide sind Kohlenhydrate, deren Moleküle aus zwei Monosacchariden bestehen, z. B. Rohrzucker aus Glucose und Fructose.
Dissimilation	Die Dissimilation (lat. *dissimilis* «unähnlich») ist der Teil des Zellstoffwechsels, bei dem die Energie aus organischen Betriebsstoffen wie Glucose freigesetzt und zum Aufbau von ATP aus ADP + P genutzt wird. Sie kann aerob (→ Zellatmung) oder anaerob (→ Gärungen) sein (← Assimilation).
DNA	→ Desoxyribonucleinsäure
Doppelzucker	→ Disaccharid
Dunkelreaktionen	→ lichtunabhängige Reaktionen der → Fotosynthese
Edukte	Edukte sind die Stoffe, die sich bei einer chemischen Reaktion in Produkte umwandeln.
Einfachzucker	→ Monosaccharid
Einzeller	Einzeller sind Lebewesen, die aus einer einzigen Zelle bestehen. Sie pflanzen sich durch Teilung fort und kennen darum keinen Alterstod. Es gibt autotrophe und heterotrophe Arten.
Eiweisse	→ Proteine
Eizelle	Die Eizelle ist der grosse, unbewegliche weibliche → Gamet, der bei der geschlechtlichen Fortpflanzung mit dem männlichen Gameten (Spermium) zur Zygote verschmilzt.
Elektrolyte	Elektrolyte sind Stoffe, deren wässrige Lösungen den Strom leiten, weil sie Ionen enthalten, z. B. Salze.
Elektron	Ein Elektron (e^-) ist ein → Elementarteilchen mit einer negativen Ladung.
Elektronenmikroskope	Elektronenmikroskope (→ TEM und → REM) arbeiten mit Elektronenstrahlen, die viel kürzere Wellenlängen haben als das sichtbare Licht. Die Elektronenstrahlen werden durch Magnetfelder gelenkt und gesammelt und auf einem Leuchtschirm sichtbar gemacht. Biologische Objekte müssen zur Betrachtung entwässert und z. B. durch Bedampfen mit Metallen präpariert werden. Die Beobachtung lebender Objekte ist darum im EM nicht möglich.
Elementarladung	Kleinste Portion der elektrischen Ladung. Ein Elektron trägt eine negative Elementarladung, ein Proton eine positive.
Elementarteilchen	Elementarteilchen sind die Bausteine der Atome: → Protonen (+), → Neutronen (0) und → Elektronen (–).
Elemente	Elemente sind → Reinstoffe, die sich mit chemischen Methoden weder in andere Elemente umwandeln noch aus solchen herstellen lassen. Jedes Element besteht aus Atomen mit einer bestimmten Protonenzahl. Von den über 100 Elementen kommen die meisten in der Natur nicht elementar, sondern in Verbindungen vor.
Elementsymbole	Jedes Element hat ein Symbol aus einem Grossbuchstaben oder aus einem Gross- und einem Kleinbuchstaben, z. B. C: Kohlenstoff, N: Stickstoff, H: Wasserstoff.
EM	→ Elektronenmikroskope
Endocytose	Durch Endocytose (gr. *endon* «innen») nehmen Zellen ohne Zellwand körperfremde Stoffe in eine Vakuole auf. Das Material wird vom Cytoplasma umflossen und durch ein Stück Zellmembran in eine → Vakuole eingeschlossen. Es bleibt dabei ausserhalb des Plasmas.

Chloroplasten	Chloroplasten sind die Plastiden für die → Fotosynthese. Ihre innere Oberfläche ist stark vergrössert durch Einstülpungen der inneren Membran. Membranstapel (Grana) tragen das → Chlorophyll, zwischen ihnen liegt Plasma (Stroma).
Chromatid	Ein Chromatid ist eine mehrfach spiralisierte → Chromatinfaser während der → Mitose.
Chromatin(fasern)	Das Chromatin ist das Erbmaterial im Interphasenkern. Es besteht aus feinen Fäden, die aus → DNA und Proteinen aufgebaut sind. Die Chromatinfasern werden in der Interphase verdoppelt und in der Prophase zu → Chromatiden spiralisiert.
Chromoplasten	Chromoplasten sind farbige → Plastiden (gr. *chroma* «Farbe») mit gelben bis roten Farbstoffen, z. B. in Blütenblättern und Früchten.
Chromosomen	Chromosomen sind die Transportform des Erbguts während der Mitose. Jedes Chromosom hat eine charakteristische Gestalt, Grösse und (nach Färbung) ein typisches Bandenmuster. Jedes Chromosom trägt bestimmte Gene.
– Zweichromatiden-	Zu Beginn der Mitose besteht jedes Chromosom aus zwei → Chromatiden.
– Einchromatid-	Am Ende der Mitose besteht jedes Chromosom aus einem Chromatid.
– homologe	Homologe Chromosomen sehen gleich aus und tragen die Gene für die gleichen Merkmale.
Cofaktor	Ein Cofaktor ist ein Teilchen, das für die Aktivität eines Enzyms erforderlich ist.
Cytologie	Die Cytologie erforscht den Bau und die Funktionsweise der Zellen (nlat. *cytus* «Zelle»).
Cytoplasma	Das Cytoplasma ist der → Protoplast ohne Zellkern. Es besteht aus dem → Grundplasma und allen → Organellen ausser dem Zellkern.
Cytoskelett	Das Cytoskelett stabilisiert die innere Struktur der Zellen, hält wandlose Zellen in Form und ermöglicht zusammen mit Motorproteinen die Bewegungen (in) der Zelle. Es besteht aus feinen Proteinröhrchen (→ Mikrotubuli) und -stäbchen (→ Mikrofilamente) im Cytoplasma.
Dauergewebe	Pflanzen bestehen zur Hauptsache aus Dauergeweben mit → differenzierten, nicht mehr teilungsfähigen Zellen (←→ Bildungsgewebe).
Denaturierung	Bei der Denaturierung ändern Protein-Moleküle ihre Form (→ Raumstruktur). Sie verlieren dabei meist ihre biologische Wirkung. Enzyme werden durch Denaturierung inaktiviert. Denaturierung wird z. B. durch hohe Temperaturen oder durch Stoffe wie Säuren verursacht.
Desoxyribonucleinsäure	Die DNA kommt hauptsächlich im Kern (im → Chromatin) vor. Ihre fadenförmigen unverzweigten Makromoleküle bestehen aus vielen → Nucleotiden. Die Reihenfolge der vier Nucleotidsorten (A, C, G und T) enthält die Erbinformation. Die DNA enthält die Information für den Aufbau der Proteine. Die Reihenfolge der Nucleotide in einem Gen bestimmt die Reihenfolge der Aminosäuren im entsprechenden Protein.
Dictyosomen	Dictyosomen (gr. *dictyon* «Netz», gr. *soma* «Körper») sind Stapel von scheibenförmigen durch eine Membran begrenzten Hohlräumen mit wulstigem Rand. Sie nehmen laufend → Vesikel auf und schnüren neue ab. Die Dictyosomen einer Zelle sind zum → Golgi-Apparat verbunden und dienen als Lager- und Verpackungsorganellen.
Differenzierung	Durch die Differenzierung (lat. *differe* «abweichen») entstehen während der Entwicklung eines Vielzellers aus einer Zelle die verschiedenen Zellsorten. Die Differenzierung im Bau verbessert bestimmte Leistungen der Zelle und ist mit einer Spezialisierung auf bestimmte Aufgaben verbunden. Differenzierte Zellen sind nicht mehr → totipotent. Sie besitzen zwar noch alle Informationen, können aber nicht mehr auf alle zugreifen.
Diffusion	Diffusion (lat. *diffundere* «ausbreiten») ist die Durchmischung von Stoffen durch die ungerichtete Eigenbewegung ihrer Teilchen. Jeder Stoff diffundiert – unabhängig von anderen Stoffen – seinem Konzentrationsgefälle folgend. Die Diffusionsgeschwindigkeit eines Stoffs ist umso höher, je grösser sein Konzentrationsgefälle und je höher die Temperatur ist.
– erleichterte	Die erleichterte Diffusion ist eine selektive und regelbare Diffusion bestimmter Ionen und hydrophiler Moleküle durch → Proteintunnel oder → Carrier der Membran.

ATP	Adenosintriphosphat ist eine energiereiche Verbindung, die vor allem bei der → Dissimilation aus ADP + P aufgebaut wird. ATP liefert als rasch verfügbarer Energieträger Energie für energieverbrauchende Vorgänge und wird dabei in ADP + P gespalten.
Auflösung	Das Auflösungsvermögen ist die entscheidende Grösse für die Leistung eines → Mikroskops. Es gibt an, wie klein der minimale Abstand zwischen zwei Punkten ist, die noch getrennt abgebildet werden. Die physikalische Grenze ist die halbe Wellenlänge der verwendeten Strahlen. Sie beträgt im Lichtmikroskop 300 nm, im Elektronenmikroskop 0.3 nm.
Autotroph	Als autotroph bezeichnet man Zellen und Lebewesen, die ihre organischen Stoffe aus anorganischen selbst aufbauen können (gr. *autos* «selbst», gr. *trophe* «Nahrung»). Die dafür nötige Energie beziehen sie meist aus dem Licht (→ Fotosynthese).
Bakterien	Bakterien sind sehr kleine Einzeller, die praktisch überall vorkommen. Sie gehören zu den → Prokaryoten, ihre Zellen sind → Procyten.
Befruchtung	Bei der Befruchtung verschmelzen die haploiden Kerne von zwei → Gameten zum diploiden Kern der → Zygote.
Betriebsstoffe	Betriebsstoffe werden bei der → Dissimilation zur Freisetzung ihrer Energie abgebaut. Der wichtigste ist Glucose.
Bildungsgewebe	Bei Pflanzen teilen sich nur die Zellen der Bildungsgewebe (Meristeme). Die Zellen der Dauergewebe sind differenziert und nicht mehr teilungsfähig.
Biologie	Die Biologie ist die Lehre vom Leben (gr. *bios* «Leben»).
Biomembran	→ Membran
Biotop	Lebensraum einer Lebensgemeinschaft (→ Biozönose), in dem bestimmte Umweltbedingungen herrschen (gr. *topos* «Ort»).
Biozönose	Die Biozönose ist die Lebensgemeinschaft aller Lebewesen in einem Lebensraum (gr. *koinos* «gemeinsam»).
Boten-RNA	Die Boten-Ribonucleinsäure (mRNA) dient als Rezept für die Bildung eines Proteins an den Ribosomen. Sie wird im Kern als Abschrift eines DNA-Abschnitts (Gens) hergestellt.
Brenztraubensäure	Brenztraubensäure ($C_3H_6O_3$) ist eine organische Verbindung, die bei der → Glykolyse im Plasma entsteht. Sie wird entweder in den → Mitochondrien zu Kohlenstoffdioxid und Wasser oxidiert oder bei → Gärungen in Milchsäure oder Alkohol umgewandelt.
C-...	→ Kohlenstoff
Carrier	Ein Carrier (engl. *carrier* «Beförderer») ist ein Membranprotein, das bestimmte Teilchen bindet und durch die Membran transportiert, indem es seine Gestalt ändert. Der Transport ist sehr selektiv und kann aktiv oder passiv sein.
Cellulose	Cellulose ist ein → Polysaccharide, den Pflanzen als Baumaterial für die Zellwände verwenden. Ihre Makromoleküle sind unverzweigte Ketten aus bis zu 10 000 Glucose-Molekülen. Cellulose ist für uns und viele Tiere nicht verdaubar.
Centromer	Das Centromer ist die Stelle des → Chromosoms, an der die beiden Schwesterchromatiden bis zur Anaphase verbunden sind. Hier setzen die Spindelfasern an.
Chemisch	Als chemisch werden Vorgänge bezeichnet, bei denen sich Stoffe in andere umwandeln, indem ihre Teilchen miteinander reagieren. Edukte reagieren zu Produkten.
Chemosynthese	Die Chemosynthese ist eine Form der → Kohlenstoff-Assimilation, bei der die Energie für den Aufbau der Glucose durch Oxidation anorganischer Stoffe (aus der Umgebung) gewonnen wird. Chemosynthetisch autotroph sind nur einige Bakterien.
Chlorophyll	Das Chlorophyll ist der grüne Farbstoff (gr. *chloros* «grün») in den Chloroplasten, der Licht absorbiert für die → Lichtreaktionen der Fotosynthese.

Glossar

Actin — Actin ist das Protein, aus dem die → Mikrofilamente des Cytoskeletts aufgebaut sind.

ADP — Adenosindiphosphat entsteht bei der energieliefernden Spaltung von → ATP zu ADP + P. Aus ADP + P wird unter Energieaufwand wieder ATP hergestellt.

Aerob — Als aerob (lat. *aer* «Luft») bezeichnet man Vorgänge und Lebewesen, die Sauerstoff brauchen (←→ anaerob).

Aggregatzustand — Der Aggregatzustand ist der Zustand (→ fest, → flüssig oder → gasförmig), in dem ein Stoff bei bestimmten Temperatur- und Druckwerten vorliegt.

Aktive Stelle — Die aktive Stelle ist der Teil des Enzym-Moleküls, der das Substrat-Molekül bindet. Sie ist so gebaut, dass sie nur eine bestimmte Molekülsorte binden kann.

Aktiver Transport — Beim aktiven Transport wird ein Stoff unter Energieaufwand gegen sein Konzentrationsgefälle transportiert (←→ passiver Transport).

Aktivierungsenergie — Die Aktivierungsenergie muss den Edukten zugeführt werden, um sie zur Reaktion zu bringen.

Alkoholgärung — Die alkoholische Gärung ist eine → anaerobe Dissimilation, bei der Glucose zu Alkohol und Kohlenstoffdioxid abgebaut wird. Sie verläuft bei Sauerstoffmangel in Hefezellen und wird zur Herstellung alkoholischer Getränke wie Wein und Bier genutzt.

Aminosäuren — Aminosäuren sind die Bausteine der → Proteine. In den natürlichen Proteinen kommen 20 verschiedene Sorten vor. Die Aminosäuren-Moleküle enthalten neben C-, H- und O- auch N-Atome. Sie bestehen aus einem Standardteil mit zwei Bindungsstellen, über die sie mit zwei weiteren Aminosäuren verknüpft werden können, und einem Rest, der je nach Aminosäure verschieden ist.

Anaerob — Als anaerob bezeichnet man Vorgänge und Lebewesen, die keinen Sauerstoff brauchen (←→ aerob).

Analyse — Zersetzung einer Verbindung (gr. *analysis* «Auflösung») z. B. durch Licht (→ Fotolyse).

Anaphase — Die Anaphase ist die dritte Phase der → Mitose, in der jedes Chromosom in seine beiden Schwesterchromatiden geteilt wird. Das Centromer teilt sich und je ein Schwesterchromatid wandert entlang den Spindelfasern zu einem Pol.

Anatomie — Die Anatomie untersucht und beschreibt den inneren Bau der Lebewesen (gr. *anatemnein* «zerschneiden»).

Anorganisch — Anorganische Stoffe sind Elemente und Verbindungen, die keinen Kohlenstoff enthalten, mit einigen Ausnahmen wie Kohlenstoffoxide, Kohlensäure und Carbonate.

Äquatorialebene — Die Äquatorialebene ist die Mittelebene der Zelle am Äquator zwischen den beiden Polen (lat. *aequare* «gleichmachen»).

Arbeitskern — → Interphasenkern

Assimilation — Assimilation ist der Aufbau körpereigener, organischer Stoffe (lat. *assimilare* «angleichen»). Am wichtigsten sind: die → Kohlenstoff-Assimilation und die → Stickstoff-Assimilation.

– *autotrophe* — Autotrophe Assimilationen gehen von anorganischen Stoffen aus und brauchen Energie.

– *heterotrophe* — Bei heterotrophen Assimilationen werden körperfremde organische Stoffe assimiliert.

Atmosphäre — Die Atmosphäre (gr. *atmos* «Dampf, Dunst») ist die Gashülle, welche die Erde umgibt. Sie reguliert den Wärmehaushalt der Erde und ist für das Leben auf der Erde unentbehrlich. Sie schützt die Erdbewohner vor schädlicher Strahlung und ermöglicht ihnen die Atmung.

Atome — Atome (gr. *atomos* «unteilbar») sind die kleinsten bei chemischen Vorgängen unteilbaren Teilchen. Sie bestehen aus den → Elementarteilchen und sind elektrisch neutral.

Atomsorten — Atome eines → Elements haben die gleiche Protonenzahl. Jede Atomsorte wird durch ein Symbol aus einem oder zwei Buchstaben bezeichnet (→ Elementsymbole).

125 Seite 188

A] Das Experiment beweist, dass die Kerne der Euterzellen die gesamte Erbinformation besitzen.

B] Das Schaf Dolly hat dasselbe Erbgut wie das Schaf, aus dessen Euter der Kern stammt. Seine Eigenschaften stimmen mit denen des Kernspenders überein, soweit sie durch das Erbgut bestimmt sind. In Eigenschaften, die von der Umwelt beeinflusst werden, kann sich Dolly vom Kernspender unterscheiden.

C] Wir beschränken uns auf die Nennung einiger Pro- und Contra-Argumente. Wie Sie diese gewichten, ist keine wissenschaftliche, sondern eine ethische und damit eine ganz persönliche Frage.

Argumente für das Klonieren:
- Durch Klonierungsexperimente werden Fragen über die Entwicklung von Zellen beantwortet.
- Durch Klonierung lassen sich Zellen züchten, die in der Medizin zur Heilung von Krankheiten nützlich sein können.
- Durch Klonierung kann man Nutzpflanzen und Nutztiere mit ganz bestimmten Eigenschaften züchten.

Argumente gegen das Klonieren:
- Die Züchtung erbgleicher Nachkommen ist nicht sinnvoll, weil diese alle die gleichen Schwächen haben und langfristig nicht überleben werden.
- Durch das Klonieren manipuliert der Mensch Lebewesen auf unzulässige Weise.
- Das Klonieren wird vor dem Menschen nicht haltmachen: Menschen werden Menschen «züchten».

117 Seite 177		Bei der Meiose teilt sich ein diploider Kern in zwei Teilungsschritten in vier haploide Kerne mit unterschiedlichem Erbgut.
118 Seite 179	•	Bei den Einzellern erbringt eine Zelle alle Leistungen.
	•	Einzeller können sich durch Teilung fortpflanzen und kennen darum keinen Alterstod. Die beiden Tochterzellen sind meist gleich und haben dasselbe Erbgut wie die Mutterzelle, die nicht erhalten bleibt.
119 Seite 182		In der Kolonie ist jede Zelle selbstständig lebensfähig und kann wieder eine ganze Kolonie bilden. Auch bei schweren Verletzungen überleben meist einige Zellen und bilden wieder Kolonien. Die Zellen altern nicht und die Kolonie stirbt nur durch die Zerstörung aller Zellen. In der Kolonie hat die Zerstörung von Zellen kaum Konsequenzen, weil die verbleibenden Zellen die zerstörten ersetzen können.
120 Seite 182		1. Kriterium: Differenzierung. In einem Vielzeller sind die Zellen unterschiedlich differenziert. Sie unterscheiden sich also im Bau. Die Zellen einer Kolonie sehen alle gleich aus.
		2. Kriterium: Selbstständigkeit. Die Zellen einer Kolonie sind alle selbstständig lebensfähig.
		3. Kriterium: Fortpflanzungsfähigkeit. In einer Kolonie kann sich jede Zelle teilen und auch die ganze Kolonie bilden. Bei Vielzellern können sich die Körperzellen meist nicht fortpflanzen. Vielzeller bilden spezielle Fortpflanzungszellen.
		4. Kriterium: Alterstod. Bei Vielzellern sterben die Körperzellen und nicht alle werden ersetzt. Vielzeller altern darum und sterben.
		5. Kriterium. Kolonien können nicht so gross werden wie Vielzeller.
121 Seite 184		Wenn sich aus einem Stängelstück eine Pflanze entwickelt, muss das Stück undifferenzierte, totipotente Zellen enthalten oder gebildet haben.
122 Seite 184		Durch die Differenzierung werden bestimmte Leistungen einer Zelle verbessert. Andere Fähigkeiten nehmen ab oder gehen verloren. Die Zelle erreicht zusammen mit anderen eine höhere Leistung, verliert aber ihre Selbstständigkeit.
		Die Differenzierung der Zellen ermöglicht eine effiziente Arbeitsteilung. Diese verbessert die Leistung des Ganzen. Sie erhöht aber den Aufwand für die Steuerung, vermindert die Flexibilität und macht das System anfälliger für Störungen.
123 Seite 187		A] Ein Gewebe ist ein Verband von meist gleichartigen Zellen, die zusammenarbeiten. Sie tauschen über ihre Zellmembran oder über Plasmafäden Stoffe und Informationen aus. In der Regel bilden mehrere Gewebe ein Organ.
		B] Ein Organ ist ein Funktionszentrum im Körper eines Vielzellers. Es besteht aus verschiedenartigen Geweben, die zusammenarbeiten.
		C] Bildungsgewebe sind Gewebe aus Zellen, die sich noch teilen und zu verschiedenen Zelltypen differenzieren können. Sie kommen vor allem bei Pflanzen vor. Wenig differenzierte Dauergewebe können sich wieder in Meristeme umwandeln.
124 Seite 187		Das bedeutet, dass sich die Zellen teilen können, wobei aber immer Hautzellen entstehen. Aus einer Hautzelle können keine ganzen Lebewesen und damit keine Nachkommen entstehen.

108	Seite 161	Unter aeroben Bedingungen veratmen die Hefezellen den Zucker vollständig und gewinnen dadurch mehr Energie als durch die Vergärung zu Alkohol. Sie können darum auch schneller körpereigene Stoffe aufbauen. Das ermöglicht ein rascheres Wachstum und eine schnellere Vermehrung.
109	Seite 161	Glucose eignet sich wegen ihrer osmotischen Wirkung nicht zur Speicherung. Zellen mit hoher Glucosekonzentration würden osmotisch viel Wasser aufnehmen. ATP eignet sich nicht zur Speicherung, weil die Energiemenge, die in einem Gramm ATP gespeichert ist, viel zu gering ist.
110	Seite 167	Die Zellteilung dient der Zellvermehrung. Dabei teilt sich eine Zelle in zwei Tochterzellen mit gleichem Erbgut. Bei Einzellern dient die Zellteilung der ungeschlechtlichen Fortpflanzung. Bei Vielzellern kann die Zellteilung dem Wachstum und der Erneuerung oder der Fortpflanzung dienen.
111	Seite 169	A] Die Chromosomen sind lediglich die Transportform des Erbguts während der Mitose. In den Chromosomen sind die Chromatinfasern mehrfach spiralisiert. Die eingepackte DNA kann weder verdoppelt noch auf RNA abgeschrieben werden. Beides muss aber in der Interphase geschehen. Die Erbinformation wird gebraucht, um die Zelle zu steuern, und das Erbgut muss verdoppelt werden. B] Die Chromatinfasern bestehen aus DNA und Proteinen. C] Die Verdoppelung des Erbguts findet in der S-Phase der Interphase statt.
112	Seite 172	A] In der Prophase lösen sich die Kernhülle und die Kernkörperchen auf. Die Chromatinfasern werden durch mehrfache Spiralisierung zu Chromatiden. Der Spindelapparat entsteht. B] In der Anaphase wird jedes Chromosom in die beiden Chromatiden getrennt und je ein Chromatid von jedem Chromosom wandert zu einem Pol.
113	Seite 173	A] Zellen ohne Zellwand teilen sich durch Einschnürung der Membran. Ein Ring aus Actin- und Myosinfasern schnürt die Zelle am Zelläquator ein, bis die Tochterzellen ganz getrennt sind. Jede Zelle ist völlig von einer Membran umgeben. Zwei Zellen sind also durch zwei Membranen getrennt. B] Die neue Trennwand bildet sich aus dem Inhalt der Golgi-Vesikel, die zur membranumhüllten Zellwandplatte verschmelzen. Die Membranstückchen der Vesikel verschmelzen zu den neuen Teilstücken der beiden Zellmembranen und die Vesikel-Inhalte bilden die dazwischenliegende Mittellamelle der neuen Trennwand.
114	Seite 174	Weil bei der Mitose jede Tochterzelle von jedem aus zwei Chromatiden bestehenden Chromosom ein Chromatid erhält, ändert sich die Zahl der Chromosomen nicht.
115	Seite 176	A] Anaphase (spät) B] Metaphase C] Prophase D] Telophase E] Anaphase (früh)
116	Seite 177	Die meisten Vielzeller entwickeln sich aus einer Zygote, die bei der geschlechtlichen Fortpflanzung aus zwei Gameten entsteht. Bei der Befruchtung verschmelzen die beiden Gametenkerne zum Zygotenkern. Dieser enthält somit die einfachen Chromosomensätze beider Gameten und ist darum diploid. Da sich die Kerne der Körperzellen durch Mitosen aus dem Zygotenkern entwickeln, sind sie diploid.

100 Seite 150 — Nein, denn die Fotosynthese ist nur eine der möglichen Formen der Assimilation, wenn auch die wichtigste.

101 Seite 156

A] $6\ CO_2 + 6\ H_2O \xrightarrow{+\text{Lichtenergie}} C_6H_{12}O_6 + 6\ O_2$

B] Weil der Sauerstoff zur Veratmung (oder Verbrennung) des produzierten organischen Materials wieder verbraucht wird. Der vollständige Abbau der Glucose oder der aus ihr hergestellten organischen Stoffe in Kohlenstoffdioxid und Wasser benötigt gleich viel Sauerstoff wie ihre Bildung.

C] Auch Tiere sind auf die in der Fotosynthese gebildete Glucose angewiesen. Sie brauchen sie als Basis zur Herstellung ihrer körpereigenen Stoffe und als Energieträger. Zur Freisetzung der Energie (Zellatmung) benötigen sie auch den in der Fotosynthese produzierten Sauerstoff.

102 Seite 156

- Der Zucker wird auch als Ausgangsstoff zur Herstellung von anderen organischen Verbindungen benötigt.
- Die Glucose kann in Form von Stärke gespeichert werden und dient zur Herstellung des Baustoffs Cellulose.
- Der Energiegehalt von ATP ist viel kleiner als der Energiegehalt von Zucker. ATP ist also zur Speicherung von Energie ungeeignet. Die Zelle müsste laufend ATP produzieren. Weil dazu in den Chloroplasten Licht benötigt wird, ist dies aber in der Nacht nicht möglich.
- Das ATP dient als Energieüberträger innerhalb der Zelle, d. h., jede Zelle einer Pflanze müsste Fotosynthese machen. Das ist aber bei Zellen im Inneren oder in der Wurzel nicht möglich.
- ATP kann nur als kurzfristiger Energieüberträger dienen. Es kann den Zucker als Basis der Stoffsynthese, als Baustoff und als Reservestoff nicht ersetzen.

103 Seite 156

A] Die O-18-Atome aus dem CO_2 kommen je zur Hälfte in die Glucose und in das Wasser, das bei den lichtunabhängigen Reaktionen entsteht.

B] Das O-18 aus dem CO_2 wird in den lichtunabhängigen Reaktionen zur Hälfte in Wasser-Moleküle eingebaut. Wenn diese später von der Zelle in der Lichtreaktion gespalten werden, gelangen die O-18-Isotope in die O_2-Moleküle.

104 Seite 156 — Die Energie für die Herstellung der Glucose wird nicht aus dem Licht, sondern durch die Oxidation anorganischer Stoffe gewonnen.

105 Seite 160

A] $6\ CO_2 + 6\ H_2O \xrightarrow{+\text{Lichtenergie}} C_6H_{12}O_6 + 6\ O_2$

B] $C_6H_{12}O_6 + 6\ O_2 \xrightarrow{\text{Energie}} 6\ CO_2 + 6\ H_2O$

106 Seite 161

Der Energiegehalt von 180 g Glucose ist 180 g · 16 g/kJ = 2 880 kJ.

Der Energiegehalt von 19 273 g ATP ist: 19 273 g · 0.06 g/kJ = 1 156 kJ.

Das ATP enthält also 1 156 von 2 880 kJ, das sind 1 156 : 2 880 · 100% = 40.1%.

Rund 60% der Energie gehen als Wärme «verloren».

107 Seite 161 — Ja, wenn sie Glucose zur Freisetzung der Energie vergären, d. h. ohne Sauerstoff abbauen kann. Gärungen verlaufen im Plasma.

93	Seite 141	Die erleichterte Diffusion durch die Proteinkanäle wird durch Öffnen und Schliessen der Kanäle geregelt.

Der Transport durch die Carrier wird durch Verändern der Carrier-Aktivität geregelt.

Die einfache Diffusion lässt sich nur indirekt durch die aktive Veränderung der Konzentration gelöster Stoffe in der Zelle beeinflussen. |
| **94** | Seite 143 | Da die Temperatur im Kühlschrank wesentlich tiefer liegt, laufen hier alle chemischen Reaktionen langsamer. Bakterien und Pilze setzen weniger Stoffe um und vermehren sich auch wesentlich langsamer. |
| **95** | Seite 143 | Substratspezifisch bedeutet: Ein Enzym katalysiert nur die Reaktion eines Stoffs.
Wirkungsspezifisch bedeutet: Das Enzym katalysiert nur eine Reaktion dieses Stoffs. |
| **96** | Seite 145 | Die Geschwindigkeit einer chemischen Reaktion in der Zelle ist primär abhängig von der Temperatur, von der Enzymkonzentration und von der Enzymaktivität. |
| **97** | Seite 145 | Zur Herstellung des Stoffs X aus U ist ein Enzym erforderlich.

- Im Kern wird die mRNA mit der Information für das Enzym hergestellt, indem das entsprechende Gen der DNA abgeschrieben wird.
- Die mRNA für das Enzym kommt zu den Ribosomen und leitet hier den Aufbau des Enzyms.
- Das Enzym katalysiert die Reaktion, durch die U in X umgewandelt wird. |
| **98** | Seite 145 | A] Falsch. Richtig wäre: Ein Enzym reduziert die Aktivierungsenergie, die bei einer Reaktion benötigt wird.

B] Falsch. Richtig wäre: Ein Enzym liegt nach der Reaktion wieder in der ursprünglichen Form vor. Es ändert sich bei der Reaktion nur vorübergehend.

C] Falsch. Richtig wäre: Ein Enzym wird aus Aminosäuren hergestellt. Die mRNA dient nur als Bauvorschrift.

D] Richtig.

E] Falsch. Richtig wäre: Enzyme arbeiten bei steigender Temperatur immer schneller, bis sie durch die Hitze denaturiert werden.

F] Richtig wäre: Das Substrat-Molekül wird an die aktive Stelle des Enzym-Moleküls gebunden.

G] Richtig. |
| **99** | Seite 147 | Die Konzentration von B wird erhöht durch:

- Erhöhung der Aktivität und der Konzentration von Enzym E.
  Folge: Konzentration von A sinkt.
- Senken der Aktivität und der Konzentration der Enzyme E_2 bzw. E_3.
  Folge: Konzentration von C bzw. D sinkt.
- Wenn der Stoff durch einen Carrier aufgenommen werden kann, kann dessen Leistung zur aktiven Aufnahme erhöht werden. |

87	Seite 136	Bei tiefer Salzkonzentration im Wasser ausserhalb der Zelle dringt viel Wasser in die Zelle ein. Die pulsierende Vakuole pumpt sehr viel Wasser nach aussen. Je höher die Salzkonzentration im Wasser ausserhalb der Zelle ist, umso weniger Wasser dringt in die Zelle ein. Die pulsierende Vakuole arbeitet immer langsamer. Bei einer Konzentration von etwa 25 ‰ diffundiert das Wasser in beide Richtungen etwa gleich schnell, die Vakuole arbeitet praktisch nicht mehr.
88	Seite 136	Ja. Es ist gut möglich, dass die beobachteten Schäden durch das Streusalz verursacht wurden. Wasser mit hoher Salzkonzentration gelangt in den Boden oder als Spritzwasser direkt auf die Pflanzen. In beiden Fällen verlieren die Zellen der Pflanze Wasser an die konzentrierte Salzlösung. Sie können plasmolysieren und sterben.
89	Seite 136	Auch wenn das Regenwasser nicht ganz rein ist, hat es doch die tiefere Konzentration an gelösten Stoffen als der Zellsaft in den zuckerreichen reifen Kirschen. Darum dringt Wasser osmotisch durch die Haut der Kirsche in ihre Zellen ein und das Volumen der ganzen Frucht nimmt zu. Die Haut der Kirsche kann der Dehnung nicht mehr folgen und reisst auf.

90	Seite 139		Aktiver Transport	Erleichterte Diffusion	Diffusion
		Transportweg	Durch Carrier	Durch Proteintunnel oder Carrier	Durch die Lipid-Doppelschicht
		Transportrichtung	Zur höheren Konzentration	Zur tieferen Konzentration	Zur tieferen Konzentration
		Selektivität	Ja, hoch	Ja	Nein
		Energieaufwand	Ja	Nein	Nein

91	Seite 139	Bei beiden Kurven nimmt am Anfang die Geschwindigkeit des Transports mit zunehmender Konzentration des transportierten Stoffs zu.
		Bei Kurve b erreicht die Geschwindigkeit bald ein Maximum. Dies trifft beim aktiven Transport zu, weil die Transportleistung des Carriers beschränkt ist.
		Bei Kurve a nimmt die Geschwindigkeit des Transports mit zunehmender Konzentration des transportierten Stoffs unbeschränkt zu. Dies trifft bei der einfachen Diffusion zu.
92	Seite 139	A] Bei allen passiven Transportvorgängen nimmt die Geschwindigkeit mit dem Konzentrationsgefälle unbeschränkt zu.
		B] Bei aktiven Transportvorgängen wird ATP benötigt.
		C] Bei der Diffusion durch die Lipidschicht werden lipophile Moleküle leichter transportiert.
		D] Bei der einfachen Diffusion diffundieren die Teilchen durch die Lipidschicht.
		E] Beim Transport durch Carrier ist die Selektivität am höchsten.
		F] Beim aktiven Transport wird ein Stoff gegen sein Konzentrationsgefälle transportiert.
		G] Beim aktiven Transport und bei der erleichterten Diffusion sind Membranproteine beteiligt.

79 Seite 118

Nr.	Name	Funktion
1	Zellmembran	Regelt den Stoffaustausch, ermöglicht Kommunikation
2	raues ER	Kompartimentierung, Proteinsynthese
3	glattes ER	Kompartimentierung, Lipidsynthese, Stoffumwandlungen und Stoffabbau
4	Dictyosomen	Lagern, sortieren, herstellen, verpacken u. verschicken von Stoffen
5	Golgi-Vesikel	Transport, Lagerung und Ausscheidung von Stoffen
6	Nahrungsvakuole	Nahrungsaufnahme und Verdauung
7	Lysosom	Transport und Speicherung von Verdauungsenzymen
8	Vakuole	Speichert Reserve-, Farb- und Abfallstoffe, ermöglicht rasches Zellwachstum
9	Zellkern	Aufbewahrung des Erbguts, Steuerung der Zelle
10	Mitochondrien	Zellatmung, Energieumwandlung, Herstellung von ATP
11	Chloroplasten	Fotosynthese
12	Ribosomen	Proteinsynthese
13	Cytoskelett	Stütze, Formgebung, Bewegung
14	Zellwand	Schutz und Stütze

80 Seite 123

Auch ausgewachsene Zellen brauchen Baustoffe, weil sie sich laufend erneuern. Alte Organellen werden abgebaut und neue hergestellt.

81 Seite 125

Assimilation heisst Aufbau körpereigener Stoffe. Dissimilation heisst Abbau energiereicher Stoffe zur Beschaffung der nötigen Betriebsenergie.

82 Seite 128

Autotrophe Zellen stellen ihre organischen Stoffe in der Zelle selber aus anorganischen her. Die anorganischen Stoffe werden durch die Membran ins Plasma aufgenommen.

Pflanzliche Zellen haben in der Regel eine Zellwand, welche die Endocytose verhindert.

83 Seite 128

Beim passiven Transport wird ein Stoff mit dem Konzentrationsgefälle transportiert, d. h., er gelangt in den Bereich, in dem seine Konzentration tiefer ist. Das Konzentrationsgefälle nimmt dadurch ab. Der Vorgang geschieht passiv ohne Energieaufwand.

Beim aktiven Transport wird der Stoff gegen sein Konzentrationsgefälle transportiert, d. h., er gelangt in den Bereich, indem seine Konzentration höher ist. Das Konzentrationsgefälle nimmt dadurch zu. Der Vorgang geschieht aktiv unter Energieaufwand.

84 Seite 130

Die Diffusion beruht auf der Eigenbewegung der Teilchen. Diese ist in Gasen schneller, weil sich die Teilchen freier bewegen. Die Teilchen liegen weiter auseinander und die Anziehungskräfte zwischen ihnen sind schwächer als in Flüssigkeiten.

85 Seite 130

blaue nach rechts:	1	schwarze nach rechts:	4
blaue nach links:	3	schwarze nach links:	2

86 Seite 130

Die Diffusionsgeschwindigkeit nimmt mit dem Konzentrationsunterschied ab. Je höher der Sauerstoffgehalt der Luft in den Lungen ist, umso mehr Sauerstoff kann in einer bestimmten Zeit ins Blut aufgenommen werden. Auch aus Luft mit 16% Sauerstoff kann noch Sauerstoff ins Blut diffundieren, aber es geht langsamer.

72	Seite 114	Eine ausgewachsene Pflanzenzelle besitzt eine grosse Vakuole und eine verdickte Zellwand, meist mit einer mehrschichtigen Sekundärwand und Tüpfeln.
73	Seite 114	A] Die Zellwand besteht aus einer Grundsubstanz, Cellulosefasern und evtl. Einlagerungen. B] Bei der Zellteilung entsteht die gemeinsame Mittellamelle der Trennwand aus dem Inhalt der Golgi-Vesikel, die sich zu einer grossen membranumschlossenen Zellwandplatte vereinigen.
74	Seite 114	Interzellularen sind bei Pflanzen Hohlräume zwischen den Zellwänden. Sie enthalten Luft und ermöglichen den Gasaustausch innerhalb von pflanzlichen Organen.

75 Seite 117

A] Plastiden = 4, Grundplasma = 1, ER und Golgi-Apparat = 2, Vesikeln und Vakuolen = 3

- Plastiden kommen nur in der pflanzlichen Zelle vor.
- Das Grundplasma hat in beiden Zellen den grössten Anteil.
- ER und Golgi-Apparat haben in der Leberzelle einen grösseren Anteil, weil diese viele Stoffe synthetisiert.
- Vakuolen und Vesikel haben in der pflanzlichen Zelle einen höheren Anteil als in der tierischen.

B] Der Kern hat in der jungen pflanzlichen Zelle einen recht hohen Anteil. Das kann man damit erklären, dass die Zelle noch jung und klein ist. Da der Kern beim Wachstum der Zelle kaum grösser wird, nimmt sein Anteil beim Wachsen der Zelle ab.

C] Aus dem höheren Anteil der Mitochondrien kann man folgern, dass diese Zelle den höheren Energiebedarf hat. Da es sich um eine Tierzelle mit hoher Stoffproduktion handelt, ist anzunehmen, dass sie für die Stoffsynthese viel Energie in Form von ATP braucht.

76 Seite 117

- Die Procyte ist kleiner.
- Die Procyte besitzt keine Organellen, die durch Membranen begrenzt sind.
- Die Procyte besitzt anstelle des Kerns eine Kernregion, die meist ein stark geknäueltes DNA-Molekül enthält.
- Die Procyte besitzt anstelle von Mitochondrien und Plastiden Einstülpungen der Zellmembran, welche die Enzyme für die Zellatmung bzw. für die Fotosynthese tragen.
- Die Geisseln der Procyte haben einen anderen Bau als die Geisseln der Eucyten.
- Die Procyte verwendet für ihre Zellwände keine Cellulose.

77 Seite 117

A] Die Zellatmung findet an Einstülpungen der Membran (Membrankörper) statt.

B] Die Verdoppelung des Erbguts erfolgt in der Kernregion.

C] Die Proteinsynthese erfolgt an den Ribosomen, die frei im Plasma liegen.

78 Seite 117

	P	Eu		P	Eu		P	Eu
Chloroplasten		X	Zellwand	XX	X	Dictyosomen		XX
Zellmembran	XX	XX	ER		XX	Ribosomen	XX	XX
Mitochondrien		XX	Kernhülle		XX	Cytoplasma	XX	XX

65	Seite 102	A] Chloroplasten sind durch eine Hülle aus zwei Membranen begrenzt und enthalten Plasma und DNA wie der Zellkern.
		B] Die Zelle kann Chloroplasten entweder aus noch undifferenzierten Proplastiden oder durch Umwandlung aus anderen Plastiden bilden.
66	Seite 102	Die Fotosynthese liefert die Nahrungsgrundlage und damit die Energie für alle Lebewesen. Sie produziert auch den Sauerstoff, den fast alle Lebewesen brauchen.
67	Seite 102	Richtig sind 1 und 3, falsch sind 2 und 4.
		Zu 2: Es gibt auch Pflanzenzellen ohne Chloroplasten z. B. in unterirdischen Pflanzenteilen oder im Inneren von Pflanzen.
		Zu 4: Alle Zellen brauchen Glucose, aber nur die grünen Pflanzenzellen haben Chloroplasten.
68	Seite 105	• Übereinstimmungen im Bau:
		• Beide sind durch eine Hülle aus zwei Membranen begrenzt.
		• Beide enthalten Plasma, DNA und Ribosomen.
		• Bei beiden ist die innere Membran zur Vergrösserung der inneren Oberfläche eingestülpt und mit Enzymen besetzt.
		• Unterschiede im Bau:
		• Bei den Mitochondrien bleiben die Einstülpungen in Verbindung mit der inneren Membran, bei den Chloroplasten schnüren sie sich von ihr ab.
		• Bei den Mitochondrien sind die inneren Membranen etwa gleichmässig verteilt. Bei den Chloroplasten gibt es Bereiche, wo sie dicht gestapelt sind (Grana), neben Bereichen mit sehr wenigen Membranen (Stroma).
		• Die inneren Membranen tragen verschiedene Enzyme.
		• Die Chloroplasten enthalten Chlorophyll und sind darum grün, die Mitochondrien sind farblos.
69	Seite 105	Das Ziel der Zellatmung ist es, die Energie, die in energiereichen organischen Verbindungen wie Kohlenhydraten und Fetten gespeichert ist, umzuwandeln in eine für die Zelle rasch und universell einsetzbare Form.
		In der Zellatmung werden energiereiche organische Verbindungen wie Zucker mit Sauerstoff zu Kohlenstoffdioxid und Wasser abgebaut. Die dabei freigesetzte Energie wird für den Aufbau von ATP aus ADP + P genutzt.
70	Seite 110	A] Die Bewegungen in der Zelle basieren darauf, dass sich Motorproteine durch eine Formänderung gegenüber fixierten Elementen des Cytoskeletts verschieben. Die Motorproteine sind wie Beinchen drehbar an Organellen oder beweglichen Elementen des Cytoskeletts befestigt und verschieben diese durch ihre Klappbewegung unter Spaltung von ATP.
		B] Die Muskelzellen brauchen für die Bewegung viel Energie in Form von ATP. Dieses wird durch die Zellatmung in den Mitochondrien hergestellt.
71	Seite 110	A] Das Cytoskelett stabilisiert die innere Struktur der Zellen und hält wandlose Zellen in Form. Es ermöglicht zusammen mit Motorproteinen sowohl die Bewegungen innerhalb der Zelle als auch die Verformung und die Bewegung der ganzen Zelle.
		B] Die Mikrotubuli sind feine Röhrchen, deren Wand aus dem Protein Tubulin aufgebaut sind. Die Mikrofilamente sind feine Stäbchen aus dem Protein Actin.
		C] Die Vesikel werden von Motorproteinen, die sich wie Beinchen drehbar an sie binden, entlang von Mikrotubuli zum Zielort bewegt.

58 Seite 95

A] Zum Aufbau der Zellmembran werden Membranlipide, Membranproteine und wenige Kohlenhydrate gebraucht.

B] Die Proteine werden an den Ribosomen des rauen ER aus den AS hergestellt und in den Innenraum des ER aufgenommen. Hier werden sie in Vesikel verpackt und zu den Dictyosomen geschickt. Die Membranlipide werden im glatten ER produziert und in Vesikeln zu den Dictyosomen geschickt. In den Dictyosomen werden die vom ER angelieferten Proteine und Lipide in der richtigen Kombination in Golgi-Vesikel abgepackt und zur Zellmembran geschickt.

59 Seite 99

A] Proteine werden an den Ribosomen durch die Verknüpfung von Aminosäuren gebildet.

B] Die mRNA wird im Kern als Abschrift eines DNA-Abschnitts (Gens) gebildet. Sie bringt die Information für den Aufbau eines Proteins vom Kern zu den Ribosomen. Sie «befiehlt», welche Aminosäuren in welcher Reihenfolge verknüpft werden müssen.

60 Seite 99

- Die DNA (Desoxyribonucleinsäure) ist die Erbsubstanz. Ihre Makromoleküle bestehen aus vier verschiedenen Bausteinen (Nucleotiden). Die Reihenfolge der vier Nucleotidsorten stellt die Erbinformation dar.
- Die Chromatinfasern sind feine Fäden im Zellkern. Sie bestehen aus DNA und Proteinen.
- Ein Gen ist ein Abschnitt der DNA, der die Information für die Bildung eines Proteins (bzw. einer RNA) enthält.

61 Seite 99

A] Richtig.

B] Diese Aussage stimmt so nicht. Die Zahl der AS in einem Protein-Molekül kann zwischen zwei und mehreren Hundert liegen. Hier ist wohl die Tatsache gemeint, dass in den natürlichen Protein-Molekülen 20 verschiedene Sorten von AS vorkommen.

C] Die mRNA dient lediglich als Rezept für den Aufbau eines Proteins. Sie wird nicht ins Protein eingebaut.

D] Richtig.

E] Das Erbgut verdoppelt sich vor der Kernteilung.

F] Richtig.

62 Seite 100

In den Ribosomen werden die Proteine hergestellt. Ein Teil davon dient als Enzyme, ein anderer als Baustoffe.

63 Seite 102

Name	Farbstoffe	Funktion
Chloroplasten	Chlorophyll	Fotosynthese
Chromoplasten	Verschiedene	Farbgebung
Leukoplasten	Keine	Bilden Stärke

64 Seite 102

Die rote Farbe ist seltsam, weil die Blätter für die Fotosynthese Chloroplasten mit grünem Chlorophyll enthalten müssen. Da Zellen, die zur Fotosynthese fähig sind, sicher Chlorophyll enthalten, muss dessen grüne Farbe in den Blättern der Rotbuche durch rote Farbstoffe überdeckt sein.

| 52 | Seite 88 | Gegen die Annahme, die Membran enthalte nur eine Schicht von Lipid-Molekülen, sprechen folgende Tatsachen:

- Die Menge der Lipide ist zu hoch.
- Die Membran besitzt auf beiden Seiten eine hydrophile Aussenschicht. Eine Membran aus einer Lipidschicht hätte eine hydrophile und ein lipophile Seite.
- Die Membran erscheint im EM dreischichtig. Bei einer einzigen Schicht von Lipid-Molekülen wäre im EM nur eine dunkle und eine helle Linie zu sehen. |

| 53 | Seite 88 | Flüssig: Die Lipid-Moleküle können sich innerhalb jeder Schicht verschieben wie die Moleküle einer Flüssigkeit. Membranstücke können auch wie zwei Flüssigkeitstropfen verschmelzen.
Mosaik: Die Protein-Moleküle sind in die Lipid-Doppelschicht eingestreut wie die bunten Steinchen in einem Mosaik. |

| 54 | Seite 89 | Die Aussagen D], E], F] und H] sind zutreffend:

D] Richtig. Die Proteine sind in die Lipid-Doppelschicht eingelagert.

E] Die im EM hell erscheinende mittlere Schicht der Membran ist lipophil. Sie besteht aus den lipophilen Schwänzen der Lipid-Moleküle.

F] Die Membran kann ihre Durchlässigkeit verändern.

H] Carrier transportieren nur bestimmte Teilchen.

Die Aussagen A], B], C] und G] sind falsch. Korrekt wäre:

A] Die Lipid-Moleküle bilden eine Doppelschicht. Die Protein-Moleküle sind in diese Doppelschicht eingebaut.

B] Die Membran lässt lipophile Stoffe besser durchtreten.

C] Die Schichten der Membran, die im EM-Bild als dunkle Linien sichtbar sind, bestehen aus den hydrophilen Köpfen der Lipid-Moleküle.

G] Die Proteintunnel ermöglichen den Transport hydrophiler Teilchen. |

| 55 | Seite 91 | - Grenzt die Zelle nach aussen ab.
- Reguliert den Stoffaustausch mit der Umgebung.
- Ermöglicht Reaktion auf Reize.
- Ermöglicht die Kommunikation zwischen den Zellen.
- Moleküle an der Aussenseite dienen als Rezeptoren für Botenstoffe. |

| 56 | Seite 91 | Die Zellmembran besitzt auf der Aussenseite Kohlenhydrat-Moleküle, die als Kennzeichen und als Antennen der Rezeptoren für Botenstoffe dienen. |

| 57 | Seite 95 | A] Das raue ER trägt die Ribosomen. Diese produzieren vor allem Membranproteine, die Enzyme der Lysosomen und Proteine für den Export aus der Zelle.

B] Im glatten ER werden vor allem Lipide gebildet. Das glatte ER trägt auch Enzyme für den Kohlenhydratstoffwechsel und für den Abbau von Giften. Die produzierten Stoffe gelangen in Vesikeln zum Golgi-Apparat.

C] In den Dictyosomen des Golgi-Apparats werden Stoffe gelagert, sortiert, konzentriert, in neuer Kombination in Golgi-Vesikel abgepackt und zu bestimmten Zielen verschickt. Die Dictyosomen stellen auch einige Stoffe (Polysaccharide) her. |

42	Seite 70	• Lebende Zellen können Stoffe umsetzen. • Lebende Zellen können auf Reize reagieren. • Lebende Zellen können sich entwickeln und wachsen. • Lebende Zellen können sich fortpflanzen.

43	Seite 70	Eucyten × 5–100	Zellkerne × 50–200	Bakterien × 100–1 000	Viren × 10 000–100 000	Protein-Moleküle × 100 000–1 000 000

44	Seite 74	Vorteil: Weil Elektronenstrahlen kleinere Wellenlängen haben, erreicht man mit ihnen eine etwa 1 000-mal bessere Auflösung als mit dem sichtbaren Licht. Nachteile: • Die Objekte müssen entwässert und z. B. durch Bedampfen mit einem Metall präpariert werden (zur Erhöhung des Kontrasts). • Die Präparation kann die Strukturen des Objekts verändern. • Es können keine lebenden Objekte beobachtet werden.

45	Seite 74	Je kürzer die Wellenlänge des verwendeten Lichts, umso höher kann die maximale Auflösung sein. Darum verwendet man im LM das kurzwellige blaue Licht.

46	Seite 77	• Chloroplasten: Fotosynthese • Chromoplasten: Farbgebung • Leukoplasten: Stärkebildung

47	Seite 77	Die Mitochondrien sind die «Kraftwerke» der Zelle. Sie oxidieren energiereiche Stoffe mit Sauerstoff und setzen dadurch Energie für die Aktivitäten der Zelle frei.

48	Seite 79		Pf	T		Pf	T		Pf	T
		Chloroplasten	X		Zellwand	X		Grosse Vakuole	X	
		Zellmembran	X	X	Chlorophyll	X		Proteine	X	X
		Mitochondrien	X	X	Glykogen		X	Cytoplasma	X	X

49	Seite 79	Eine typische Pflanzenzelle ist autotroph, d. h., sie kann ihre organischen Stoffe aus anorganischen mithilfe von Lichtenergie selbst aufbauen.

50	Seite 84	Membranen grenzen Organellen ab und gliedern die Zelle in Kompartimente mit unterschiedlichen Aufgaben. In jedem Kompartiment sind bestimmte Enzyme enthalten, die bestimmte chemische Reaktionen katalysieren. Die Membranen tragen Enzyme. Durch die grosse Membranfläche wird der Stoffwechsel beschleunigt.

51	Seite 84	**Organellen**	**Abgrenzung**	**Inhalt**	**Bildung durch**
		Zellkern	Hülle aus 2 Membranen	Plasmatisch	Teilung
		Plastiden	Hülle aus 2 Membranen	Plasmatisch	Teilung
		Mitochondrien	Hülle aus 2 Membranen	Plasmatisch	Teilung
		Vakuole	Eine Membran	Wässrige Lösung	Abschnürung
		Ribosomen	Keine Membran	Fehlt	Selbstaufbau
		Dictyosom	Eine Membran	Wässrige Lösung	Abschnürung

35	Seite 56	Brot enthält wenig Zucker und viel Stärke. Es schmeckt im Mund (erst) nach längerem Kauen süss, weil die Zerlegung der Riesenmoleküle der Stärke zum süssen Zucker Maltose durch ein Enzym des Speichels Zeit beansprucht.
36	Seite 59	A] Bei der Spaltung eines Rohrzucker-Moleküls entstehen ein Molekül Glucose und ein Molekül Fructose. B] Die autotrophen Pflanzen können in der Fotosynthese mithilfe von Sonnenlicht die Glucose aus Kohlenstoffdioxid und Wasser aufbauen. Die heterotrophen Lebewesen nehmen Glucose mit der Nahrung auf oder stellen sie aus organischen Nahrungsbestandteilen her.
37	Seite 59	Gemeinsam: Stärke und Cellulose sind Polysaccharide. Ihre Makromoleküle sind aus vielen Glucose-Molekülen aufgebaut. Verschieden: • Stärke dient als Reservestoff, Cellulose als Baumaterial. • Die Ketten der Cellulose sind nicht verzweigt. • Die Glucose-Moleküle sind unterschiedlich verknüpft.
38	Seite 60	A] Der Mensch kann in seinem Stoffwechsel Fette auch aus Kohlenhydraten aufbauen. B] Fette haben einen hohen Energiegehalt. 1 g Fett enthält mehr als doppelt so viel Energie wie 1 g Zucker.
39	Seite 63	A] Die Makromoleküle der Proteine werden durch die Verknüpfung von vielen (meist einigen Hundert) Aminosäure-Molekülen zu unverzweigten Ketten hergestellt. Dabei werden zwanzig Sorten von Aminosäuren verwendet. B] Die Moleküle von zwei verschiedenen Proteinen unterscheiden sich meistens in der Länge der Ketten und immer in der Sequenz der Aminosäuren. C] Proteine sind wichtige Baustoffe der Zelle. Sie katalysieren als Enzyme (Biokatalysatoren) die biochemischen Reaktionen in den Lebewesen. D] Die verschiedenen AS stimmen im zentralen Molekülteil überein und unterscheiden sich im Rest, der an diesem Standardteil hängt. E] Bei der Denaturierung ändert sich die räumliche Struktur (Sekundär- und / oder Tertiärstruktur) eines Protein-Moleküls. Dadurch verliert es in der Regel seine biologische Aktivität. F] Ja. In der Peptidkette sind die Standardteile der Aminosäure-Moleküle verknüpft. Sie sind bei allen AS gleich gebaut.
40	Seite 64	A] Die DNA kommt im Zellkern vor. Sie enthält die vererbbare Information für den Bau, die Entwicklung und den Betrieb des Lebewesens, das sogenannte Erbgut. B] Die Makromoleküle der DNA sind unverzweigte Ketten aus vier verschiedenen Nukleotidsorten (A, C, T, G).
41	Seite 64	Die biologisch wichtigen Stoffklassen sind: Kohlenhydrate, Fette, Proteine und Nucleinsäuren. • Polysaccharid-Moleküle bestehen aus Monosaccharid-Molekülen, meist aus Glucose. • Fett-Moleküle bestehen aus einem Glycerin- und drei Fettsäure-Molekülen. • Protein-Moleküle bestehen aus Aminosäure-Molekülen. • Nucleinsäure-Moleküle bestehen aus Nucleotid-Molekülen.

23	Seite 42	A] Organische Stoffe können auch im Labor aus anorganischen hergestellt werden. Die Aussage gilt nur für die natürliche Bildung auf der Erde unter den heutigen Bedingungen. B] Diese Aussage ist korrekt. C] «Fast alle» wäre richtig. Es gibt ein paar anorganische Kohlenstoffverbindungen.
24	Seite 45	Kohlenstoff reagiert mit Schwefel zu Kohlenstoffdisulfid. Die 2 bedeutet, dass zwei Atome Schwefel mit einem Atom Kohlenstoff reagieren.
25	Seite 45	Das Gleichheitszeichen wäre in einer Reaktionsgleichung nicht korrekt, weil die Stoffe links und rechts nicht gleich sind. Der Pfeil bedeutet, dass sich die Edukte in die Produkte umwandeln.
26	Seite 47	Kämen Verbrennungsvorgänge schon bei NB ohne Zufuhr von Aktivierungsenergie in Gang, würden alle brennbaren Stoffe beim Kontakt mit Luft spontan brennen.
27	Seite 47	A] Falsch. Richtig ist: Bei chemischen Reaktionen wird immer Energie umgesetzt. B] Falsch. Richtig ist: Bei exothermen Reaktionen sind die Produkte energieärmer als die Edukte. C] Falsch. Richtig ist: Bei chemischen Reaktionen muss Aktivierungsenergie zugeführt werden. D] Falsch. Richtig ist: Katalysatoren vermindern die für eine Reaktion nötige Aktivierungsenergie.
28	Seite 51	Der Fisch kann überleben, weil ihn die Pflanzen mit Sauerstoff und Nahrung versorgen und das Kohlenstoffdioxid, das er abgibt, «entsorgen».
29	Seite 51	Die beiden Hauptbestandteile der Luft sind Stickstoff und Sauerstoff. Sie bestehen aus relativ stabilen Molekülen (N_2 und O_2). Um diese zur Reaktion zu bringen, ist eine sehr hohe Aktivierungsenergie erforderlich.
30	Seite 51	Dann würden die Gase der Luft die Strahlung von der Sonne schon in den oberen Luftschichten absorbieren. Auf der Erdoberfläche wäre es wesentlicher kälter und die Erde würde auch weniger stark erwärmt.
31	Seite 54	Der Fisch braucht Sauerstoff, der in Form von O_2-Molekülen im Wasser gelöst ist. Die Sauerstoff-Atome, die in den Wasser-Molekülen (H_2O) gebunden sind, nützen ihm nichts. Die Konzentration des gelösten Sauerstoffs nimmt mit steigender Temperatur ab und kann darum im Sommer bei erhöhter Wassertemperatur gefährlich tief liegen.
32	Seite 54	Das Wasser in den Pflanzen ist kein Reinstoff, sondern eine Lösung. Die Erstarrungstemperatur von Lösungen liegt unter 0 °C.
33	Seite 55	Verbindungen einer Stoffklasse haben ähnliche Eigenschaften, weil ihre Moleküle Atomgruppen enthalten, die für die Klasse typisch sind.
34	Seite 56	Makromoleküle sind Riesenmoleküle. Sie werden durch die Verknüpfung von sehr vielen kleinen Molekülen aufgebaut.

11	Seite 27	A] Die Ökologie.
		B] Die systematische Botanik.
		C] Die Histologie.
		D] Die Anatomie.
12	Seite 32	Es fehlen die Messbedingungen (also hier der Luftdruck) und die Angabe des Salzgehalts der Lösung.
13	Seite 32	A] Reinstoffe: Aluminium, Kalk, Alkohol, Sauerstoff, Quecksilber
		B] Homogene Gemische: Zuckerwasser, Benzin, Luft
		C] Heterogene Gemische: Granit, Seifenwasser, Rauch
14	Seite 34	Wenn sich ein Körper bewegt, drückt er die Teilchen des Mediums, das ihn umgibt, auseinander. Das erfordert im Wasser mehr Kraft als in der Luft, weil die Teilchen näher beieinander liegen und durch grössere Anziehungskräfte zusammengehalten werden.
15	Seite 34	Das Verdunsten des Wassers entzieht der Pflanze Wärme, es kühlt.
16	Seite 38	A] Atome sind die kleinsten bei chemischen Vorgängen nicht weiter zerlegbaren Teilchen. Sie sind als Ganzes elektrisch neutral. Atome bestehen aus Elementarteilchen. Zu diesen zählen die positiv geladenen Protonen, die neutralen Neutronen und die negativ geladenen Elektronen.
		B] Atome verschiedener Elemente unterscheiden sich in der Protonenzahl.
		C] Durch die Abgabe eines Elektrons entsteht aus einem Atom ein Ion mit der Ladung 1+.
17	Seite 38	Atome sind: Fe, C, Hf / Ionen sind: O^{2-}, K^+ / Moleküle sind: O_2, N_2, HF, NH_3.
		Beachten Sie bitte den Unterschied zwischen dem Elementsymbol Hf (ein Gross- und ein Kleinbuchstabe) und der Formel der Verbindung HF. Ein HF-Molekül besteht aus einem H- und einem F-Atom.
18	Seite 38	A] Na^+
		B] S^{2-}
19	Seite 38	A] Ein SO_2-Molekül entsteht, indem sich ein S-Atom mit zwei O-Atomen verbindet.
		B] Ein Ca^{2+}-Ion entsteht, indem ein Calcium-Atom zwei Elektronen abgibt.
20	Seite 41	A] Die Formel der Molekülverbindung NO_2 bedeutet, dass die Moleküle dieser Verbindung aus einem N- und zwei O-Atomen bestehen.
		B] Die Formel ist $BaBr_2$.
21	Seite 41	Beide Aussagen sind nicht korrekt. Elemente können aus Atomen (Al, Fe) oder aus Molekülen (N_2, O_2) bestehen und Verbindungen aus Molekülen (H_2O) oder aus Ionen (NaCl).
22	Seite 41	Ionen der gleichen Sorte haben die gleiche Ladung und stossen einander ab. Sie können darum nicht ohne Ionen mit entgegengesetzter Ladung dicht zusammengepackt werden.

Lösungen zu den Aufgaben

1	Seite 13	Eine Hypothese wird durch Kombinieren, Folgern und Nachdenken «erfunden». Sie wird geprüft, indem man Voraussagen aus ihr ableitet und experimentell überprüft.
2	Seite 13	Die Lebewesen sind schwieriger genau zu untersuchen als die toten Objekte der Physik. Sie reagieren nicht alle und nicht immer gleich. In Experimenten mit Lebewesen ist es oft schwierig, alle Faktoren konstant zu halten.
3	Seite 23	Man versucht den Käfer z. B. durch leichtes Stupsen zur Reaktion zu bringen.
4	Seite 23	Lebewesen wachsen – im Gegensatz zu toten Dingen wie einem Flussdelta – aktiv und planmässig. Ihr Wachstum geschieht nach einem bestimmten Plan, der auch die Form des Lebewesens mehr oder weniger vorgibt, was beim Wachstum des Flussdeltas nicht zutrifft.
5	Seite 23	Wir schliessen daraus, dass die Form der Löwenzahnblätter weitgehend durch das Erbgut bestimmt ist, während ihre Grösse von den Bedingungen am Standort mitbestimmt wird.
6	Seite 23	Richtig sind die Antworten B], D] und E]. zu A] Viele Pflanzen sind an einen Standort gebunden. Sie bewegen sich, aber sie bewegen sich nicht fort. zu C] Alle Lebewesen pflanzen sich fort, aber nicht unbedingt durch Ablegen von Eiern.
7	Seite 23	A] Lebewesen brauchen einen Stoffwechsel, um die nötigen Baustoffe herzustellen und Energie für ihre Aktivitäten zu beschaffen. B] Pflanzen können alle ihre organischen Stoffe aus anorganischen aufbauen, indem sie die Energie des Sonnenlichts nutzen. Sie sind autotroph. Tiere müssen organische Stoffe aufnehmen und beziehen auch die für ihre Aktivitäten nötige Energie aus der Nahrung. Sie sind heterotroph.
8	Seite 23	Er kann mit dem Mikroskop feststellen, ob in den Resten noch Zellen erkennbar sind. Er kann untersuchen, ob das Material die für Lebewesen typischen Proteine und Nucleinsäuren enthält.
9	Seite 26	A] Gewebe B] Population
10	Seite 26	A] Ein Organ ist ein Teil eines Organismus mit bestimmten Aufgaben. Es besteht aus mehreren Geweben. B] Die Zelle ist die einfachste Struktur eines Lebewesens, die selbstständig lebensfähig sein kann. C] Eine Biozönose besteht aus den Lebewesen eines Lebensraums (Biotops).

Totipotent	Bei vielen Pflanzen bleiben einzelne Körperzellen totipotent. Sie können Pflanzenteile ersetzen und ermöglichen so das hohe Regenerationsvermögen der Pflanzen. Totipotente Zellen können sich auch zu Nachkommen entwickeln und ermöglichen so die ungeschlechtliche Fortpflanzung.
Klone	Alle durch ungeschlechtliche Fortpflanzung entstandenen Nachkommen eines Lebewesens sind erbgleich, sie bilden einen Klon. Beim Klonen werden Klone (erbgleiche Nachkommen) künstlich erzeugt.

15.4 Gewebe und Organe

Organe	Der Körper eines Vielzellers besteht in der Regel aus verschiedenen Organen. Ein Organ ist ein Funktionszentrum aus verschiedenartigen Geweben, die zusammenarbeiten.
Gewebe	Ein Gewebe ist ein Verband von meist gleichartigen Zellen, die einander respektieren und zusammenarbeiten. Die Zellen tauschen durch ihre Zellmembranen oder über Plasmafäden Stoffe und Informationen aus.
Pflanzliche Gewebe	Bei Pflanzen gibt es Dauergewebe mit mehr oder weniger differenzierten, nicht teilungsfähigen Zellen sowie Bildungsgewebe (Meristeme) aus Zellen, die sich teilen und zu verschiedenen Zelltypen differenzieren können.
Tierische Gewebe	Tiere besitzen in der Regel keine Meristeme, aber teilungsfähige Stammzellen, aus denen sich mehrere Zellsorten entwickeln können. Am flexibelsten sind die Stammzellen der Embryonen: Sie können sich noch zu (fast) jedem Zelltyp differenzieren.
	Die Gewebe von Tieren können teilungsfähig sein wie z. B. die Haut oder das Knochenmark oder sie können ihre Teilungsfähigkeit verlieren wie die Nervenzellen. Teilungsfähige Gewebe erneuern sich ständig. Sie können auch wachsen und Verletzungen reparieren.

14.7 Befruchtung und Meiose

Befruchtung

Bei den Vielzellern sind die Körperzellen meist diploid und die Keimzellen (Gameten) haploid. Bei der Befruchtung verschmelzen zwei haploide Gametenkerne zu einem diploiden Zygotenkern. Jeder Elter trägt einen Chromosomensatz mit dem vollständigen Erbgut bei.

Meiose

Bei der Bildung von haploiden Gameten aus diploiden Zellen wird der Chromosomensatz durch Meiose halbiert. Bei der Meiose entstehen in zwei Teilungsschritten aus einem diploiden Kern vier haploide. Diese sind im Erbgut verschieden.

15 Zelldifferenzierung und Spezialisierung

15.1 Einzeller

Alleskönner

Bei den Einzellern erbringt eine Zelle alle Leistungen. Einzeller können sich durch Teilung fortpflanzen und kennen darum keinen Alterstod. Die beiden Tochterzellen sind meist gleich und haben dasselbe Erbgut wie die Mutterzelle, die nicht erhalten bleibt.

Spezialisierung

Die verschiedenen Einzeller sind im Bau auf bestimmte Umweltbedingungen und auf eine bestimmte Lebensweise spezialisiert.

15.2 Kolonien und Vielzeller

Kolonien

Kolonien sind Verbände von Zellen, die zusammenarbeiten, ohne sich (stark) zu differenzieren. Alle Zellen sind totipotent und selbstständig lebensfähig. Jede Zelle kann wieder eine Kolonie bilden.

Vielzeller

Die Zellen der Vielzeller sind unterschiedlich differenziert und nicht mehr selbstständig lebensfähig. Die Differenzierung im Bau ermöglicht eine Spezialisierung in der Funktion und damit eine effiziente Arbeitsteilung.

Die einzelnen Zellen eines Vielzellers sind in der Regel nicht in der Lage, den ganzen Vielzeller zu bilden. Sie sind nicht mehr totipotent. Vielzeller besitzen darum neben den Körperzellen spezielle Fortpflanzungszellen. Viele Körperzellen verlieren bei der Differenzierung auch die Fähigkeit, sich zu teilen. Sie altern und sterben. Weil sie auch durch Neubildung aus undifferenzierten Zellen nicht alle ersetzt werden können, ist die Lebensdauer der Vielzeller beschränkt.

Der Übergang zwischen Kolonien und einfachen Vielzellern ist, wie das Beispiel der Kugelalge *Volvox* zeigt, fliessend.

15.3 Zelldifferenzierung und Spezialisierung

Vor- und Nachteile

Die Zellen eines Vielzellers spezialisieren sich bei ihrer Entwicklung durch eine entsprechende Differenzierung im Bau auf bestimmte Aufgaben. Die Differenzierung verbessert bestimmte Leistungen, führt aber auch zum Verlust gewisser Fähigkeiten: Differenzierte Zellen sind nicht mehr totipotent.

Information

Die Kerne in den Körperzellen eines Vielzellers besitzen alle das ganze Erbgut, können aber nach der Differenzierung nicht mehr auf alle Informationen zugreifen.

Prophase	In der Prophase lösen sich die Kernhülle und die Kernkörperchen auf und die Chromatinfasern spiralisieren sich zu Chromatiden. Dabei entstehen aus den zwei identischen Chromatinfasern zwei Schwesterchromatiden, die nebeneinanderliegen und am Centromer zu einem Zweichromatiden-Chromosom verbunden sind. Jedes Chromosom hat eine charakteristische Grösse und Gestalt. Die meisten sind wäscheklammerförmig. Im Cytoplasma bildet sich der Spindelapparat. Seine Fasern bestehen aus Bündeln von Mikrotubuli.
Metaphase	In der Metaphase werden die Centromere der Chromosomen mit dem Spindelapparat verbunden und in die Äquatorialebene der Zelle gezogen.
Anaphase	In der Anaphase werden die Schwesterchromatiden getrennt. Jedes Centromer teilt sich und je eine der beiden Schwesterchromatide von jedem Chromosom wandert den Spindelfasern entlang zu einem der beiden Pole.
Telophase	In der Telophase bilden sich bei beiden Tochterkernen die Kernhüllen und die Kernkörperchen. Die Chromatinfasern entspiralisieren sich. Der Spindelapparat löst sich auf. Das Resultat der Mitose sind zwei identische Zellkerne.

14.4 Teilung des Cytoplasmas

Ablauf	Nach der Mitose teilt sich das Cytoplasma in der Regel in zwei etwa gleich grosse Hälften. Zellen ohne Zellwand teilen sich durch Einschnürung. Zellen mit einer Zellwand teilen sich durch die Bildung einer Trennwand aus der membranumhüllten Zellwandplatte, die durch Verschmelzen von Golgi-Vesikeln entsteht.

14.5 Chromosomenzahl

Chromatiden	Bei der Mitose entstehen zwei Kerne mit gleicher Information und gleicher Chromosomenzahl. Jedes Chromosom besteht zu Beginn der Mitose aus zwei Chromatiden, am Ende nur noch aus einem.

14.6 Haploide und diploide Zellen

Karyogramm	Das Karyogramm einer Zelle ist ein Bild, auf dem alle Chromosomen einer Zelle nach Grösse, Form (und Bandenmuster) geordnet (und nummeriert) zu sehen sind. Es wird aus einem Metaphasenbild hergestellt.
Haploid	Zellen mit einem einfachen Satz von n verschiedenen Chromosomen nennt man haploid.
	Die Chromosomen unterscheiden sich in Grösse, Gestalt und Bandenmuster voneinander. Die Zahl n der Chromosomen ist arttypisch und liegt zwischen zwei und über Tausend. Bei Menschen ist n = 23.
Diploid	Diploide Zellen besitzen einen doppelten oder zweifachen Chromosomensatz. Er besteht aus zwei einfachen Chromosomensätzen, von denen jeder das vollständige Erbgut enthält. Diploide Zellen besitzen 2n Chromosomen (beim Menschen als 2 × 23 = 46), von denen je zwei gleich aussehen und die Gene für die gleichen Merkmale tragen. Man nennt sie homologe Chromosomen.

Ablauf	Die Zellatmung beginnt mit der Glykolyse im Plasma: Das Glucose-Molekül wird gespalten in zwei Moleküle Brenztraubensäure. Diese werden in die Mitochondrien aufgenommen und zu Kohlenstoffdioxid und Wasser abgebaut. Beim Abbau eines Glucose-Moleküls werden 38 Moleküle ATP gebildet.
	Auch die Dissimilation von Fetten und Proteinen beginnt im Plasma. Sie liefert Zwischenprodukte, die in die Mitochondrien aufgenommen und in den Abbauweg der Glucose eingeschleust werden.

13.3 Gärungen

Ablauf	Bei Gärungen wird der Zucker ohne Sauerstoff (anaerob) im Plasma abgebaut. Der Abbau beginnt wie die Zellatmung mit der Glykolyse zu Brenztraubensäure. Diese wird dann in Milchsäure oder Ethanol umgewandelt. Weil diese Produkte wesentlich energiereicher sind als Kohlenstoffdioxid und Wasser, setzen Gärungen viel weniger Energie frei als die Zellatmung (nur 2 ATP aus einem Glucose-Molekül statt 38).
Arten	Die Milchsäuregärung treffen wir bei gewissen Pilzen und Bakterien. Tierische Zellen benutzen sie bei Sauerstoffmangel zur ATP-Beschaffung. Zur alkoholischen Gärung sind nur Hefepilze fähig.

14 Zellwachstum und Zellvermehrung

14.1 Bedeutung der Zellteilung

Bedeutung	Bei der Zellteilung teilt sich eine Zelle in zwei Tochterzellen mit gleichem Erbgut. Die Zellteilung führt zur Zellvermehrung.
	Bei Einzellern dient die Zellteilung der ungeschlechtlichen Fortpflanzung. Aus einem Lebewesen entstehen zwei «neue» mit gleichem Erbgut. Das ursprüngliche Lebewesen «verschwindet», ohne eine Leiche zu hinterlassen. Einzeller kennen keinen Alterstod.
	Bei Vielzellern kann die Zellteilung dem Wachstum und der Erneuerung oder der Fortpflanzung dienen. Zellen, die sich nicht mehr teilen, haben eine beschränkte Lebensdauer. Vielzeller altern.

14.2 Zellzyklus

Ablauf	Im Zellzyklus folgt auf jede Zellteilung eine Interphase, in der die Zelle wächst und das Erbgut verdoppelt. Im Interphasenkern liegt das Erbgut in Form von langen Chromatinfasern vor und kann zur Steuerung der Zelle (Bildung von mRNA) abgelesen werden. Die Chromatinfasern werden in der Interphase verdoppelt und zu Beginn der Kernteilung zu Chromosomen spiralisiert. Die Zellteilung beginnt mit der Kernteilung oder Mitose und endet mit der Teilung des Cytoplasmas.

14.3 Mitose

Prinzip	In der Mitose werden die in der Interphase verdoppelten Chromatinfasern so auf zwei Tochterkerne verteilt, dass jeder Kern je einen erhält. Dazu werden die langen Chromatinfasern durch mehrfaches Spiralisieren in eine transportierbare Form gebracht. Sie verkürzen und verdicken sich zu Chromosomen.

Lichtunabhängige Reaktionen

In den lichtunabhängigen Reaktionen wird aus Kohlenstoffdioxid und Wasserstoff Glucose hergestellt. Gleichzeitig entsteht Wasser.

$$6\ CO_2 + 24\ H \xrightarrow{+\text{Energie}} C_6H_{12}O_6 + 6\ H_2O$$

Die Energie für diese Reaktionen liefert das in den Lichtreaktionen bereitgestellte ATP.

Erweiterte Summengleichung

Dass Wasser sowohl Edukt als auch Produkt der Fotosynthese ist, kann durch die erweiterte Summengleichung ausgedrückt werden:

$$6\ CO_2 + 12\ H_2O \xrightarrow{+\text{Lichtenergie}} C_6H_{12}O_6 + 6\ O_2 + 6\ H_2O$$

12.3 Chemosynthese

Die Chemosynthese ist eine spezielle Form der C-Assimilation gewisser Bakterien. Die Summengleichung ist dieselbe wie bei der Fotosynthese. Die Energie wird aber nicht aus dem Licht, sondern durch die Oxidation von anorganischen Stoffen aus der Umgebung (z. B. Ammoniak und Schwefelwasserstoff) gewonnen.

13 Dissimilationsvorgänge

13.1 Übersicht

Definition

Dissimilation ist der Abbau energiereicher organischer Stoffe zu energieärmeren und der damit gekoppelte Aufbau von ATP aus ADP + P.

Aerober Abbau von Glucose

Im Zentrum der Dissimilationen steht der aerobe Abbau von Glucose durch die Zellatmung, der über viele Reaktionsschritte zu Kohlenstoffdioxid und Wasser führt.

Gärungen

Gärungen verlaufen anaerob, führen zu organischen Produkten und setzen nur wenig Energie frei.

Stärke und Fett

Glucose ist der wichtigste Betriebsstoff der Zelle. Zur Speicherung wird sie durch Verkettung ihrer Moleküle in die osmotisch praktisch unwirksame Stärke umgewandelt. Die Stärke kann bei Energiebedarf rasch wieder in Glucose gespalten werden. Zur langfristigen Speicherung wird aus Glucose Fett aufgebaut. Auch Kohlenhydrate können in Fette umgewandelt werden (1 g Fett speichert 39 kJ, 1 g Kohlenhydrat 16 kJ).

13.2 Zellatmung

Summengleichung

Bei der Zellatmung wird Glucose mit Sauerstoff zu Kohlenstoffdioxid und Wasser abgebaut:

$$C_6H_{12}O_6 + 6\ O_2 \xrightarrow{\text{Energie}} 6\ CO_2 + 6\ H_2O$$

Die Zellatmung verläuft unter Sauerstoffverbrauch (aerob) und setzt die ganze Energie frei, die bei der Fotosynthese in der Glucose gespeichert wurde. Ihre Summengleichung entspricht der Umkehrung der Fotosynthese. Bei der Bildung von 100 g Glucose entsteht also gleich viel Sauerstoff, wie bei deren Veratmung wieder verbraucht wird.

Aufgabe

Die freigesetzte Energie dient zum Aufbau des energiereichen ATP aus ADP + P. Das ATP überträgt die Energie auf die energieverbrauchenden Vorgänge (Bewegungen, Transporte, endotherme Reaktionen) und wird dabei wieder in ADP + P gespalten.

- Die Fotosynthese der grünen Pflanzen, welche die Energie mit dem Chlorophyll in ihren Chloroplasten aus dem Licht gewinnen.
- Die Chemosynthese einiger Bakterien, welche die Energie durch die Oxidation anorganischer Verbindungen gewinnen.

N-Assimilation

Zur Herstellung der Aminosäuren, aus denen die Proteine bestehen, und für die Nucleotide der Nucleinsäuren, muss auch das Element Stickstoff assimiliert werden, weil die Moleküle dieser Stoffe Stickstoff-Atome enthalten. Autotrophe Zellen verwenden als Stickstoffquelle anorganische Stoffe (z. B. Nitrate) aus dem Wasser oder aus dem Boden. Den gasförmigen Stickstoff aus der Luft können nur ganz wenige Bakterien nutzen.

Heterotroph

Heterotrophe Lebewesen müssen die organischen Bausteine, die sie für den Aufbau ihrer körpereigenen Stoffe und als Energieträger brauchen, als Nahrung aufnehmen. Da die kleinen organischen Moleküle, die sie ins Plasma aufnehmen können, in der Natur kaum frei vorkommen, müssen sie die körperfremden organischen Stoffe, die sie von anderen Lebewesen übernehmen, zuerst verdauen. Heterotrophe Lebewesen zerlegen die organischen Makromoleküle der Nahrung mit Verdauungsenzymen in die organischen Bausteine, die sie dann aufnehmen können:

- Proteine in Aminosäuren,
- Kohlenhydrate in Monosaccharide,
- Fette in Fettsäuren und Glycerin.

Die Verdauung findet ausserhalb des Plasmas statt: bei Einzellern in Nahrungsvakuolen, bei Vielzellern meist in speziellen Verdauungsorganen (Magen, Darm).

12.2 Fotosynthese

Summengleichung

Die Fotosynthese ist die Form der C-Assimilation, zu der die mit Chloroplasten ausgerüsteten Zellen fähig sind. In einer langen Folge von Reaktionen werden mithilfe von Lichtenergie aus je 6 Molekülen Kohlenstoffdioxid und Wasser und 1 Molekül Glucose und 6 Moleküle Sauerstoff hergestellt. Die Summengleichung lautet:

$$6\ CO_2 + 6\ H_2O \xrightarrow{+\ Lichtenergie} C_6H_{12}O_6 + 6\ O_2$$

Zur Herstellung von 100 g Glucose werden 1 570 kJ Energie benötigt.

Bedeutung

Die Fotosynthese bildet die Grundlage des Baustoffwechsels und versorgt die Lebewesen mit der nötigen Energie. Die Glucose dient zur Herstellung organischer Baustoffe und ihre Dissimilation liefert der Zelle die nötige Betriebsenergie. Der Sauerstoff wird zur Oxidation der organischen Stoffe in den Mitochondrien benötigt.

Die grünen Pflanzen nehmen aus dem Sonnenlicht 7.1×10^{18} kJ/a Energie auf, das ist etwa 20-mal so viel wie der technische Energieumsatz. Die jährliche Glucoseproduktion aller Pflanzen beträgt etwa 450 Milliarden Tonnen.

Lichtreaktionen

In den Lichtreaktionen der Fotosynthese wird am Chlorophyll im Granabereich der Chloroplasten Wasser fotolysiert. Der Sauerstoff wird als O_2 frei, der Wasserstoff wird an ein Träger-Molekül gebunden. Isotopenuntersuchung haben bewiesen, dass der freigesetzte Sauerstoff durch die Spaltung von Wasser entsteht. Zur Herstellung von einem Glucose-Molekül werden 12 Wasser-Moleküle in 6 Moleküle O_2 und 24 H-Atome gespalten. Das Chlorophyll verwendet die Lichtenergie auch zur Herstellung von ATP aus ADP + P. Das ATP bleibt im Chloroplasten und wird für die endothermen Reaktionen benötigt.

$$12\ H_2O \xrightarrow{+\ Lichtenergie} 24\ H + 6\ O_2$$

Wirkungsweise

Enzyme sind Proteine und ihre Moleküle haben eine bestimmte Form. Sie binden das Substrat-Molekül an die aktive Stelle und verändern es dadurch so, dass die Reaktion stattfindet. Die Zahl der Substrat-Moleküle, die ein Enzym-Molekül in einer Sekunde umsetzt, heisst Wechselzahl. Sie liegt je nach Enzym zwischen 1 und 600 000.

Temperaturabhängig

Die Geschwindigkeit chemischer Reaktionen steigt bei einer Erwärmung um 10 °C auf das 2- bis 3-Fache. Enzyme verlieren aber ab etwa 40 –50 °C ihre Wirkung, weil sich die Form ihrer Moleküle ändert. Sie werden denaturiert, d. h., sie verlieren ihre natürliche Faltung. Auch Stoffe wie Säuren können Enzyme inaktivieren, weil sie Proteine denaturieren.

11.3 Regulation der Enzyme

Synthese

Enzyme werden wie alle Proteine an den Ribosomen durch die Verknüpfung von Aminosäuren hergestellt. Der Kern steuert die Enzymsynthese, indem er das Rezept für das Enzym in Form der mRNA an die Ribosomen liefert. Die mRNA wird als Abschrift des entsprechenden Gens im Kern hergestellt.

Regelkreis

Die Bildung der mRNA und damit die Enzymsynthese kann durch das Edukt der Reaktion ausgelöst bzw. durch das Produkt gehemmt werden (Feedback). Man spricht von einem Regelkreis.

Enzymaktivität

Die Geschwindigkeit einer Reaktion wird auch über die Enzymaktivität reguliert. Die Wechselzahl eines Enzyms wird von Aktivatoren und Hemmstoffen beeinflusst. Eine Zunahme der Edukte und eine Abnahme der Produkte erhöhen die Enzymaktivität.

11.4 Stoffwechselketten und Fliessgleichgewicht

Fliessgleichgewicht

Selbst wenn sich die Konzentrationen der Stoffe in der Zelle nicht verändern, finden Tausende von chemischen Reaktionen statt. Die Zelle steht im Fliessgleichgewicht. Die Konzentration eines Stoffs ist konstant, solange sich Abbau und Ausscheidung auf der einen Seite und Synthese bzw. Aufnahme auf der anderen Seite die Waage halten.

Steuerung durch den Kern

Der Kern koordiniert die vielen Reaktionen des Zellstoffwechsels. Er erhält Informationen über die Konzentration der Stoffe in der Zelle und entscheidet mithilfe der Erbinformation und im Hinblick auf die geplanten Aktivitäten der Zelle, welche Reaktionen durch die Bildung der zuständigen Enzyme beschleunigt werden müssen. Er produziert die entsprechenden mRNA-Moleküle und schickt diese zu den Ribosomen, wo sie die Information für den Aufbau der Enzyme liefern.

12 Assimilationsvorgänge

12.1 Übersicht

Definition

Assimilation bedeutet Aufbau körpereigener organischer Stoffe.

Autotroph

Autotrophe Zellen und Lebewesen können ihre organischen Stoffe aus anorganischen aufbauen. Die dazu nötige Energie liefert ihnen meist das Licht. Bei der C-Assimilation (C: Kohlenstoff) wird primär Glucose hergestellt, bei der N-Assimilation (N: Stickstoff) entstehen hauptsächlich die Aminosäuren.

C-Assimilation

Bei der C-Assimilation stellen die autotrophen Zellen aus Kohlenstoffdioxid und Wasser Glucose ($C_6H_{12}O_6$) und Sauerstoff her, d. h., es werden die Elemente Kohlenstoff, Wasserstoff und Sauerstoff (C, H, O) assimiliert. Nach der dabei verwendeten Energie unterscheiden wir zwei Möglichkeiten:

- Zellen in einer Umgebung mit höherer Konzentration geben Wasser ab.
  - Wandlose Zellen schrumpfen. Sie können sich nur durch aktive Wasseraufnahme oder durch Erhöhen der Innenkonzentration schützen.
  - Bei Zellen mit Zellwänden sinkt der Turgor, der Zellinhalt schrumpft und kann sich von der Wand lösen (Plasmolyse). Die Zellwand verliert ihre Spannung. Nicht verholzte Pflanzenteile werden durch den Wasserverlust schlaff und welk.

Pflanzen sind fähig, durch gezielte Änderungen der Konzentration gelöster Teilchen den Turgor bestimmter Zellen zu verändern und dadurch Teile zu bewegen. So können z. B. Blätter am Tag gehoben und in der Nacht gesenkt werden.

Weil Meerwasser und Zellsaft isotonisch sein können, haben viele Meeresbewohner weniger osmotische Probleme als Süsswasserbewohner.

10.5 Stofftransport durch die Membran

Aktiv oder passiv

Der Stofftransport durch die Membran kann aktiv oder passiv sein. Beim aktiven Transport wird der Stoff mit Energieaufwand gegen das Konzentrationsgefälle transportiert. Beim passiven folgt er seinem Konzentrationsgefälle.

Transportwege

Für den Stofftransport durch die Membran gibt es drei Wege:

- Durch die Lipidschicht diffundieren ganz kleine Teilchen wie Wasser und etwas grössere lipophile Moleküle. Diese einfache Diffusion ist wenig selektiv und passiv.
- Durch Proteintunnel diffundieren bestimmte Ionen und hydrophile Teilchen. Diese erleichterte Diffusion ist auch passiv, aber regelbar und selektiver als die einfache.
- Carrier transportieren Teilchen sowohl passiv als auch aktiv. Carrier sind Protein-Moleküle, die meist durch die ganze Membran hindurchreichen. Sie binden ein bestimmtes Teilchen auf der einen Seite der Membran und schleusen es durch die Membran, indem sie ihre Gestalt ändern. Der aktive Transport braucht Energie in Form von ATP. Der Transport durch Carrier ist sehr selektiv und regelbar.

11 Regulation des Zellstoffwechsels

11.1 Regulation des Stoffaustauschs

Möglichkeiten

Der Zellstoffwechsel wird durch die Regulation des Stoffaustauschs und der chemischen Vorgänge geregelt.

Steuerung

Der Stofftransport durch die Membran wird durch Öffnen und Schliessen von Proteinkanälen und durch die Regulation der Carrieraktivität (z. B. über Hormone) gesteuert. Die einfache Diffusion lässt sich nur indirekt durch Verändern der Innenkonzentration beeinflussen.

11.2 Enzyme als Katalysatoren

Katalysatoren

Jede chemische Reaktion in der Zelle wird durch ein Enzym katalysiert. Das Enzym vermindert die zur Auslösung der Reaktion nötige Aktivierungsenergie so stark, dass die Reaktion auch bei der relativ niederen Temperatur in der Zelle stattfindet.

Ein Enzym katalysiert nur eine Reaktion eines einzigen Substrats: Es ist wirkungsspezifisch und substratspezifisch.

10 Stoffaustausch der Zelle

10.1 Überblick über den Stoffaustausch der Zelle

Der Zellstoffwechsel beginnt und endet mit dem Stoffaustausch, der an der Zelloberfläche oder über eine Vakuole stattfinden kann. Der Transport durch die Membran kann dem Konzentrationsgefälle folgend (passiv) ablaufen oder unter Energieaufwand (aktiv) gegen das Konzentrationsgefälle erfolgen.

10.2 Endocytose und Exocytose

Ablauf — Zellen ohne Zellwand können Nahrung mit körperfremden Stoffen durch Endocytose in eine Nahrungsvakuole aufnehmen. Die Makromoleküle werden in der Vakuole durch Verdauungsenzyme aus Lysosomen verdaut und die Bausteine werden ins Plasma aufgenommen. Unverdaubare Reste werden durch Exocytose ausgeschieden.

10.3 Diffusion

Definition — Diffusion ist die Durchmischung von Stoffen durch die ungerichtete Wärmebewegung der Teilchen. Die Diffusion gleicht Konzentrationsunterschiede aus. Jeder Stoff diffundiert unabhängig von anderen Stoffen seinem Konzentrationsgefälle folgend zum Bereich, in dem seine Konzentration tiefer ist.

Geschwindigkeit — Die Diffusionsgeschwindigkeit ist umso grösser, je höher das Konzentrationsgefälle ist. Sie nimmt mit steigender Temperatur zu, weil die Bewegung der Teilchen schneller wird.

10.4 Osmose

Definition — Osmose ist eine einseitige Diffusion von Wasser durch eine selektiv permeable Membran. Das Wasser diffundiert zur Lösung mit der höheren Konzentration gelöster Teilchen. In dieser steigt dadurch der Druck, sie heisst darum hypertonisch. In der Lösung mit der tieferen Konzentration sinkt der Druck, sie heisst hypotonisch.

Isotonisch — Lösungen mit gleicher Konzentration gelöster Teilchen nennt man isotonisch. Zwischen isotonischen Lösungen diffundiert das Wasser in beide Richtungen gleich schnell.

Osmotischer Druck — Der osmotische Druck einer Lösung ist der Druck, den sie in einem Osmometer durch die Wasseraufnahme erreicht. Er ist ein Mass für ihre Tendenz, Wasser aufzunehmen. Der osmotische Druck ist abhängig von der Konzentration der gelösten Teilchen. Die Art der Teilchen spielt keine Rolle.

Osmose bei Zellen — Bei Zellen in wässriger Lösung führt die Osmose je nach dem Konzentrationsunterschied zwischen innen und aussen zur Wasseraufnahme oder zur Wasserabgabe:

- Zellen in Wasser oder hypotonischen Lösungen nehmen durch Osmose Wasser auf.
  - Zellen ohne Zellwände müssen das eindringende Wasser z. B. durch pulsierende Vakuolen nach aussen befördern (Osmoregulation).
  - Bei Zellen mit Zellwänden wird die Wasseraufnahme durch den Gegendruck der Wand beendet. Der Innendruck der Zelle (Turgor) und die gespannte Zellwand verleihen der Zelle Stabilität.
  - Zur Vermeidung einer übermässigen Wasseraufnahme in die Zellen trägt der Umbau von Glucose zur osmotisch fast unwirksamen Stärke bei.

8 Zelltypen

Zelltypen

Man unterscheidet Procyten und Eucyten.

Unterschiede

Procyten besitzen im Unterschied zu Eucyten keine Organellen, die durch eine Membran oder eine Hülle begrenzt sind.

- Anstelle eines Kerns haben sie eine Kernregion, mit einem einzigen stark geknäuelten DNA-Molekül.
- Anstelle von Mitochondrien und Plastiden besitzen sie Einstülpungen der Zellmembran, welche die Enzyme für die Zellatmung bzw. für die Fotosynthese tragen.
- Die Zellwand besteht nicht aus Cellulose.
- Allfällig vorhandene Geisseln sind Proteinfäden.

Prokaryoten und Eukaryoten

Lebewesen, die aus Procyten bestehen, heissen Prokaryoten. Zu ihnen zählen die Bakterien. Zu den aus Eucyten aufgebauten Eukaryoten gehören alle Pflanzen und Tiere.

9 Stoffwechsel der Zelle im Überblick

9.1 Stoffwechsel eines autotrophen Einzellers

Aufgaben

Der Zellstoffwechsel produziert Bau- und Reservestoffe, die das Wachstum, die Erneuerung und die Fortpflanzung der Zelle ermöglichen. Er liefert auch die Energie für alle Aktivitäten der Zelle. Der Zellstoffwechsel umfasst neben den chemischen Umsetzungen in der Zelle auch den Stoffaustausch mit der Umgebung und den Stofftransport.

9.2 Stoffwechsel eines heterotrophen Einzellers

Assimilation und Dissimilation

Bei den chemischen Umsetzungen in der Zelle kann zwischen Assimilations- und Dissimilationsvorgängen unterschieden werden:

- Durch die Assimilation werden körpereigene Stoffe aufgebaut.
    - Autotrophe Zellen assimilieren anorganische Stoffe und bauen aus diesen mithilfe von Lichtenergie energiereiche organische Stoffe auf.
    - Heterotrophe Zellen müssen energiereiche organische Stoffe aufnehmen. Diese werden in Nahrungsvakuolen eingeschlossen und darin in die aufnehmbaren Bausteine zerlegt (Proteine in Aminosäuren, Kohlenhydrate in Monosaccharide und Fette in Fettsäuren und Glycerin).
- Durch die Dissimilation werden energiereiche organische Stoffe abgebaut. Die freigesetzte Energie dient zur Bildung von ATP.

7.9 Cytoskelett und Bewegungen (in) der Zelle

Bau   Das Cytoskelett besteht aus feinen Proteinröhrchen (Mikrotubuli) und -fäden (Mikrofilamenten) im Cytoplasma.

Aufgaben   Das Cytoskelett stabilisiert die innere Struktur der Zellen und hält wandlose Zellen in Form. Es ermöglicht zusammen mit Motorproteinen sowohl die Bewegungen innerhalb der Zelle als auch die Verformung und die Bewegung der ganzen Zelle. Dabei verschieben sich die Motorproteine gegen fixe Elemente des Cytoskeletts. Die Energie für diese Bewegung liefert das ATP, das dabei in ADP + P gespalten wird.

Zellorganellen   Zellorganellen werden von Motorproteinen entlang von Mikrotubuli verschoben.

Muskelzellen   Bei der Verkürzung von Muskelzellen gleiten die Filamente des Motorproteins Myosin zwischen die Actin-Filamente hinein. ATP liefert die Energie.

Geisseln   Geisseln und Wimpern von Eucyten sind feine Plasmafortsätze mit der charakteristischen 9+2-Anordnung von Mikrotubuli. Die Schlagbewegung entsteht, indem Mikrotubuli von Motorproteinen mit ATP-Energie gegeneinander verschoben werden.

Plasmaströmung   Auch die Plasmaströmung in Zellen und der Plasmafluss bei der Fortbewegung von Zellen werden durch die Verschiebung von Motorproteinen gegenüber Actinfilamenten mit ATP-Energie verursacht

7.10 Zellwand

Bau   Die Zellwand wird vom Protoplasten durch Ausscheidung des Wandmaterials aufgebaut. Sie besteht aus einer Grundsubstanz und Cellulosefasern. Die Primärwand enthält wenig und zerstreut angeordnete Cellulosefasern und ist darum dehnbar. Sie wächst durch Dehnung und Auflagerung von Material. Die Sekundärwand besteht aus mehreren Schichten, die sich in der Richtung der jeweils parallel angeordneten Cellulosefasern voneinander unterscheiden. Durch Einlagerung von Lignin werden Zellwände härter, durch Ein- oder Auflagerung von Cutin und Suberin werden sie wasser- und gasdicht.

Tüpfel   Tüpfel sind feine Poren in den Zellwänden, durch die dünne Cytoplasmastränge ziehen.

Bildung   Bei der Zellteilung entsteht eine neue Trennwand, indem Golgi-Vesikel zu einer Zellwandplatte verschmelzen. Die Membranen der Vesikel bilden die neuen Teilstücke der Zellmembranen der beiden Tochterzellen, ihre Inhalte die gemeinsame Mittellamelle. Auf diese baut dann jede Zelle ihre Zellwand auf.

Aufgaben   Die Zellwand gibt der Zelle Form und Halt und schützt sie gegen mechanische Einwirkungen. Sie begrenzt auch die Wasseraufnahme in die Zelle.

Interzellularen   Interzellularen sind Hohlräume zwischen den Zellwänden benachbarter Zellen. Sie enthalten Luft und ermöglichen den Gastransport innerhalb der Pflanze.

7.6 Ribosomen

Bau Die Ribosomen sind winzige Kügelchen aus Proteinen und RNA, die auf dem rauen ER sitzen oder im Plasma liegen. Sie entstehen durch Selbstaufbau.

Aufgaben Die Ribosomen produzieren Protein-Moleküle, indem sie die Moleküle der Aminosäuren zu Ketten verknüpfen. Jedes Protein wird nach einem eigenen Rezept, das der Kern in Form der Boten-RNA (mRNA) liefert, hergestellt.

7.7 Plastiden

Bau Plastiden sind im LM sichtbare, 2–8 µm lange, meist ovale Zellorganellen mit einer Hülle aus zwei Membranen. Sie enthalten neben Plasma eigene DNA und Ribosomen.

Vorkommen und Entstehung Plastiden kommen nur in Pflanzenzellen vor. Die drei Arten von Plastiden entstehen durch Differenzierung aus undifferenzierten Proplastiden, die sich bei Bedarf durch Teilung vermehren. Die verschiedenen Plastiden können sich z.T. auch ineinander umwandeln. Wir unterscheiden:

- die grünen Chloroplasten für die Fotosynthese,
- die farbigen Chromoplasten als Farbstoffträger und
- die farblosen Leukoplasten als Stärkespeicher.

Chloroplasten Bei den Chloroplasten ist die innere Oberfläche durch Membranplatten, die sich als Einfaltungen der inneren Membran bilden, stark vergrössert. Die Membranplatten enthalten die Enzyme für die Fotosynthese und bilden stellenweise dichte Stapel (Grana), die das Chlorophyll tragen. Dazwischen liegt das Stroma.

Chlorophyll Das Chlorophyll in den Granabereichen absorbiert das Licht für die Fotosynthese, durch die Kohlenstoffdioxid und Wasser mithilfe von Lichtenergie in Glucose und Sauerstoff umgewandelt wird.

Fotosynthese Die Fotosynthese liefert die Nahrungsgrundlage, den Sauerstoff und die Energie für alle Lebewesen.

7.8 Mitochondrien und die Zellatmung

Bau Mitochondrien sind im LM knapp sichtbare, meist ovale Organellen mit einer Länge von 0.5–2 µm. Sie kommen in allen Eucyten vor. Mitochondrien sind durch eine Hülle aus zwei Membranen abgegrenzte Organellen mit Plasma, DNA und Ribosomen. Sie entstehen durch Teilung bereits vorhandener Mitochondrien. Ihre innere Oberfläche ist durch Einstülpungen der inneren Membran stark vergrössert. Diese trägt die Enzyme für die Zellatmung.

Zellatmung Durch die Zellatmung werden energiereiche Stoffe wie Glucose mit Sauerstoff zu Kohlenstoffdioxid und Wasser abgebaut. Die frei werdende Energie dient zum Aufbau des energiereichen ATP (Adenosintriphosphat) aus ADP + P (Adenosindiphosphat und Phosphat). Mitochondrien wandeln die Energie energiereicher organischer Stoffe in ATP-Energie um.

Das ATP überträgt die Energie auf die energieverbrauchenden Vorgänge (Bewegungen, Transporte, endotherme Reaktionen) und wird dabei wieder in ADP + P umgewandelt.

Das raue ER trägt die Ribosomen, an denen Aminosäuren zu Proteinen verknüpft werden. Es produziert vor allem Membranproteine, die Enzyme der Lysosomen und Proteine für den Export. Das glatte ER produziert die Membranlipide und trägt Enzyme für die Herstellung und den Abbau von Kohlenhydraten.

Golgi-Apparat

Der Golgi-Apparat besteht aus den miteinander verbundenen Dictyosomen einer Zelle. Ein Dictyosom ist ein Stapel von membranumhüllten scheibenförmigen Hohlräumen mit wulstigem Rand.

Dictyosomen

Dictyosomen nehmen ständig Vesikel auf und schnüren neue ab. Sie sortieren und lagern die hauptsächlich vom ER angelieferten Stoffe und verschicken sie, in neuer Kombination in Golgi-Vesikel verpackt, zu Zielen in der Zelle oder zur Zelloberfläche.

Vesikel und Vakuolen

Vesikel und Vakuolen sind durch eine Membran begrenzte Bläschen bzw. Räume mit nichtplasmatischem Inhalt. Sie dienen zur Speicherung und zum Transport von Stoffen.

- Transportvesikel werden von der Zellmembran oder vom inneren Membransystem abgeschnürt, zu ihrem Zielort befördert und in dessen Membran eingebaut, wobei ihr Inhalt in das gewünschte Kompartiment gelangt.
- Nahrungsvakuolen entstehen, indem Zellen ohne Zellwand körperfremde Stoffe durch Endocytose aufnehmen. Ihr Inhalt wird durch die Verdauungsenzyme aus den Lysosomen zerlegt. Die Nährstoffe werden ins Plasma aufgenommen und das Unverdaubare wird durch Exocytose aus der Zelle ausgeschieden.
- Lysosomen werden am Golgi-Apparat gebildet und enthalten Verdauungsenzyme, die zuvor an den Ribosomen des ER produziert wurden. Sie dienen zur Zerlegung körperfremder Stoffe und zur Entsorgung bzw. Recyclierung alter oder überzähliger Zellbestandteile. Durch Öffnen der Lysosomen löst sich die Zelle auf.
- Die grosse mit Zellsaft gefüllte Vakuole der Pflanzenzelle entsteht beim Wachstum der Zelle. Sie enthält Reserve-, Abfall- und Farbstoffe.

7.5 Zellkern

Bau

Der Zellkern hat einen Durchmesser von 5–25 μm und ist durch eine von Poren unterbrochene Hülle aus zwei Membranen abgegrenzt. Er enthält das Kernplasma, die Kernkörperchen und die Chromatinfasern, die aus DNA und Proteinen bestehen.

Aufgaben

Der Kern bewahrt das Erbgut, das in der Reihenfolge der Nucleotide (A, C, G, T) der DNA gespeichert ist.

Der Kern benutzt die Erbinformation zur Steuerung der Zelle, indem er Rezepte (Boten-RNA) für die Herstellung von Enzymen abgibt. Die Enzyme bringen dann die gewünschten Reaktionen in der Zelle in Gang.

Das Rezept für den Bau eines Proteins ist eine Boten-RNA (mRNA). Sie wird als Abschrift eines DNA-Abschnitts (eines Gens) gebildet und zu den Ribosomen geschickt. Hier bestimmt sie, welche Aminosäuren in welcher Reihenfolge verknüpft werden müssen, um das Protein zu erhalten, das dann als Enzym die gewünschte Reaktion in Gang setzt.

Der Kern verdoppelt das Erbgut (die Chromatinfasern) vor der Teilung. Bei der Kernteilung werden die verdoppelten Chromatinfasern so verteilt, dass jeder Tochterkern je einen erhält. Dazu verkürzen und verdicken sich die Chromatinfasern zu Chromosomen.

7.2 Biomembran

Bau

Die Biomembran ist etwa 7 nm dick und besteht aus Lipiden und Proteinen. Die Lipid-Moleküle bilden eine Doppelschicht, in der die hydrophilen Köpfe nach aussen und die lipophilen Schwänze nach innen gerichtet sind. Im EM erscheinen die zwei Schichten der hydrophilen Köpfe als dunkle Linien beidseits der helleren lipophilen Innenschicht.

Flüssig-Mosaik-Modell

Nach dem Flüssig-Mosaik-Modell schwimmen die Proteine mit unterschiedlichem Tiefgang in der zähflüssigen Lipid-Doppelschicht. Einige reichen durch die ganze Membran hindurch und Tunnelproteine bilden durchgehende Tunnel für hydrophile Teilchen.

Nach dem moderneren dynamisch strukturierten Mosaikmodell sind Membranen lokal stark strukturiert. Das Gewicht dieses Modells liegt stärker auf dem Aspekt eines strukturierten Mosaiks als auf dem der Eigenschaften einer Flüssigkeit.

Veränderliche Struktur

Die Membran kann ihre Struktur und damit auch ihre Durchlässigkeit verändern. Membransysteme können Stücke abschnüren oder einbauen. Die flüssigen Lipid-Doppelschichten von Membranstücken verschmelzen fugenlos.

Aufgaben

Membranproteine haben viele Aufgaben. Sie können als Enzyme wirken, Stoffe durch die Membran transportieren und als Rezeptoren Botenstoffe erkennen.

Membranen grenzen Zellen und Kompartimente der Zelle ab und regulieren den Stoffaustausch. Sie vergrössern die Oberfläche von Zellen und Organellen und beschleunigen dadurch den Stoffaustausch und den Stoffumsatz.

Weil viele Enzyme an Membranen gebunden sind, finden die von ihnen katalysierten Reaktionen nur in bestimmten Kompartimenten (Reaktionsräumen) statt. Membranen regulieren den Stoffaustausch. Sie können Stoffe durch die Lipidschicht oder durch Proteintunnel durchtreten lassen oder mit Carriern aktiv transportieren.

Membranen dienen dem Informationsaustausch. Sie enthalten Rezeptoren für bestimmte Botenstoffe und sie können auf Reize reagieren, indem sie ein elektrisches Potenzial aufbauen bzw. verändern.

7.3 Zellmembran

Aufgaben

Die Zellmembran grenzt die Zelle nach aussen ab. Sie reguliert den Stoffaustausch und sie ermöglicht die Reaktionen auf Reize und die Kommunikation zwischen den Zellen.

Bau

Die Zellmembran unterscheidet sich von anderen Biomembranen durch die auf ihrer Aussenseite angehängten Kohlenhydrat-Moleküle, die als Kennzeichen und als Antennen der Rezeptoren für Botenstoffe dienen.

7.4 Membransystem des Cytoplasmas

Zusammensetzung und Struktur

Das Membransystem des Cytoplasmas umfasst die Organellen, die durch eine einfache Membran abgegrenzt sind: das endoplasmatische Reticulum (ER), den Golgi-Apparat sowie Vesikel und Vakuolen. Das Membransystem des Cytoplasmas ändert seine Struktur durch den Auf- und Abbau von Membranen und durch den Austausch von Membranstücken in Form von Vesikeln ständig.

Endoplasmatisches Reticulum

Das endoplasmatische Reticulum (ER) ist ein System von Kanälen und Hohlräumen, die durch eine Membran vom Plasma abgegrenzt sind. Das ER durchzieht die ganze Zelle und verändert sich ständig durch Abschnüren und Eingliedern von Vesikeln.

Schema einer tierischen Zelle

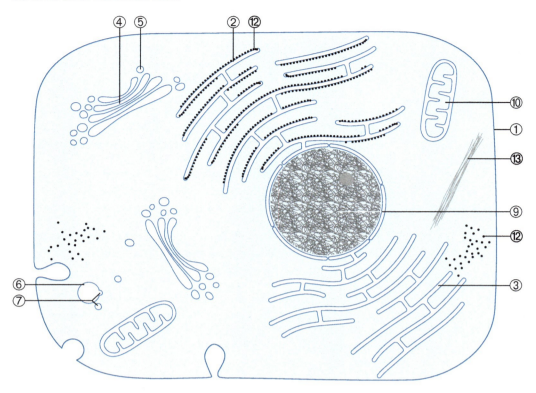

Überblick über die Organellen und die Feinstruktur der Zelle

Struktur		Funktion
14	Zellwand	Nur bei Pflanzenzelle. Schutz und Stütze
1	Zellmembran	Regelt den Stoffaustausch, ermöglicht Kommunikation
Organellen mit einfacher Membran		
2	Raues endoplasmatisches Reticulum (ER)	Kompartimentierung, Proteinsynthesen
3	Glattes ER	Kompartimentierung, Lipidsynthese, Stoffumwandlungen
4	Dictyosom	Teil des Golgi-Apparats. Versandplatz, Synthesen
5	Vesikel	Transportieren und lagern Stoffe
6	Nahrungsvakuole	Nahrungsaufnahme und Verdauung
7	Lysosomen	Mit Enzymen zur Verdauung und Selbstverdauung
8	Vakuole	Lagerplatz für Reserve-, Farb- und Abfallstoffe
Organellen mit einer Hülle aus zwei Membranen		
9	Zellkern (Hülle, Kernkörperchen, Chromatin)	Träger des Erbguts, Steuerung der Zelle
10	Mitochondrien	Zellatmung, Energieumwandlung, Herstellung von ATP
11	Plastiden	Nur bei Pflanzenzelle. Chloroplasten: Fotosynthese / Chromoplasten: Farbträger / Leukoplasten: Stärkespeicher
Organellen ohne Membran		
12	Ribosomen	Proteinsynthese
13	Mikrotubuli, Mikrofilamente	Elemente des Cytoskeletts. Stütze, Bewegung, Formgebung

7 Das elektronenmikroskopische Bild der Zelle

7.1 Übersicht

Kompartimente

Membranen grenzen die meisten Organellen der Eucyte ab und teilen die Zelle in Kompartimente (Reaktionsräume) mit unterschiedlichen Funktionen auf. Membranen vergrössern auch die Oberfläche für den Stoffaustausch und für die Unterbringung von Enzymen.

Typen von Organellen

Eine Membran grenzt ein Kompartiment mit Plasma von einem nichtplasmatischen Kompartiment ab. Darum gibt es drei Typen von Organellen:

- Organellen mit einer Hülle aus zwei Membranen, enthalten Plasma, DNA und Ribosomen und entstehen durch Teilung: Zellkern, Plastiden und Mitochondrien.
- Organellen mit einfacher Membran und nichtplasmatischem Inhalt, entstehen durch Abschnürung von Membranstücken: ER, Golgi-Apparat, Vesikel und Vakuolen.
- Organellen ohne abgrenzende Membran, entstehen durch Selbstaufbau: Ribosomen und Elemente des Cytoskeletts.

Schema einer pflanzlichen Zelle

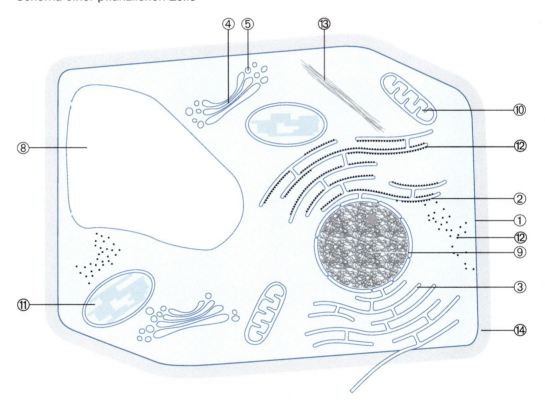

Raster-EM

Im Rasterelektronenmikroskop (REM) wird die Objektoberfläche mit einem Elektronenstrahl abgetastet. Das REM erzeugt plastische bis ca. 20 000-fach vergrösserte Bilder von Oberflächen.

6 Ein erster Blick in die Zelle

6.1 Die Pflanzenzelle im Lichtmikroskop

Erkennbare Strukturen

Mit dem Lichtmikroskop sind in Pflanzenzellen folgende Strukturen sichtbar:

- Die Zellwand, die den Protoplasten als schützendes und stützendes Gehäuse umschliesst.
- Der Protoplast, der den Zellkern und das Cytoplasma umfasst und durch die Zellmembran abgegrenzt wird.
- Der Zellkern mit dem Erbgut, der die Entwicklung und die Aktivitäten der Zelle steuert.
- Das Cytoplasma aus dem gelartigen proteinreichen Grundplasma und den darin eingebetteten Organellen.
- Drei Arten von Plastiden: Chloroplasten für die Fotosynthese, Chromoplasten als Farbstoffträger und Leukoplasten für die Speicherung von Stärke.
- Die Mitochondrien, die als Kraftwerk der Zelle energiereiche Verbindungen zur Freisetzung der gespeicherten Energie mithilfe von Sauerstoff abbauen (oxidieren).
- Die Vakuolen, die durch eine Membran abgegrenzt und mit Zellsaft gefüllt sind. Die Vakuolen verschmelzen beim Wachstum der Pflanzenzelle meist zu einem einzigen grossen Zellsaftraum. Der Zellsaft enthält Reserve-, Farb- und Abfallstoffe.

6.2 Die Tierzelle im Vergleich zur Pflanzenzelle

Tierzelle

Tierischen Zellen fehlen im Unterschied zu den pflanzlichen Plastiden, Zellwand und eine grosse Vakuole. Sie sind heterotroph.

Unterschiede

Die Unterschiede im Bau der Zellen von Pflanzen und Tieren stehen mit den Unterschieden in der Lebensweise von Pflanzen und Tieren in Zusammenhang:

Pflanzen	Pflanzenzellen
• sind in der Regel autotroph.	→ besitzen Plastiden.
• finden ihre Nahrung an einem Ort, können sich nicht fortbewegen.	→ sind durch die starre Zellwand geschützt und gestützt.
• brauchen eine grosse Oberfläche für die Aufnahme von Stoffen und Licht, wachsen rasch und oft hoch.	→ wachsen rasch unter Vergrösserung der Vakuolen und stabilisieren sich durch feste Zellwände.
Tiere	Tierzellen
• sind heterotroph.	→ besitzen keine Plastiden.
• müssen sich bewegen, um ihre organische Nahrung zu finden.	→ besitzen keine starre Zellwand.
• müssen nicht so rasch wachsen.	→ bilden keine grossen Vakuolen.

4.8 Nucleinsäuren

Aufgaben — Nucleinsäuren spielen in den Zellen als Informationsspeicher und als Informationsüberträger eine zentrale Rolle. Ihre Moleküle sind fadenförmige Makromoleküle mit vier verschiedenen Nucleotiden als Bausteinen.

DNA — Die Reihenfolge der Nucleotide (A, C, G und T) in der DNA, die im Kern aufbewahrt wird, enthält das Erbgut, d. h. die vererbbare Information für den Bau, die Entwicklung und den Betrieb des Lebewesens.

RNA — Verschiedene Typen von RNA werden im Kern als Abschrift eines DNA-Abschnitts gebildet. Sie dienen als Informationsüberträger bei der Steuerung der Zelle und als Baustoffe.

5 Grundlagen und Methoden der Zellbiologie

5.1 Entdeckung der Zelle und die Zelltheorie

Entdeckung — Die Zelle wurden 1665 von R. Hooke mit einem der ersten Mikroskope im Kork entdeckt. 1838 postulierten Schleiden und Schwann die Zelltheorie, die Virchow 1855 ergänzte:

- Alle Lebewesen bestehen aus Zellen.
- Die Zelle ist die kleinste Einheit des Lebens.
- Zellen entstehen nur aus Zellen (Virchow).

Definition — Die Zelle ist die kleinste Struktur eines Lebewesens, die selbstständig lebensfähig sein kann. Zellen sind meist 1/100–1/10 mm gross und stimmen in vielen Merkmalen überein. Relativ grosse Unterschiede gibt es zwischen den sehr einfach gebauten Procyten der Bakterien und den Eucyten der übrigen Lebewesen.

Die Vielfalt der Lebensformen ist nicht durch Unterschiede im Bau ihrer Zellen, sondern durch die unterschiedliche Zahl und Anordnung ähnlich gebauter Zellen bedingt.

5.2 Mikroskope geben Einblick

Lichtmikroskop — Im Lichtmikroskop können dünne Objekte oder Schnitte bis zu 2 000-fach vergrössert werden. Die Beobachtung lebender Objekte ist möglich, wenn diese lichtdurchlässig und kontrastreich sind. Die meisten biologischen Objekte müssen geschnitten und gefärbt werden.

Entscheidend für die Leistung eines Mikroskops ist neben der Vergrösserung das Auflösungsvermögen. Es ist durch die Wellenlänge des Lichts beschränkt. Leistungsfähige Lichtmikroskope bilden zwei Punkte mit einem Abstand von 300 nm noch getrennt ab.

Elektronenmikroskop — Elektronenmikroskope arbeiten mit Elektronenstrahlen, die mit Elektromagneten gelenkt und gesammelt und dann auf einem Leuchtschirm sichtbar gemacht werden. Weil die Wellenlänge der Elektronenstrahlen viel kürzer ist als die des Lichts, kann man mit dem EM viel höhere Auflösungen erreichen als mit dem LM.

Transmissions-EM — Im Transmissionselektronenmikroskop (TEM) werden sehr dünne und entsprechend präparierte Objekte im luftleeren Raum mit Elektronenstrahlen durchleuchtet und auf einem Leuchtschirm abgebildet. Das TEM kann Punkte mit einem Abstand von 0.3 nm noch getrennt abbilden und bis einmillionenfach vergrössern. Biologische Objekte müssen vor der Betrachtung entwässert und zur Erhöhung des Kontrasts z. B. mit Metallen bedampft werden. Die Beobachtung lebender Objekte ist im EM darum nicht möglich.

4.5 Kohlenhydrate

Aufgaben

Kohlenhydrate dienen den Lebewesen als Betriebs-, Reserve- und Baustoffe. Ihre Oxidation liefert die für das Leben nötige Energie.

Einteilung

Man unterscheidet Mono-, Di- und Polysaccharide:

- Das wichtigste Monosaccharid ist die Glucose (Traubenzucker) mit der Formel $C_6H_{12}O_6$, die im Stoffwechsel aller Lebewesen im Zentrum steht. Sie dient als Ausgangsstoff zur Herstellung vieler organischer Stoffe, und ihre Oxidation durch die Zellatmung liefert den Lebewesen Energie für ihre Aktivitäten.
- Der Rohrzucker ist ein Disaccharid, dessen Moleküle aus je einem Molekül Glucose und Fructose (Fruchtzucker) aufgebaut sind.
- Stärke und Cellulose sind Polysaccharide, die aus Glucose aufgebaut werden. Ihre Makromoleküle unterscheiden sich in Grösse und Form. Auch die Art der Bindung zwischen den Glucose-Molekülen ist verschieden.
    - Cellulose dient den Pflanzenzellen als Baumaterial für die Zellwände. Ihre Moleküle sind unverzweigte Ketten aus bis zu 10 000 Glucose-Molekülen.

Stärke

Stärke dient als Reservestoff. Ihre Moleküle können verzweigt oder unverzweigt sein und aus bis zu 100 000 Glucose-Bausteinen bestehen.

4.6 Lipide

Aufgaben

Lipide sind lipophile, wasserunlösliche Stoffe. Die bekanntesten sind die Fette, die den Lebewesen als Betriebs- und Reservestoffe sowie als Isolationsmaterial dienen. Ihr Energiewert ist mit 39 kJ/g mehr als doppelt so hoch wie der Energiewert der Kohlenhydrate.

Molekülbau

Ein Fett-Molekül wird aus einem Glycerin- und drei Fettsäure-Molekülen aufgebaut.

4.7 Proteine (Eiweisse)

Aufgaben

Proteine üben im Organismus viele Funktionen aus. Sie sind die wichtigsten Baustoffe der Zelle und sie katalysieren als Enzyme die chemischen Reaktionen in den Lebewesen.

Synthese

Jedes Lebewesen baut seine Proteine selbst aus Aminosäuren auf. In den natürlichen Proteinen kommen 20 Sorten von Aminosäuren vor.

Bausteine

Die Moleküle der Aminosäuren enthalten neben C-, H- und O- auch N-Atome. Sie bestehen aus einem Standardteil mit zwei Bindungsstellen und einen Rest, der bei den 20 verschiedenen Aminosäuren verschieden ist.

Molekülbau

Die Makromoleküle der Proteine sind unverzweigte Ketten aus vielen (meist einigen Hundert) Aminosäure-Molekülen. Jedes Protein-Molekül hat eine bestimmte Zusammensetzung mit einer charakteristischen Primärstruktur (Aminosäuren-Sequenz).

Unter natürlichen Bedingungen nimmt der Proteinfaden eine ganz bestimmte Gestalt an (Sekundär- und Tertiärstruktur). Bei der Denaturierung ändert sich die Faltung des Proteinfadens, z. B. durch Hitze, und das Protein verliert seine biologische Aktivität.

4 Luft, Wasser und die Stoffe des Lebens

4.1 Luft

Aufgaben

Die Erde ist umgeben von einer Gashülle, die man Atmosphäre nennt. Die Atmosphäre ist für das Leben auf der Erde unentbehrlich. Sie reguliert den Wärmehaushalt der Erde, schützt vor schädlicher Strahlung und ermöglicht den Lebewesen die Atmung.

Zusammensetzung

Luft ist ein Gasgemisch mit etwa 80% Stickstoff und 20% Sauerstoff:

- Den reaktionsträgen Stickstoff (N_2) nutzen nur ganz wenige Lebewesen.
- Der Sauerstoff (O_2) wird von den Pflanzen produziert und von den meisten Organismen für die Oxidation der organischen Stoffe im Betriebsstoffwechsel benötigt.
- Kohlenstoffdioxid (CO_2) entsteht bei der Oxidation organischer Stoffe in den Zellen und bei Verbrennungen. Pflanzen verwenden es in der Fotosynthese zur Herstellung organischer Stoffe. Durch die Verbrennung fossiler Brennstoffe steigt der Kohlenstoffdioxidgehalt der Luft. Das verstärkt den Treibhauseffekt.

Treibhausgase

Treibhausgase (Wasserdampf, Kohlenstoffdioxid) absorbieren die Wärme, welche die erwärmte Erdoberfläche abgibt, und erhöhen so die Temperatur (von −18 auf 15 °C).

4.2 Wasser und wässrige Lösungen

Aufgaben

Wasser ist der mengenmässig dominierende Bestandteil der Lebewesen und erfüllt wichtige Aufgaben. Es nimmt an Reaktionen teil und ist das wichtigste Lösungsmittel. Die chemischen Reaktionen des Stoffwechsels spielen sich meist in wässrigen Lösungen ab und viele Stoffe werden in gelöster Form transportiert. Wasser dient auch zur Kühlung und viele Lebewesen leben im Wasser.

Eigenschaften

Wasser hat aufgrund der hohen Kräfte zwischen den Wasser-Molekülen eine relativ hohe Dichte und eine hohe Siedetemperatur.

Lösungen

Wasser löst viele Salze und hydrophile Molekülverbindungen gut. Beim Lösen eines Stoffs verteilen sich dessen Teilchen zwischen den Wasser-Molekülen. Mit steigender Temperatur nimmt die Löslichkeit von Feststoffen zu, während die Löslichkeit von Gasen sinkt.

Beim Lösen von Salzen werden die Ionen von Wasser-Molekülen aus dem Kristall gelöst und sind dann beweglich. Salzlösungen sind Elektrolyte und haben höhere Dichten, höhere Sdt und tiefere Smt als das Wasser.

Von den Molekülverbindungen lösen sich die hydrophilen (wasserliebenden) im Wasser und die lipophilen (fettliebenden) in lipophilen Lösungsmitteln wie Benzin.

4.3 Die Stoffe des Lebens (Übersicht)

Die wichtigsten Stoffe der Lebewesen sind neben dem Wasser Kohlenhydrate, Fette, Proteine und Nucleinsäuren.

4.4 Makromoleküle

Die Moleküle der Polysaccharide, der Proteine und der Nucleinsäuren sind Makromoleküle, die durch die Verkettung von vielen kleinen Molekülen gebildet werden.

- Eine Verbindung ist durch eine chemische Reaktion (Synthese) aus zwei oder mehr Elementen entstanden und lässt sich auch wieder in diese zersetzen (Analyse).
  - Ionenverbindungen bestehen aus positiven und negativen Ionen. Diese sind in den Salzkristallen abwechslungsweise und regelmässig angeordnet. Salze sind bei Raumtemperatur kristalline Feststoffe mit hohen Smt und Sdt. Sie sind spröde und z. T. wasserlöslich.
  - Molekülverbindungen bestehen aus Molekülen, in denen mehrere Atome fest zu einem Teilchen verbunden sind. Sie haben meist weniger hohe Sdt und Smp als Salze. Manche lösen sich in Wasser, andere in organischen Lösungsmitteln.

Formel

Die Formel einer Verbindung besteht aus den Symbolen der gebundenen Elemente und tiefgestellten Zahlen, die das Zahlenverhältnis der Ionen im Salz bzw. die Zahl der Atome in einem Molekül angeben.

2.5 Organische und anorganische Stoffe

Organisch

Organische Verbindungen sind ausnahmslos Kohlenstoffverbindungen. Die meisten zersetzen sich beim Erhitzen und verkohlen. Die Bildung organischer Verbindungen aus anorganischen geschieht in der Natur nur in Lebewesen.

Fast alle Kohlenstoffverbindungen sind organisch. Zu den Ausnahmen zählen Kohlenmonoxid und Kohlenstoffdioxid, Kohlensäure und Carbonate.

3 Chemische Reaktionen

3.1 Umwandlung von Stoffen und ihre Reaktionsgleichung

Bei chemischen Reaktionen werden Stoffe in andere umgewandelt.

Reaktionsgleichung

In der Reaktionsgleichung stehen die Formeln der Edukte (Ausgangsstoffe) links und die der Produkte rechts vom Reaktionspfeil:

$$2\ H_2 + O_2 \longrightarrow 2\ H_2O$$

Edukte   reagieren zum   Produkt

Der Reaktionspfeil steht für die Umwandlung und wird gelesen als «reagieren zu». Die Zahlen vor den Formeln geben das Mengenverhältnis an.

3.2 Energieumsatz bei chemischen Reaktionen

Energiegehalt

Bei chemischen Reaktionen wird Energie umgesetzt, weil sich Produkte und Edukte im Energiegehalt unterscheiden. Exotherme Reaktionen liefern Energie: Die Produkte sind energieärmer als die Edukte. Endotherme Reaktionen verbrauchen Energie: Die Produkte sind energiereicher als die Edukte.

Aktivierungsenergie

Viele Reaktionen finden bei Raumtemperatur nicht spontan statt, weil die Edukte durch die Zufuhr von Energie aktiviert werden müssen.

Katalysatoren

Katalysatoren vermindern die aufzuwendende Aktivierungsenergie, ohne verbraucht zu werden. Die biochemischen Reaktionen in den Lebewesen finden nur in Anwesenheit der spezifischen Enzyme als Katalysatoren statt.

2.2 Teilchenmodell und die drei Aggregatzustände

Teilchenmodell

Stoffe bestehen aus kleinen Teilchen, die sich je nach Temperatur unterschiedlich schnell bewegen.

Aggregatzustände

Ein Reinstoff ist je nach den herrschenden Bedingungen fest, flüssig oder gasförmig. Er ändert seinen Aggregatzustand beim Über- oder Unterschreiten bestimmter Temperatur- oder Druckwerte.

- In festen Stoffen sind die Teilchen dicht und meist regelmässig gepackt, kaum beweglich und durch starke Kräfte zusammengehalten. Feste Stoffe haben darum eine fixe Form und ein fixes Volumen.
- In Flüssigkeiten sind die Teilchen beweglich, haften aber immer noch stark aneinander. Flüssigkeiten haben eine variable Form, aber ein fixes Volumen.
- In Gasen bewegen sich die Teilchen praktisch frei. Gase haben eine variable Form und ändern ihr Volumen, wenn sich der Druck oder die Temperatur ändert.

2.3 Die Teilchen, aus denen Stoffe bestehen

Atome

Atome sind die kleinsten bei chemischen Vorgängen nicht weiter zerlegbaren Teilchen. Sie sind als Ganzes elektrisch neutral. Atome bestehen aus Elementarteilchen. Zu diesen zählen die positiv geladenen Protonen, die neutralen Neutronen und die negativ geladenen Elektronen.

Elemente

Stoffe, deren Atome in der Protonenzahl übereinstimmen, heissen Elemente. Atome eines Elements, die sich in der Neutronenzahl unterscheiden, heissen Isotope. Jedes der über 100 verschiedenen Elemente hat einen Namen und ein Symbol aus einem Grossbuchstaben (C, N) oder aus einem Gross- und einem Kleinbuchstaben (Fe, Si).

Bei chemischen Vorgängen können sich Atome zu Molekülen verbinden oder durch Abgabe oder Aufnahme von Elektronen zu Ionen werden. Eine Zerlegung oder eine Umwandlung in eine andere Atomsorte ist nicht möglich.

Moleküle

Moleküle sind ungeladene Teilchen aus Atomen, die sich zu einer Einheit verbunden haben. Sie bleiben bei physikalischen Vorgängen wie Verdampfen oder Lösen erhalten. Die Molekülformel besteht aus den Symbolen der verbundenen Atome, gefolgt von tiefgestellten Zahlen für deren Anzahl in einem Molekül (falls diese von 1 abweicht), z. B. CO_2, H_2O, $C_6H_{12}O_6$.

Ionen

Durch Aufnahme bzw. Abgabe von Elektronen entstehen aus den Atomen Ionen mit negativer bzw. positiver Ladung. Im Symbol des Ions steht die Ionenladung rechts oben z. B. F^-, O^{2-}, Be^{2+}, H^+. Ionen mit entgegengesetzter Ladung ziehen einander an, Ionen mit gleichem Ladungszeichen stossen sich ab. Ionen kommen in Ionenverbindungen, die man auch Salze nennt, vor.

2.4 Elemente und Verbindungen

Arten

Bei den Reinstoffen unterscheidet man zwischen mehr als 100 Elementen und über 90 Millionen Verbindungen.

- Ein Element lässt sich durch chemische Reaktionen nicht zersetzen oder in ein anderes Element umwandeln. Seine Atome haben eine charakteristische und unveränderliche Protonenzahl. Sie können sich in der Neutronenzahl unterscheiden.

Lebewesen bestehen aus mindestens einer Zelle. Die Zelle ist die kleinste Einheit, die selbstständig lebensfähig sein kann. Ihr Bau und ihre Leistungen werden durch das Erbgut gesteuert.

Kennzeichen der Lebewesen

Lebewesen unterscheiden sich also von Unbelebtem durch folgende Kennzeichen:

- Sie bestehen aus Zellen, die das Erbgut mit dem Bauplan und der Betriebsanleitung enthalten und selbstständig lebensfähig sein können.
- Sie haben ein Reaktionsvermögen, d. h., sie können auf ihre Umwelt reagieren.
- Sie pflanzen sich fort, d. h., sie können Nachkommen erzeugen.
- Sie haben einen Stoffwechsel, d. h., sie tauschen mit der Umwelt Stoffe aus, bauen die körpereigenen Stoffe auf und beschaffen sich die für ihre Aktivitäten nötige Energie.
- Sie wachsen und entwickeln sich gezielt und planmässig.

1.3 Die Strukturen des Lebendigen

Aufbau und Strukturen

Lebewesen bestehen aus Zellen, die einerseits aus noch kleineren Zellorganellen aufgebaut sind und andererseits Gewebe und Organe bilden. Jede Struktur setzt sich aus einfacheren zusammen, kann und leistet aber mehr als diese: Das Ganze ist mehr als die Summe seiner Teile.

- Eine Biozönose ist die Lebensgemeinschaft aller Lebewesen eines Lebensraums. Sie besteht aus vielen Populationen.
- Populationen sind Fortpflanzungsgemeinschaften. Sie bestehen aus den artgleichen Lebewesen eines Lebensraums.
- Der Körper vielzelliger Organismen besteht in der Regel aus mehr oder weniger abgegrenzten Organen, die zusammenarbeiten.
- Organe bestehen aus verschiedenen Geweben, die zusammenarbeiten.
- Gewebe sind Verbände von gleichartigen Zellen.
- Zellen sind die kleinsten selbstständig lebensfähigen Strukturen. Sie enthalten verschiedene Organellen.
- Zelle und Zellorganellen sind aus Teilchen wie Molekülen und Atomen aufgebaut.

1.4 Teilgebiete der Biologie

Themen

Die Teilgebiete der Biologie befassen sich mit unterschiedlichen Themen und arbeiten mit verschiedenen Untersuchungsmethoden. Neben der klassischen Einteilung in Botanik, Zoologie und Humanbiologie unterscheidet man u. a. Anatomie, Physiologie, Histologie, Cytologie, Molekularbiologie, Genetik, Evolutionsbiologie, Ökologie, Verhaltensbiologie und Systematik.

2 Stoffe und Teilchen

2.1 Reinstoffe und Gemische

Reinstoffe

Ein Reinstoff hat unter definierten Messbedingungen (Temperatur, Druck) bestimmte Eigenschaften (Smt, Sdt, Dichte, Härte, Farbe etc.). Reinstoffe liegen in der Natur meist in Gemischen vor.

Gemische

Gemische bestehen aus mehreren Reinstoffen. Ihre Zusammensetzung und ihre Eigenschaften sind variabel. Gemischte Reinstoffe lassen sich durch Trennmethoden wie Filtrieren trennen, ohne dass sich ihre typischen Stoffeigenschaften verändern.

Lösungen

Lösungen sind homogene Gemische von Stoffen in einem Lösungsmittel wie Wasser.

Bildungsmedien für jeden Anspruch
compendio.ch/biologie

Biologie

Das Ende dieses Buchs ist vielleicht der Anfang vom nächsten. Denn dieses Lehrmittel ist eines von über 250 im Verlagsprogramm von Compendio Bildungsmedien. Darunter finden Sie zahlreiche Titel zum Thema Biologie. Zum Beispiel:

Biologie: Grundlagen und Zellbiologie
Humanbiologie 1
Humanbiologie 2
Genetik
Ökologie

Biologie bei Compendio heisst: übersichtlicher Aufbau und lernfreundliche Sprache, Repetitionsfragen mit Antworten, je nach Buch auch Kurztheorie, Glossar oder Zusammenfassungen für den schnellen Überblick.

Eine detaillierte Beschreibung der einzelnen Lehrmittel mit Inhaltsverzeichnis, Preis und bibliografischen Angaben finden Sie auf unserer Website: compendio.ch/biologie

Nützliches Zusatzmaterial

**Professionell aufbereitete Folien
für die Arbeit im Plenum**

Zu den Lehrmitteln im Bereich Naturwissenschaften sind separate Foliensätze erhältlich. Sie umfassen die wichtigsten Grafiken und Illustrationen aus den Büchern und sind so aufgebaut, dass sie auch unabhängig von den Compendio-Lehrmitteln eingesetzt werden können. Alle nötigen Informationen finden Sie unter compendio.ch/biologie.

Alle Lehrmittel können Sie via Internet sowie per Post, E-Mail, Fax oder Telefon direkt bei uns bestellen:
Compendio Bildungsmedien AG, Neunbrunnenstrasse 50, 8050 Zürich
Telefon +41 (0)44 368 21 14, Telefax +41 (0)44 368 21 70, E-Mail: bestellungen@compendio.ch, www.compendio.ch

Bildungsmedien für jeden Anspruch
compendio.ch/verlagsdienstleistungen

Bildungsmedien nach Mass
Kapitel für Kapitel zum massgeschneiderten Lehrmittel

Was der Schneider für die Kleider, das tun wir für Ihr Lehrmittel. Wir passen es auf Ihre Bedürfnisse an. Denn alle Kapitel aus unseren Lehrmitteln können Sie auch zu einem individuellen Bildungsmedium nach Mass kombinieren. Selbst über Themen- und Fächergrenzen hinweg. Bildungsmedien nach Mass enthalten genau das, was Sie für Ihren Unterricht, das Coaching oder die betriebsinterne Schulungsmassnahme brauchen. Ob als Zusammenzug ausgewählter Kapitel oder in geänderter Reihenfolge; ob ergänzt mit Kapiteln aus anderen Compendio-Lehrmitteln oder mit personalisiertem Cover und individuell verfasstem Klappentext, ein massgeschneidertes Lehrmittel kann ganz unterschiedliche Ausprägungsformen haben. Und bezahlbar ist es auch.

Kurz und bündig:
Was spricht für ein massgeschneidertes Lehrmittel von Compendio?

- Sie wählen einen Bildungspartner mit langjähriger Erfahrung in der Erstellung von Bildungsmedien
- Sie entwickeln Ihr Lehrmittel passgenau auf Ihre Bildungsveranstaltung hin
- Sie können den Umschlag im Erscheinungsbild Ihrer Schule oder Ihres Unternehmens drucken lassen
- Sie bestimmen die Form Ihres Bildungsmediums (Ordner, broschiertes Buch oder Ringheftung)
- Sie gehen kein Risiko ein: Erst durch die Erteilung des «Gut zum Druck» verpflichten Sie sich

Auf der Website www.bildungsmedien-nach-mass.ch finden Sie ergänzende Informationen. Dort haben Sie auch die Möglichkeit, die gewünschten Kapitel für Ihr Bildungsmedium direkt auszuwählen, zusammenzustellen und eine unverbindliche Offerte anzufordern. Gerne können Sie uns aber auch ein E-Mail mit Ihrer Anfrage senden. Wir werden uns so schnell wie möglich mit Ihnen in Verbindung setzen.

Modulare Dienstleistungen
Von Rohtext, Skizzen und genialen Ideen zu professionellen Lehrmitteln

Sie haben eigenes Material, das Sie gerne didaktisch aufbereiten möchten? Unsere Spezialisten unterstützen Sie mit viel Freude und Engagement bei sämtlichen Schritten bis zur Gestaltung Ihrer gedruckten Schulungsunterlagen und E-Materialien. Selbst die umfassende Entwicklung von ganzen Lernarrangements ist möglich. Sie bestimmen, welche modularen Dienstleistungen Sie beanspruchen möchten, wir setzen Ihre Vorstellungen in professionelle Lehrmittel um.

Mit den folgenden Leistungen können wir Sie unterstützen:

- Konzept und Entwicklung
- Redaktion und Fachlektorat
- Korrektorat und Übersetzung
- Grafik, Satz, Layout und Produktion

Der direkte Weg zu Ihrem Bildungsprojekt: Sie möchten mehr über unsere Verlagsdienstleistungen erfahren? Gerne erläutern wir Ihnen in einem persönlichen Gespräch die Möglichkeiten. Wir freuen uns über Ihre Kontaktnahme.

Compendio Bildungsmedien AG, Neunbrunnenstrasse 50, 8050 Zürich
Telefon +41 (0)44 368 21 11, Telefax +41 (0)44 368 21 70, E-Mail: postfach@compendio.ch, www.compendio.ch